水利水电工程
基础知识与学习指导

SHUILI SHUIDIAN GONGCHENG
JICHU ZHISHI YU XUEXI ZHIDAO

司 政 李炎隆 张晓飞 许增光 黄灵芝 王飞虎 编著

中国电力出版社
CHINA ELECTRIC POWER PRESS

内 容 提 要

本书共分为六篇，第一篇为水利水电工程基础知识；第二、三篇为水利水电工程专业两门最重要的专业课《水工建筑物》和《水电站》的学习指导，详细介绍了每一章的学习要点，并给出相应的复习思考题；第四篇为《水工建筑物》和《水电站》课程实验指导；第五篇为《水工建筑物》和《水电站》课程设计任务书；第六篇为水利水电工程专业认识实习和生产实习指导。

本书可作为水利水电工程专业、农业水利工程专业和水利工程施工专业的主要专业课程和实习实践类课程的参考书。

图书在版编目（CIP）数据

水利水电工程基础知识与学习指导 / 司政等编著. —北京：中国电力出版社，2018.9（2023.10重印）
ISBN 978-7-5198-2314-6

Ⅰ. ①水…　Ⅱ. ①司…　Ⅲ. ①水利水电工程－高等学校－教学参考资料　Ⅳ. ①TV

中国版本图书馆 CIP 数据核字（2018）第 179455 号

出版发行：中国电力出版社
地　　址：北京市东城区北京站西街 19 号（邮政编码 100005）
网　　址：http://www.cepp.sgcc.com.cn
责任编辑：王晓蕾（010–63412610）
责任校对：朱丽芳
装帧设计：王英磊
责任印制：杨晓东

印　　刷：北京雁林吉兆印刷有限公司
版　　次：2018 年 9 月第一版
印　　次：2023 年 10 月北京第四次印刷
开　　本：787 毫米×1092 毫米　16 开本
印　　张：16.75
字　　数：406 千字
定　　价：58.00 元

前　言

　　本书是依据水利水电工程专业教学大纲的要求，结合水利水电工程专业《水工建筑物》和《水电站》两门专业课程的内容，以及课程设计、课程实验、认识实习和生产实习的需求编写的。本书主要内容有：

　　第一篇为水利水电工程基础知识，主要介绍了我国水力资源的现状和水电发展前景，阐述了水库枢纽、水电站枢纽、灌溉工程及供水工程的主要建筑物，以及水利枢纽工程施工导流的相关知识。

　　第二篇和第三篇分别为水工建筑物学习指导、水电站学习指导，与《水工建筑物》和《水电站》教材相对应地详细给出了每一章的学习要点，让学生知道本章需要掌握的重点内容，并给出复习思考题，以辅助学生学习。

　　第四篇为课程实验，主要介绍了《水工建筑物》和《水电站》课程实验的目的、内容、要求和任务，同时给出了实验数据记录表格。《水工建筑物》课程实验主要包括水工整体模型、水工断面模型、拱坝结构模型、土坝渗流模型、地下洞室结构模型等，《水电站》课程实验主要包括压力管道水锤实验和调压室水位波动实验。

　　第五篇为课程设计，主要介绍了《水工建筑物》和《水电站》课程设计的目的和意义，给出课程设计的基本资料、设计任务、进度控制以及成果整理的相关要求。

　　第六篇为实习指导，从认识实习和生产实习的需要出发，详细介绍了实习的目的和意义、实习内容、实习要求以及实习报告的编写等内容。

　　本书第一篇的第一章和第二章由司政编写，第三章由许增光编写，第四章和第五章由张晓飞编写；第二篇的第一～五章由李炎隆编写，第六～九章由司政编写，第十～十二章由张晓飞编写；第三篇由许增光编写；第四篇由黄灵芝、王飞虎编写；第五篇由黄灵芝编写；第六篇由司政编写。全书由司政统稿。

　　本书编写过程中，得到了西安理工大学水利水电学院水利水电工程系教师韩玚、叶林、李守义、苗隆德、王瑞骏、张晓宏、杨杰、柴军瑞等的大力支持，在此表示衷心的感谢。

　　限于编者的水平和经验，书中难免存在错误和疏漏之处，真诚欢迎读者批评指正。

编　者

2018 年 6 月

目　　录

第二篇 《水工建筑物》学习指导

第三篇 《水电站》学习指导

第四篇 课 程 实 验

第五篇　课　程　设　计

第六篇　实　习　指　导

第一篇
水利水电工程基础知识

第一章 绪 论

第一节 我国的水力资源

一、概况

水，是生命之源，是人类和一切生物生存所不可缺少的自然资源之一，是人类可持续发展的基础条件。随着国民经济的发展，人民物质和文化生活水平的不断提高，人类对水资源的需求在不断增加，随之而来的水环境污染等问题，也越来越严重地困扰着人们的生存和发展。目前水问题已不再仅限于某一地区或某一时段，而成为全球性、跨世纪的关注焦点。联合国水资源组织在 2015 年度《世界水资源发展报告》中指出，人口激增是导致缺水危机的主要因素之一。全球人口以每年 8000 万人的速度增加，2050 年前很可能达到 91 亿人，用水需求将增加 55%。虽然目前水资源尚足以应付全球所需，但若没有妥善管理，到 2030 年前，用水需求和供给间将出现 40% 的落差，也就是所谓的"水赤字"。

地球上的总水量很大，约为 $13.86 \times 10^8 km^3$，但绝大部分是海洋中的咸水，其中通过太阳做功、大气循环，而以降水、径流方式在陆地运行的淡水，相对就很少了，只占 2.5%。全球年径流总量约为 47 万亿 m^3，按 60 亿人口计平均每人约 $7833 m^3$，这是最重要的一部分水。但这部分水在时间和空间上的分布极不均匀。

我国幅员辽阔，江河众多，总面积 960 万 km^2，山区占 2/3，平原占 1/3。耕地 15 亿亩，仅占总面积的 1/10，主要分布在东北、华北、淮北和长江中下游四大平原和珠江三角洲以及内陆平原。全国大小河川总长度大约有 42 万 km，流域面积在 $100 km^2$ 以上的河流有 5000 多条，其中，流域面积在 $1000 km^2$ 以上的河流有 1600 条，流域面积在 $10\,000 km^2$ 以上的河流有 97 条。天然湖泊面积在 $1 km^2$ 以上的约有 2800 个，其中，面积在 $100 km^2$ 以上的约有 130 多个。此外，还有许多大小冰川，其面积约有 $57\,069 km^2$。

我国平均年降雨量 648mm，年降水总量约为 6.19 万亿 m^3，相当全球陆地降水总量 119 万亿 m^3 的 5%，除了蒸发和下渗，河川的平均年径流总量约 2.6 万亿 m^3，相当于全球陆地径流总量 47 万亿 m^3 的 5.5%。

我们所说的水资源是逐年可以得到恢复和补给的淡水量，通常采用径流量来表示。地表水资源，指的就是河川的径流量。至于地下，其中有相当一部分汇入江河，构成地表水，据估算约为 7 万亿 m^3。

二、我国水资源的特点

1. 水资源丰富，但人均占有量低

从年径流总量来看，世界各国的顺序如下：第一是巴西，6.95 万亿 m^3；第二是俄罗斯，4.27 万亿 m^3；第三是加拿大，3.1 万亿 m^3；第四是美国，2.97 万亿 m^3；第五是印度尼西亚，2.90 万亿 m^3；第六是中国，2.6 万亿 m^3。

从人均占有水量来看，我国每人占有的水量则低于世界的多数国家。我国人均占有水量尚不足 2200m³，仅相当于世界人均占有量的 1/4，巴西的 1/20，俄罗斯的 1/12，加拿大的 1/44，印度尼西亚的 1/60，居世界 120 位左右。我国人均占有水量小于美国 1975 年人均的实际用水量 2528m³。

综上所述，我国水资源总量相对比较丰富，属于丰水国，但由于我国人口基数大，人均水资源占有量较少，因此，我国仍属于贫水国。

2. 水资源在地区上分布不均，水土资源不平衡

总的来看，我国水资源在地区上的分布规律为东南多、西北少，由东南向西北递减。从降雨量看，东南沿海正常年份大于 2000mm，淮河、秦岭以南大于 800mm，华北、东北大部分地区在 400～800mm 之间，西北内陆地区少于 200mm。从地表水量看，长江多年平均年水量 9513 亿 m³，黄河只有 661 亿 m³，仅占长江年水量的 6.9%。我国西北广大内陆河有 1164 亿 m³，也只有长江年水量的 12.2%。从地下水量分布看也是南多北少。据《水资源公报》2011 年统计，北方 6 区约为 2509 亿 m³，南方 4 区约为 4705 亿 m³。

水土资源分布很不平衡。长江流域和长江以南地区，耕地面积只占全国的 34.7%，而水资源量却占全国的 80.9%，人均水资源量为 3481m³。北方（不包括内陆河）人口占 44.3%，耕地面积占 59.6%，水资源只占 14.5%，人均水资源量为 747m³。南方每公顷耕地水资源量 28 320m³，而北方只有 9645m³，前者是后者的三倍。黄河、淮河、海河三个流域尤其突出，是全国水资源最为缺乏的地区。

我国水资源、人均水量和亩均水量地区分布情况见表 1-1-1。

表 1-1-1　　　　　　　　水资源、人均水量和亩均水量地区分布情况

流域		占全国的百分比（%）				人均水量（m³/人）			亩均水量（m³/亩）
		水资源量	人口	耕地	GDP	1997 年	2010 年	2050 年	
北方片	东北诸河	6.9	9.6	20.2	10.4	1646	1501	1287	660
	海滦河	1.5	10.0	11.3	11.6	343	311	273	259
	黄河	2.7	8.5	12.9	6.7	707	621	526	400
						517*	454*	385*	293*
	淮河及山东诸河	3.4	16.2	15.2	14.1	487	440	383	437
	小计	14.5	44.3	59.6	42.8	747	674	582	471
						732*	620*	540*	447*
	其中黄淮海小计	7.6	34.7	39.4	32.4	500	449	389	373
						453*	407*	352*	338*
南方片	长江	34.2	34.3	23.7	33.2	2289	2042	1748	2783
	东南诸河	9.2	5.6	2.5	8.1	2885	2613	2231	5344
	珠江及华南诸河	16.7	12.1	6.7	13.5	3228	2813	2377	4501
	西南诸河	20.8	1.6	1.8	0.7	29 427	25 056	20 726	23 090

续表

流域		占全国的百分比（%）				人均水量（m³/人）			亩均水量（m³/亩）
		水资源量	人口	耕地	GDP	1997 年	2010 年	2050 年	
南方片	小计	80.9	53.6	34.7	55.5	3481	2952	2634	4317
	内陆河片	4.6	2.1	5.7	1.7	4876	4140	3331	1589
全国		100	100	100	100	2220	2050	1760	1888

注：1. 内陆河包括额尔齐斯河。

2. 东南沿海诸河不包括台湾省诸河在内。

3. 1997 年全国人口 12.67 亿（包括港澳台 0.31 亿人口）。

4. 耕地面积采用 1993 年数据。

*人均水量和亩均水量是扣除了黄河必须保证的 200 亿 m³ 冲沙水量后的数据。

（资料来源：王腊春，史运良，王栋，等. 中国水问题［M］. 南京：东南大学出版社，2007）

3. 水量在年内分配不均，年际变化也很大

我国由于受季风气候的影响，降雨量与径流量的年内分配不均，年际变化也很大，而且有连续枯水年和连续丰水年的现象，大部分地区呈冬春少雨，夏秋多雨。年降雨量和年径流量主要集中在汛期。南方的多雨季集中在 3～6 月或 4～7 月；华北、东北和西南、西北的雨季是 6～9 月。南方汛期四个月的雨量占全年雨量的 50%～60%；北方汛期四个月的雨量占全年雨量的 70%～80%。汛期雨量过分集中，非汛期水量缺乏；而集中程度越高，弃水就越多，可用水量占水资源总量的比例也就越小，从而导致总水量不能充分利用。

我国北方汛期的雨量比南方更加集中，而且降水往往又以暴雨的形式出现。1975 年 8 月 5～7 日，淮河上游洪汝河、沙颍河流域发生特大暴雨，河南省西南部三天降雨量超过 600mm，一天降雨量超过 400mm 的笼罩面积分别为 8200km² 和 16 890km²，暴雨中心林庄三天雨量达 1605.3mm，其中，最大日雨量为 1005.4mm。其中 3 小时（495mm）、6 小时（830mm）雨量都超过了世界纪录。海河流域 1963 年 8 月上旬的特大暴雨，8 月 2 日至 8 月 7 日六天超过 400mm 的面积达 5.8 万 km²，暴雨中心七天的雨量达 2050mm，三天雨量达 1457mm，最大日雨量为 865mm，都超过了当地的年平均雨量。这种历时短、强度大、范围广的雨型，毁灭性很大，每次都造成严重的水灾。

降雨量与径流量在年际之间的变化，以北京为例，1959 年降雨 1406mm，1891 年降雨仅 168.5mm，减少了约 88%。个别月份，各年变化更大。仍以北京为例，七月份降雨量，1890 年（825mm）是 1869 年（6.8mm）的 121 倍。丰水年和枯水年相差也很大。根据北京一百多年的资料分析，每隔六年左右出现一个丰水年，七年左右出现一个枯水年。丰水年持续时间最长为三年，枯水年为二年，偏枯水年为四年。黄河在 60 年中出现过连续 11 年（1992—1932 年）的枯水期，平均年径流量比正常年份少 24%；出现过连续 9 年（1943—1951 年）的丰水年，平均年径流量比正常年份多 19%。松花江从 1898 年至 1908 年间的 11 年和 1916 年至 1928 年间的 13 年出现连续的枯水年，平均年径流量比正常年份少 40%；出现过连续 7 年（1960—1966 年）的丰水年，平均年径流量比正常年份多 32%。淮河的蚌埠水文站测得丰水的 1921 年径流量为 719 亿 m³，是枯水的 1978 年径流量 26.9 亿 m³ 的 26.7 倍。

由于我国水资源年内分配不均，且水量年际变化极大，以及连续出现丰水年和枯水年的自然特点，可利用水资源的数量就远远小于天然的水资源量，这就是我国水旱灾害频繁发生的自然根源。因此，需要人为地修建各种水利设施来调节和平衡水量，以减少水旱灾害，造福于人民。我国水资源的这些特点也给开发、利用水资源带来了诸多困难，并且决定了我国治水的长期性、艰巨性和复杂性。

三、水能资源及可开发的水能资源

我国的水能资源比较丰富。根据 1981 年普查结果，全国水能资源理论蕴藏量为 6.76 亿 kW，其中技术可开发量达 3.78 亿 kW；如果全部开发，则年发电量可以达到 1.92 万亿 kW·h，总量居世界第一。2009 年全国水力资源复查最终成果是：全国水能资源理论蕴含量 6.944 亿 kW，技术可开发装机容量 5.4164 亿 kW，相当年发电量 2.474 万亿 kW·h。

我国的水能资源虽然比较丰富，但在地区上分布极不均匀，我国主要的大江大河多发源于西部高原，加上南方雨量充沛，因此，水能资源大部分集中在西南各省（区）。可开发装机容量西南地区占全国总量的 61.4%，中南地区占 17.8%，西北地区占 11.2%。

1. 各大河流水能资源情况（表 1-1-2）

表 1-1-2　　　　　　　　大江大河水能资源

河流名称	流域面积（km²）	年径流量（亿 m³）	河流长度（km）	河流总落差（m）
长江	1 808 500	9282	6300	5400
珠江	442 585	3466	2216	2136
雅鲁藏布江	240 480	1395	2057	5435
黑龙江	888 502	1181	3101	992
湘江	96 440	706	856	756
嘉陵江	159 638	694	1119	2300
澜沧江	164 766	693	2153	4583
沅江	89 163	670	1033	1462
赣江	80 948	660	744	937
怒江	134 882	657	2013	4840
闽江	60 992	621	581	730
汉江	168 851	574	1532	1964
雅砻江	128 444	571	1572	3872
黄河	752 443	560	5464	4830
乌江	88 354	527	1037	2124

2. 我国各水系的水能资源情况（表 1-1-3）

表 1-1-3　　　　　　　　各水系水能资源

水系名称	理论蕴藏量（万 kW）	所占比例（%）	可开发量（万 kW）	所占比例（%）	年发电量（亿 kW·h）	所占比例（%）
长江	26 801.77	39.64	19 724.33	52.1	10 274.98	53.4
黄河	4054.80	6.00	2800.39	7.39	1169.91	6.1

续表

水系名称	理论蕴藏量 （万 kW）	所占比例 （%）	可开发量 （万 kW）	所占比例 （%）	年发电量 （亿 kW·h）	所占比例 （%）
珠江	3348.37	4.95	2485.02	6.56	1124.78	5.8
海滦河	294.4	0.44	213.48	0.56	51.68	0.3
淮河	144.96	0.02	66.01	0.17	18.94	0.1
东北诸河	1530.60	2.26	1370.75	3.62	439.42	2.3
东南沿海诸河	2066.78	3.06	1389.68	3.67	547.41	2.9
西南国际诸河	9690.15	14.33	3768.41	9.95	2098.68	10.9
雅鲁藏布江及西藏诸河	15 974.33	23.63	5038.23	13.30	2968.58	15.4
北方内陆及新疆诸河	3698.55	5.47	996.94	2.63	538.66	2.8
全国	67 604.71	100	37 853.24	100	19 233.04	100

3. 按行政区域分布的水能资源情况（表 1-1-4）

表 1-1-4　　　　　　　　　地 区 水 能 资 源

地区	理论蕴藏量 （万 kW）	所占比例 （%）	可开发量 （万 kW）	所占比例 （%）	年发电量 （亿 kW·h）	所占比例 （%）
华北	1229.93	1.82	691.98	1.83	232.25	1.21
东北	1212.66	1.79	1199.45	3.17	383.91	2.00
华东	3004.88	4.4	1790.22	4.73	687.94	3.58
中南	6408.37	9.5	6743.49	17.82	2973.65	15.56
西南	47 331.18	70.0	23 234.33	61.38	13 050.36	67.85
西北	8417.69	12.5	4193.77	11.08	1904.93	9.9
全国	67 604.71	100	37 853.24	100	19 233.04	100

四、水问题及社会影响

1. 全世界面临的水问题

水问题包含三个方面，即干旱缺水、洪涝灾害、水环境恶化。干旱缺水，是当今和未来主要面临的水问题之一。导致干旱缺水，一方面是由于自然因素的制约，即降水时空分布不均和自然条件差异等；另一方面，随着人口增长和经济发展，对水资源的需求不断增加，使水资源需大于供。洪涝灾害，是水问题的另一对立面。由于水资源时空分布不均，往往在某一时期，世界上许多地区干旱缺水的同时，另一些地区却因降雨过多而发生洪涝灾害。水环境恶化，是三大水问题中影响面最广，后果最严重的问题。随着社会经济的发展、都市化进程的加快，排放到环境中的污水、废水日益增多。水环境污染，一方面降低了水资源的质量；另一方面，原本可以利用的水资源失去了使用价值，从而加剧了水资源的短缺。

2. 我国面临的水问题

我国地处中纬度，受气候条件、地理环境和人为因素的影响，曾经是一个洪涝灾害频繁、生态环境脆弱的国家。新中国成立后，由于国家大力兴修水利工程，初步控制了大江大河的常遇洪水，大大减少了洪涝灾害的发生。但是，目前很多地区水问题仍然是限制区域经济可持续发展的瓶颈。我国面临的水问题主要有以下三方面。

（1）防洪能力低，洪涝灾害频繁，对经济发展和社会稳定威胁较大。2011 年全国 31 个省（自治区、直辖市）均不同程度遭受洪涝灾害，共有 1864 个县（市、区）、1.6 万个乡（镇）、8942 万人受灾，洪涝灾害直接经济总损失约 1301 亿元。虽然近年来国家对防洪工程投入较大，使一些重要河流的防洪状况得到了改善，但就全国范围而言，防洪建设仍然是一项长期而艰巨的任务。

（2）干旱缺水日趋严重。目前，全国 661 座建制市中，有 400 多座缺水，其中 110 个城市严重缺水。2000 年全国大旱，受旱面积达 3300 万 hm^2，成灾面积 2700 万 hm^2，绝收面积 600 万 hm^2。可见，干旱缺水严重制约了我国社会经济尤其是农业的稳定发展，影响到人们的生活和城市化的发展。

（3）水环境恶化。近年来，我国江河湖泊的水质状况呈恶化趋势，受污染河流长度也在逐年增加。2011 年，对全国 18.9 万 km 的河流水质状况进行了评价，V 类水河长占 5.7%，劣 V 类水河长占 17.2%。全国 90% 以上的城市水域不同程度受到污染。目前，全国水蚀、风蚀等土壤侵蚀面积为 2.95 亿 hm^2，占全国土壤面积的 30.7%；北方河流干枯断流情况愈来愈严重；河湖萎缩，森林、草原退化，土地沙化，部分地区地下水超量开采等诸多问题都严重影响了水环境。

3. 水问题带来的社会问题

水资源短缺、洪涝灾害、水环境污染等水问题严重威胁着我国乃至世界范围内的社会经济发展，其造成的社会影响表现在以下方面。

（1）水资源短缺，给国民经济带来重大损失。目前，全国城市每年缺水 60 亿 m^3，每年因缺水造成经济损失约 2000 亿元；同时水资源短缺又引起农业用水紧张，北方地区由于缺水而不得不缩小灌溉面积和有效灌溉次数，致使粮食减产，直接影响农业发展。

（2）水资源问题将威胁到社会安全稳定。自古以来，水灾就是我国的众灾之首，"治国先治水"是祖先留下的古训。每次大洪灾后，造成了重大经济损失，还给灾区人民的生活和生产造成极大破坏，灾区人民重建家园的过程十分艰辛；同样，水环境质量下降也会危及人民的日常生活。在国际上，几次中东战争中，军事双方都曾出现过以摧毁对方供水系统为作战目标。可见，水问题的每一方面都与社会的安全稳定息息相关。

（3）水资源危机导致生态环境恶化。水不仅是社会经济发展的重要资源，也是生态环境系统不可缺少的要素。随着经济的发展，人类社会对水资源的需求量越来越大，为获得足够的水资源以支撑自身发展，人类过度开发水资源，从而挤占了维系生态系统正常运转的水资源量，结果导致了一系列生态环境问题出现。如，我国西北某些干旱地区，为满足社会经济发展需求，盲目开发水资源，不仅造成了水资源的消退，加重了水资源危机，同时使原本十分脆弱的生态环境更进一步恶化。目前，水资源短缺与生态环境恶化已经成为制约我国部分地区社会经济发展的两大限制性因素。

第二节　水利工程概念

人们为了变"水害为水利"或者说为了"征服和改造"河流，将水流用来为人类服务或者防止洪水对人类的灾害而采取工程措施，这种工程建设统称为水利工程。水利工程中的各项建筑物称为水工建筑物。

水利水电工程专业就是要掌握各种水工建筑物的设计、施工、管理以及从事研究工作的能力。在这里我们仅对水利工程作一简要的介绍，关于各类工程的设计、施工等更深入的问题将在以后的课程学习中陆续得到解决。

一、水利工程的任务

水利工程的根本任务就是"兴水利，除水害"。

水资源是有限的，而且在地域上和空间上分布又极不均匀，同时人类活动对水的污染也日益严重，需水量不断增加，为了充分利用水资源，必须对河流进行控制和改造，并采取各种工程措施，以达到兴利除害的目的。除水害主要是指防止洪水泛滥，防止洪水对人民生命财产造成的损失；兴水利的范围则较广，如农业灌溉，水力发电，城镇居民生活供水，发展水运以及养殖事业等，均属于充分利用水资源为人类服务的范畴即兴水利的范畴。

一般说来，要使一条河流很好地为人类服务，则必须采取一定的工程措施。例如河流的水量，有时河流来流量大而需水量又较小，此时必然造成大量弃水；而有时河流来流量很小，甚至干枯，又远远满足不了需水量的要求，尤其是北方主要依靠地面降雨汇流而形成的河流来说，河道的来水量和农田的用水量一般是矛盾的。必须以库蓄水，蓄丰补枯，进行调节。河水流动平缓，没有水头，亦不可能发出电来，而只有以坝或闸挡水，使电站上、下游形成水位差，具有一定水头的水流才能推动水轮机，从而发出电来，如此等等。必须修建相应的水工建筑物来达到上述的兴利目的。

二、水利水电工程的分类

根据修建水利工程的目的，及其所承担的根本任务可以将水利工程分为以下几种类型。

1. 防洪工程

我国有 112 万 km^2 的冲积平原，一般均处于各大江大河的中下游，其地面高程大都在河流汛期时的洪水位以下，需要靠堤防和其他工程措施来保护。这些地区往往人口集中，经济发达，是我国工农业生产的主要基地。因此，防洪问题是一个十分突出的问题，应给以足够的重视。防止洪水形成灾害的主要措施有以下几种。

（1）水土保持。流域内上中游地区的大量泥沙随地面径流进入河道，而河床的坡度一般又呈上游陡、下游缓的形式，因此，下游河道内流速变慢，泥沙逐渐沉淀并淤积在河床内，造成床面抬高并降低河道的行洪能力，致使河道破堤决口甚至改道，造成严重的洪水灾害，黄河便是一个典型的例子。水土保持就是利用植树、造林、种草等生物措施，以及修筑梯田、治理沟壑等工程措施，拦蓄雨水，保护坡面上的土壤少受冲刷，以达到维持生态平衡、涵养水土资源、防止洪水灾害的目的。

（2）提高河槽行洪能力。修建堤防，疏浚和治理河道，提高河道的行洪能力，以防止因河床行洪能力不足而造成洪水泛滥的现象。

（3）分洪、滞洪和蓄洪。分洪是在河床泄流能力不足的河段上修筑分洪闸，将超过河段安全泄量的部分洪水引走,以保证该河段的行洪安全。滞洪和蓄洪是利用水库、湖泊、低洼地等拦蓄部分洪水,以削减洪峰流量,保证河道安全,例如长江上的荆江分洪、水库蓄洪及湖泊滞洪等一系列的分洪、滞洪、蓄洪措施。

2. 农田灌溉工程和排水工程

农作物的生长发育必须有适宜的水分、养料、空气、温度和日照等条件,而它们又相互联系,相互影响。特别是水,它对气、肥、热的影响起着主导作用。当土壤内的水分不能满足作物生长时,农作物就会干枯死亡,这时必须适时地向农田输水、配水,以增加土壤的含水量,这就是灌溉;当土壤中水分过多时,农作物也不能生长,则应排水。灌溉和排水是农田水利的两项主要措施。实现农田水利化,通常是修建引水、输水和配水建筑物,以及排水、集水设施,形成良好的灌溉排水系统,使农田"旱则可灌,涝则能排",以保证农作物的正常生长。

3. 水力发电工程

天然河道蕴藏着巨大的能量,水流能量的大小决定于水体的重量与水体落差的乘积。水力发电是在河流上修建拦河大坝或水闸以形成水头落差,必要时再修建引水道,集中河道分散的落差取得水头和一定的流量,引导水流通过水电站厂房中的水轮发电机组,将水能转换为机械能和电能。水力发电突出的优点是以水为动力,与其他的能源相比,水能资源可周而复始的循环应用,而且不污染环境,发电成本低。因而世界上工业发达的国家,在能源开发过程中,几乎都把开发利用水能资源放在优先的地位。我国也正在大力发展水力发电事业。例如长江三峡工程,葛洲坝工程以及黄河上游的刘家峡、龙羊峡、李家峡等一系列水力发电站工程,为国民经济的发展和人民生活的需要,提供了高质量的廉价电力。

4. 工业及城镇给水和排水工程

城镇居民区、工矿企业、交通运输所必需的生活用水和生产用水的供给,工业废水、污水及可能的暴雨积水的排除,称为给排水。

居民生活用水和工业用水有一定的质量要求,水中有害物质的含量不得超过国家规定的标准,而且供水量和供水时间要求有较高的保证率即可靠性。工矿企业排放的废水和污水,常常含有大量的有害化学物质,应加以妥善处理,防止对水源和环境造成污染。

为实现供水,必须修建取水建筑物,如沉沙池、输水、净水设施、泵站以及供水管网等,这些取水建筑物将水体送至用水区域。排水则需要通过排水管道(下水道)将污水、工业废水送至污水处理厂集中处理,再由排水闸或抽水泵站排入容泄区。

5. 航运及水产养殖

内河航运是利用水的浮运能力,以河流为航道的客、货运输。水运具有运量大、运费低等优点,在我国社会主义现代化建设中占有重要的地位。发展航运的工程措施主要有疏浚天然河道,开挖运河及修建码头等。在内河水道有时为了获得足够的航道水深和平稳的流速,需修建一系列的节制闸和船闸等建筑物。在水库枢纽区还需兴建船只过坝的专门建筑物,如船闸、升船机等。

养鱼和捕鱼也是一个重要的行业,在我国淡水养鱼占有重要地位。在有洄游鱼类生长的河段中,修建水利水电枢纽工程以后,对库区养鱼提供了有利条件,但也不可避免地要改变洄游鱼类的生活习惯和生存环境,严重影响鱼类的繁衍,甚至使某些鱼种不再出现。因此,必须修建过鱼设施,以保证鱼类的生存和发展。

在水资源的利用上，根据我国有关法律的规定，应本着综合开发利用的原则，最大限度地满足国民经济各部门的需要。由于各部门对水资源的利用方式不同，他们对水量和用水时间的要求也存在着很大差异。因而，在规划设计水利水电工程时，不仅应从河流、地区的特点出发，而且还要考虑到国民经济所有各部门发展的需求，统筹兼顾，全面研究，充分合理地利用水资源，以取得最大的综合效益。此外，还需估计到工程建设可能引起的不利方面。例如大面积的土地淹没，生态变化，岸坡的滑塌，河床演变的趋势等。均应事先考虑并采取相应的可靠措施予以补救，防止这些不利因素的发生。

三、水利水电工程的分等及建筑物分级

水利水电工程可以根据工程的规模大小，效益高低，防洪能力以及工程的重要性，对国民经济的影响程度，分为不同的等别。

规模越大，效益越大，等别越高，要求的设计安全系数就越大，相应地工程投资也越大；而规模小，效益低，影响小的工程，则可以适当降低设计标准，以达到经济的目的。

根据中华人民共和国行业标准《水利水电工程等级划分及洪水标准》（SL252—2017）的规定，可以将水利水电工程分为五个等别，见表1-1-5。

表1-1-5　　　　　　　　　　　　　水利水电工程分等指标

| 工程等别 | 工程规模 | 水库总库容/10^8m³ | 防洪 | | | 治涝 | 灌溉 | 供水 | | 发电 |
			保护人口/10^4人	保护农田面积/10^4亩	保护区当量经济规模/10^4人	治涝面积/10^4亩	灌溉面积/10^4亩	供水对象重要性	年引水量/10^8m³	发电装机容量/MW
I	大（1）型	≥10	≥150	≥500	≥300	≥200	≥150	特别重要	≥10	≥1200
II	大（2）型	<10,≥1.0	<150,≥50	<500,≥100	<300,≥100	<200,≥60	<150,≥50	重要	<10,≥3	<1200,≥300
III	中型	<1.0,≥0.1	<50,≥20	<100,≥30	<100,≥40	<60,≥15	<50,≥5	比较重要	<3,≥1	<300,≥50
IV	小（1）型	<0.1,≥0.01	<20,≥5	<30,≥5	<40,≥10	<15,≥3	<5,≥0.5	一般	<1,≥0.3	<50,≥10
V	小（2）型	<0.01,≥0.001	<5	<5	<10	<3	<0.5		<0.3	<10

注：1. 水库总库容指水库最高水位以下的静库容；治涝面积指设计治涝面积；灌溉面积指设计灌溉面积；年引水量指供水工程渠首设计年均引（取）水量。
　　2. 保护区当量经济规模指标仅限于城市保护区；防洪、供水中的多项指标满足1项即可。
　　3. 按供水对象的重要性确定工程等别时，该工程应为供水对象的主要水源。

一个综合利用的水利工程，尤其是蓄水工程，是由许许多多个起着不同作用的不同形式的建筑物所组成。这些建筑物有的是工程运行期间使用，这种建筑物叫永久性建筑物，为了永久建筑物的施工而必须修建的仅在施用期间运用的称临时建筑物，如工棚，施工导截流建筑物等。在永久建筑物中，根据各自的重要性，又可分为主要建筑物和次要建筑物，如大坝、放水洞、溢洪道、电站厂房等，这些建筑物一旦失事或发生事故，将直接影响到工程效益的发挥；而有的建筑物失事后对工程效益影响不大如导水墙、坝下护坦、护岸等，则属于次要建筑物。在同一个等别的工程中，又可以根据建筑物的重要程度划分为不同的级别，以达到进一步降低整个工程造价的目的。其划分方法见表1-1-6。

建筑物的级别不同，设计中控制的安全系数不同，选用的安全加高不同，采用的洪水频率也不同。建筑物级别越高，控制的安全系数越大，选用的安全加高也要加大，采用的洪水频率更稀遇，因此，一般来说造价要高一些。

表 1−1−6　　　　　　　　　　　　　水工建筑物级别的划分

工程等别	永久性建筑物		临时建筑物
	主要建筑物	次要建筑物	
I	1	3	4
II	2	3	4
III	3	4	5
IV	4	5	5
V	5	5	

四、水利工程对环境的影响

水利工程的兴建，特别是大、中型水库工程的兴建，将对工程周围的环境，主要是大坝上、下游环境形成一定的影响。这一问题也是水利工程设计人员应当予以重视的问题之一。

1. 水库工程对上游库区的影响

（1）淹没。建坝以后，大幅度抬高大坝上游的水位，使得原来位于河水水面高程以上的农田、村镇、矿山以及文物、名胜古迹等淹没到水下，必须进行拆迁或者废弃。例如，长江三峡工程的修建，对百万人口进行了迁移；黑河供水工程的兴建，使坝址以上的库区人口及名胜古迹"仙游寺"不得不进行搬迁。

（2）滑坡、坍岸。由于库水位的大幅度抬高，原先处于干燥状态下的岸坡浸没于水下，降低了岩体的抗剪强度。当库水位下降时，渗进岸坡的库水反向坡外渗流，处理不好可能造成岸坡的滑坡或坍岸。

（3）水库淤积。对于含泥沙河流尤其是北方的河流，当水流进入水库以后，水流流速减小，水流的挟沙能力降低，使得水流中所挟带的泥沙沉积在库内，形成淤积，抬高河床。淤积严重的有可能造成低水位而影响航运，以及加大淹没损失等危害。

（4）水温发生变化。水库水温的变幅随水深的增加而减小，库表面的水温与气温大致接近；水深 10m 左右时，水温的变幅比气温减小 2～5℃；水深 50～60m 时，水温的变幅仅为 4～5℃；更深处的水深几乎为常温。

（5）气象变化。当水库的库水面积较大时，将会改变附近的小气候，使干旱的地区多雾、多雨，生态平衡发生某些变化。

（6）诱发地震。水库抬高了库区的水位，增大了库区地基的压力，有可能打破了原来的地基板块的平衡状态，使局部区域发生诱发地震。

2. 水利工程对坝址下游的影响

（1）冲刷河床。由于河道水流所挟带的泥沙沉积在库内，下泄的水流变成了清水，这就使得原来处于冲淤平衡的河段变成只冲不淤或冲多淤少的结果。如此必然造成下游河床刷深，水面降低，不仅对下游两岸的安全造成威胁，而且对两岸的地下水位也构成一定的影响。

（2）河道水量发生变化。水库可以调节下游水量，洪水期由于水库的调洪作用，使下游的洪峰流量减小，避免水灾；枯水期适当加大下泄水量，以满足下游的用水需求。一旦溃坝，对下游将会造成巨大淹没灾害。

（3）河道水温变化。由于放水建筑物一般设在较低的位置，下泄的水量一般为处于库底的低温水流。因此，夏季时河道的水温可能偏低，而冬季时河道的水温又比气温要高。用低温水灌溉时可能对农作物产生不利的影响。

第三节　水利水电工程项目建设程序

一个综合的水利枢纽工程项目建设程序，是指国家按照工程建设的客观规律制定的项目从设想、选择、评估、决策、设计、施工到投入生产或交付使用的整个建设过程中，各阶段工作必须遵循的先后次序。水利水电工程项目建设程序是水利水电工程建设过程客观规律的反映，是建设项目科学决策和顺利进行的保证。

按照水利水电工程建设项目发展的内在规律，投资建设一个水利水电工程项目都要经过投资决策、建设实施和交付使用三个发展时期。这三个发展时期又可分为若干个阶段，它们之间存在着先后次序，可以进行合理的交叉，但不能任意颠倒次序。

按先行规定，我国大中型的水利水电工程的基本建设程序可以分为以下几个阶段。

（1）项目建议书阶段：根据国民经济和社会发展长远规划，结合水电行业和地区发展规划的要求，提出项目建议书。

（2）可行性研究阶段：在勘测、实验、调查研究及详细技术经济论证的基础上，编制可行性研究报告。

（3）设计阶段：根据批准的可行性研究报告，对拟建工程的实施在技术上和经济上进行全面详尽的安排。该阶段是基本建设计划的具体化，是组织施工的依据。

一般项目进行两阶段设计，即初步设计和施工详图设计，但对特别重要或者特殊工程（如采用新结构、新材料、新工艺等）可在初设后增加技术设计阶段，即三阶段设计。

（4）施工准备阶段：初步设计经批准后，进行施工前的各项准备工作。

（5）施工安装阶段：为建设实施阶段。

（6）生产准备阶段：该阶段是衔接建设和生产的桥梁，是建设阶段转入生产经营的必要阶段。

（7）竣工验收阶段：竣工验收是全面考核基本建设成果、检验设计和工程质量的重要步骤，是工程建设的最后一个环节。

（8）后评价阶段：后评价是工程竣工投产、生产运营一段时间后，再对项目的立项决策、设计施工、竣工验收、生产运营等全过程进行系统评价的一种技术活动。通过后评价，可以达到肯定成绩、总结经验、研究问题、吸取教训、提出建议、改进工作、不断提供项目决策水平和投资效果的目的。

第四节　我国的水电发展概况

1. 水力发电装机

新中国成立以来，采取大力发展水电的方针，特别是改革开放 40 年来，水电建设有了巨大的发展,1978 年水电装机总容量不足 1000 万 kW,到 2001 年已达 8300 万 kW。至 2008 年年底,全国已建水电装机总容量达 1.72 亿 kW,年发电量 5633 亿 kW·h,跃居世界第一位,占全国电力装机容量和年发电量的 21.6% 和 16.4%。至 2010 年年底,全国已开发的水电装机容量达 2.1 亿 kW,占全国电力装机容量的 22.0%。

2. 新中国成立以后各年代建成的具有代表性的水电站

新中国成立以后各年代建成的具有代表性的水电站见表 1−1−7。

表 1−1−7　　　　　　　　　　各年代建成的代表性水电站

修建年代	水电站名称	装机容量 (万 kW)	年均电量 (亿 kW·h)	坝型	河流名称	地区
20 世纪 50 年代	新安江	66.25	18.6	重力坝	新安江	浙江
	柘溪	44.75	22	支墩坝	资水	湖南
	新丰江	29.25	11.73	大头坝	新丰江	广东
	盐锅峡	35.2	20.5	重力坝	黄河	甘肃
20 世纪 60 年代	刘家峡	122.5	55.8	重力坝	黄河	甘肃
	丹江口	90	38.3	重力坝	汉江	湖北
	富春江	29.72	9.3	重力坝	钱塘江	浙江
20 世纪 70 年代	乌江渡	63	33.4	拱形重力坝	乌江	贵州
	龚嘴	70	41.2	重力坝	大渡河	四川
	碧口	30	14.63	土坝	白龙江	甘肃
	凤滩	40	20.43	空腹重力拱坝	酉水	湖南
20 世纪 80 年代	龙羊峡	128	59.8	重力拱坝	黄河	青海
	水口	140	49.5	重力坝	闽江	福建
	光滩	121	56.5	重力坝	红水河	广西
	漫湾	150	77.84	重力坝	澜沧江	云南
20 世纪 90 后代	五张溪	120	53.7	重力坝	沅水	湖南
	李家峡	200	59	双曲拱坝	黄河	青海
	二滩	330	170.35	双曲拱坝	雅鲁江	四川
	天荒坪	180	31.6	面板坝		浙江
21 世纪	三峡	2250	870	重力坝	长江	湖北
	溪洛渡	1386	571.2	双曲拱坝	金沙江	四川、云南
	向家坝	775	307.47	重力坝	金沙江	四川、云南
	龙滩	630	187	碾压式重力坝	红水河	广西
	糯扎渡	585	239.12	心墙堆石坝	澜沧江	云南
	锦屏二级	480	242.3	重力闸坝	雅砻江	四川
	小湾	420	190	双曲拱坝	澜沧江	云南
	拉西瓦	420	102.23	双曲拱坝	黄河	青海

3. 我国水力发电工程的发展

我国在水利工程建设上的历史相当悠久，经验相当丰富，但水力发电的建设起步相对较晚，发展较慢。虽然近几十年来水电事业得到了长足发展，但目前建设的水电装机容量与可开发的水能资源相比相差甚远。我国水能资源占常规能源资源总量的40%，但水电在整个电网中所占的比重只有 1/4，比例较低，对既不污染，又可以再生的水能资源没有充分地利用。因此，水力发电事业在我国的发展潜力还很大，有待于进一步开发利用，以节省有限的煤炭资源及其他不可再生资源。

在现在和将来一段时间，我国的水电建设思路是：优先并主要开发调节性能较好的水电站，并从全电力行业和社会经济发展的角度综合考虑和研究水电开发强度，避免出现浪费；充分认识抽水蓄能电站的填谷、调峰、调频、调相、事故备用等作用的重要意义，合理、协调发展中、东部地区的抽水蓄能电站；进一步加强水电"流域、梯级、滚动、综合"开发方式的研究，建设水电基地（重点在西部地区）；更加注重生态问题；同时继续重视小水电的开发。

根据水利电力发展规划，重点进行金沙江、大渡河、澜沧江、黄河上游、怒江、雅砻江六个水电基地开发，并推进雅鲁藏布江、怒江水电基地的开发水电项目等。2015 年全国水电装机容量达到 3.24 亿 kW，其中水电常规装机容量为 2.84 亿 kW。至 2020 年，我国水电装机容量将达到 4 亿 kW 左右，其中在建及待建部分水电站的基本情况见表 1－1－8。

表 1－1－8　　　　　　　　　在建及待建的部分大型水电站

电站名称	地点	所在河流	设计装机（万 kW）	年发电量（10 亿度）	坝型	最大坝高（m）	总库容（亿 m³）
白鹤滩	四川　云南	金沙江	1400	60.24	双曲拱坝	289	206
古贤	陕西　山西	黄河	210	70.96	重力坝	199	165.57
两家人	云南	金沙江	300	11.438	重力坝	81	74.2
观音岩	四川　云南	金沙江	300	12.24	混合坝（碾压式重力坝与心墙堆石坝）	159 71	20.72
两河口	四川	雅砻江	300	11.062	心墙堆石坝	295	101.54
长河坝	四川	大渡河	260	10.83	心墙堆石坝	240	10.75

第二章 水 库 工 程

第一节 概 述

一、水库

水库是蓄水工程的主要形式之一。修建水库蓄水，既可以调解水量，以丰补枯，抬高水头发电，又可以灌溉、养殖、防洪、养鱼，且能拦截部分泥沙，防止水土流失，达到综合利用水资源的目的。尤其在干旱和半干旱的北方地区，利用水库来调解"来水"和"用水"之间的矛盾，发展灌溉及人畜用水就显得更为重要。

在一条河流上，首先根据地形和地质情况选择能够作为坝址的地段；再根据河流的流域规划，可以修建一个或多个拦河坝，形成一个或多个水库，形成多个水库的便称为梯级开发。例如黄河上游、中游就修建了龙羊峡、李家峡、公伯峡、刘家峡、青铜峡、三门峡、小浪底等一系列的水库工程，形成了黄河上的梯级开发。黄河上游龙-青段梯级开发见图 1-2-1。

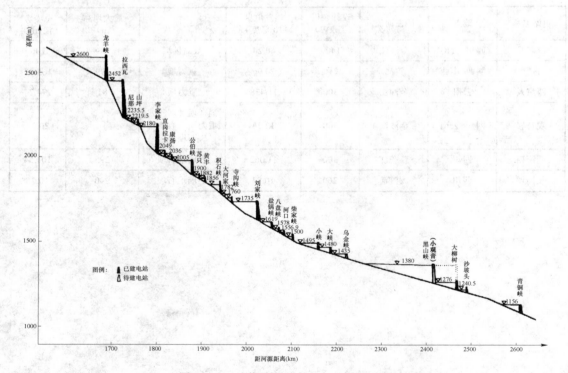

图 1-2-1 黄河上游龙-青段梯级开发

二、水利枢纽中的建筑物

水库工程包括库区、坝址区两大部分，而水工建筑物则主要集中于坝址区，坝址区的各种必不可少的水工建筑物构成水利枢纽工程。

水利枢纽的建筑物以其作用可以分为以下几种。

（1）挡水建筑物：如坝、闸等，是枢纽的主要建筑物，起拦河蓄水，形成水库的关键性建筑物。

（2）泄洪建筑物：如溢洪道、泄洪洞等；主要用来宣泄多余的，水库里盛不下的洪水，在水利枢纽中，它是一个保证枢纽安全的建筑物。和大坝相同，泄洪建筑物属主要建筑物之一。

（3）放水（引水）建筑物：如放水洞，引水管等，用来将库中的水输送到库外的用水地点，如发电的引水管，灌溉的放水洞等。放水建筑物关系到水库工程效益的发挥，因此也属主要建筑物。

（4）电站厂房：这是将水能变成电能的场所；对于以发电为主的枢纽，则该项建筑物属于主要建筑物之一。

（5）其他建筑物：为了某些需要而设置的一些附属的建筑物或专门性建筑物，例如有通航要求的枢纽要设船闸；在某些地区有过鱼要求的要设鱼道；以及为了坝下两岸的安全而设的护岸，护坦等。这些建筑物在每个枢纽上不一定都要布置，而是根据需要来确定是否布置。

对库区来讲，因为水库主要是个盛水的地方，因此库区的防渗，低凹山垭的封堵，水库两岸的坍滑就构成库区的主要工程项目。

三、库容

从外边看，水库里装的都是水，但根据各部分水的作用不同，水体所处的位置不同，可以将水库的库容分成几个不同的部分。如图 1-2-2 所示。

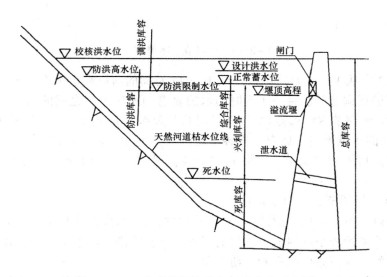

图 1-2-2　水库特征水位和相应库容示意图

以堰顶不设闸门的水库枢纽为例，溢洪道的堰顶高程恰好为正常高水位，当河道发洪水时，库水位超过堰顶（正常高挡水位超过堰顶），则洪水通过溢洪道泄到坝下游河床。这部分水量只是在库内暂时存留，起不到调节、存蓄的作用，因此最高洪水位和正常高水位之间的库容只起滞洪、调洪的作用，并不能用来灌溉和发电，故而这一部分库容叫滞洪库容，在防洪上起到削减洪峰的作用。

正常高水位和死水位（有的也叫垫底水位或者最低工作水位）之间的库容为有效库容，也叫兴利库容。这一部分库容是兴修水库工程的主要目的所在；设计人员根据河流的来水情况、灌溉或发电的用水情况，并在充分考虑渗漏及蒸发损失的前提下，经过详细的水文、水利计算以后确定兴利库容的大小及正常挡水位的高程，以达到调节水量正常发挥效益。

根据兴利库容的确定方法，即调节水量的时段，可以将水库进一步分成以下几种。

1. 多年调节水库

当河道来水与用水之间的差距过大，在相当一部分年份的河道总来水量不满足总用水量要求的情况下，采用多年调节水库，即考虑几年的来水情况，将丰水年的水量贮蓄在水库内，以补给枯水年的水量不足，也就是在进行水利计算时考虑几年的时段，跨年度调水、用水，对北方的河道采用的较多。一般多年调节的水库库容往往较大。

2. 年调节水库

年调节水库是指对来水与用水之间的矛盾在一年以内进行水量平衡，贮蓄汛期或其他来水量较大时段的水量，以补当年缺水的月份，即调节计算以月为单位进行调配、计算，确定库容，如图 1-2-3 所示的情况。

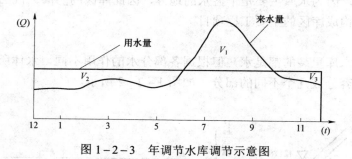

图 1-2-3　年调节水库调节示意图

图 1-2-3 中从 12—6 月之间以及从 10—12 月间的河道来水量均小于用水量，显然河道的水量如不进行调节是满足不了当时用水的要求；而 7—9 月之间的汛期，河道来水量远远大于用水量，年调节水库就是把 7—9 月间的多余水量 V_1 拦蓄下来，以补 10 月份到来年的 6 月份之间的水量不足，而有效库容就是指 V_2+V_3 这部分需水量的缺口。当然只有当 $V_1 \geqslant V_2+V_3$ 时方可采用年调节，如果 $V_1 < V_2+V_3$，则必须采用多年调节水库即跨年度调配水量。

3. 季调节、周调节、日调节水库

以季度为研究单位，以一周或以一天为调节单元的水库。这种水库一般适用于来水量与用水量之间的差距较小的河流上修建的工程，如我国南方，水量丰沛且较为均匀，基本满足用水要求的情况下修建的水利枢纽工程。

死水位以下的库容叫死库容，也叫垫底库容。这一部分库容的水一般位于放水洞高程以下，放水洞放不出去，因此，在发挥水库的正常效益上不起作用。死库容的大小关系到水库的淤积、养鱼水面面积以及水库的使用寿命等，也是初步设计中要确定的一个非常重要的特征水位。

第二节　水利枢纽的挡水建筑物

坝是水库枢纽中最主要的水工建筑物之一，它起着拦挡河流，蓄水成库的作用。

对于坝体来讲，它在水的作用下进行工作，因此对它的要求应当是：

（1）稳定：在巨大的水压力、波浪压力、泥沙压力、自重等荷载作用下，以及在偶然遇到地震力或其他可能发生的荷载作用下，坝体不能产生滑动、倾倒、浮起等失稳破坏；要求在任何情况下要岿然不动，安全运行。

（2）不漏：在水的作用下，渗漏不仅对坝体的稳定造成影响，同时将减少水库蓄水量，影响发电或灌溉等正常使用，达不到修建水库的目的，因此要求渗漏量限制在一定的范围以内。

（3）具有一定的强度：在各种力的作用下，坝体各部分都要产生一定的应力，这就要求筑坝材料具有足够的强度，以抵抗各种作用力，避免产生压坏或拉坏现象的发生。

拦河大坝的形式较多，在我国常用的有重力坝、拱坝、土石坝、支墩坝等。

一、重力坝

重力坝是依靠坝体自身的重量来维持坝体的稳定。如图 1-2-4 所示的坝体，在库水、自重及其他荷载的作用下，不会沿地基面产生滑动，也不会被水压力所推倒，即倾覆。故定名为重力坝。

1. 重力坝的分类

（1）按坝体的高度分，一般认为坝高小于 50m 的为低坝；坝高大于 100m 者为高坝；而坝高在 50～100m 的为中等高度坝。

（2）从筑坝的材料可以分为混凝土重力坝（用混凝土筑成重力坝，见图 1-2-4）和浆砌石重力坝（用水泥砂浆砌块石筑成）。

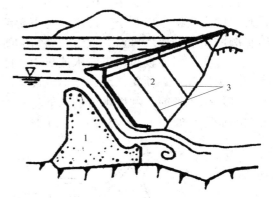

图 1-2-4　重力坝示意图
1—溢流坝段；2—非溢流坝段；3—横缝

三峡水利枢纽大坝、刘家峡电站的主坝等均为混凝土重力坝；商洛市的二龙山水库大坝为浆砌石重力坝。

2. 重力坝的剖面

重力坝是由混凝土或浆砌石筑成的，由于水泥的作用，将砂石胶结在一起，形成一个强度较大的弹性体。这两种材料均比较耐冲，使得重力坝可以从坝身上泄洪，而土坝尤其是高坝和中等高度的土坝坝身目前还不能过水。因而重力坝枢纽可以不设河岸溢洪道，只需将重力坝的坝身剖面形式加以妥善的处理或修改，则可既挡水，又能泄洪，这种坝叫做溢流坝。可见重力坝根据作用可分为非溢流坝和溢流坝，如图 1-2-5 所示。

在重力坝的坝身上还可以开孔，诸如电站引水、灌溉引水、城镇供水以及其他用水均可在坝身上留孔完成，不需要像土坝那样另行在岸边开挖隧洞。

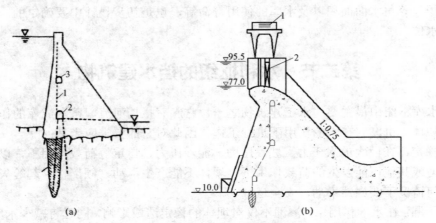

图 1-2-5　重力坝剖面示意图
（a）非溢流坝；（b）溢流坝

3. 重力坝枢纽

因为重力坝的坝身可以泄流，且坝身还可以开孔放水，即溢洪设施和放水洞可以布置在坝身，因此重力坝枢纽布置比较集中，管理比较方便。

在重力坝枢纽布置中，泄洪设施即溢流坝段一般布置在坝的中间坝段，这样泄洪可以正对下游主河槽，以利于宣泄水流与下游河床水流的连接。靠近岸边可以布置电站厂房，放水洞，如有必要还可以布置过船建筑物等。

重力坝的坝体较高，下泄水流集中，能量很大，为了避免和减小对建筑物及坝下游河床的冲刷危害，必须妥善地进行消能设计。重力坝的坝下消能形式有：

（1）挑流消能：利用水流的动能将其抛到距坝较远的地方，使之对枢纽建筑物不产生过大的危害，如图 1-2-6 中的（a）所示。

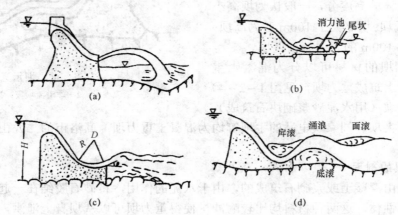

图 1-2-6　重力坝坝下消能示意图
（a）挑流消能；（b）底流消能；（c）面流消能；（d）消力戽消能

（2）底流消能（消力池消能）：使高速水流在坝下已经采用工程保护措施的预定地段内产生水跃，水流通过旋滚、摩擦、掺气，以及和其他结构的撞击等来消杀水流的能量，然后进入下游河床，避免对下游的河床及其他设施产生过大的冲刷。如图1-2-6中的（b）所示。

（3）面流消能：使下泄水流不要钻入下游水流的底部，以免冲刷河床及坝基，对坝的稳定产生不利的影响，通过小角度挑坎的作用使高速水流处在下游水流的表面，慢慢地扩散，慢慢地消能，逐步过渡到正常的水流状态，如图1-2-6中的（c）所示。四川的龚嘴电站工程即采取了面流消能，面流消能虽不冲刷河底，但对两岸的冲刷剧烈，且影响范围也较大，需要的护岸往往较长。

（4）消力戽消能：圆弧状的消力池，使水流在戽内旋滚消能。如陕西的石泉电站即采用了消力戽消能的方式，如图1-2-6中的（d）所示。

4. 重力坝的地基

重力坝是依靠坝体的重量保持稳定的，因此它的重量很大。但和土坝比较它的体积要小得多，和地基的接触面积也很小，因此，要求地基应当具有足够的强度。

重力坝不像土坝可以筑在软基上，它必须筑于坚固的岩石基础上，以适应巨大的压应力，因此施工中需要大量的基础开挖。由于地层经历了漫长的地质构造运动，地基往往存在断层、裂隙等构造带，重力坝要求对这些地质构造带进行必要的加固处理，如采用混凝土来填堵断层；对地基进行固结灌浆等以加固地基，提高地基的整体性及其抗压能力，如图1-2-7所示。

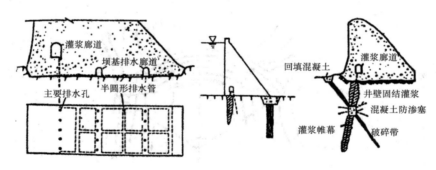

图1-2-7　断层处理示意图

重力坝的地基除进行必要的开挖和加固处理以外，为了防止或减少库水通过地基的渗漏，且为了减少坝下的渗透压力，还需进行防渗处理和排水处理。防渗处理多采用防渗帷幕灌浆，以堵填岩基中的裂隙；而坝基排水则采用打排水孔的办法，将透过防渗体的有压水排到坝外，以消除或减小渗入到坝基下的承压力对坝体稳定的不利影响。

二、拱坝

拱坝是在平面上向上游凸出，呈拱形的结构，如图1-2-8所示。当水库蓄水以后，拱坝可以将库水对坝体的压力由拱的作用传递给两岸山体，受力条件较好。由于拱坝充分地发挥了筑坝材料的抗压性能较强而避开了材料抗拉性能较弱的优势，因此拱坝的体积比重力坝的体积要小得多，更省材料。拱坝属于一种轻型结构。图1-2-9所示的是拱坝拱、梁各承担的荷载情况。陕西省宝鸡市的钓鱼台水库、黄河上游的李家峡电站、四川的二滩电站等枢纽工程均采用了拱坝作为挡水建筑物。

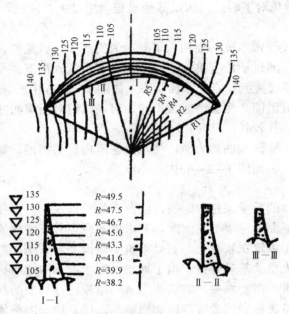

图 1-2-8 拱坝示意图

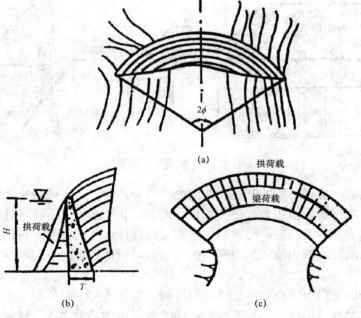

图 1-2-9 拱坝拱、梁荷载示意图
（a）平面图；（b）梁剖面；（c）拱剖面

在各种大坝中，拱坝对地基和两岸的要求相对较高。拱坝的拱冠梁剖面厚度和剖面高度（最大坝高）之比叫做拱坝的"厚高比"，按拱冠梁剖面底部的厚度（T）和剖面的高度（H）之比值，可以把拱坝分为薄拱坝、一般拱坝和重力拱坝三种。

（1）$T/H<0.2$ 时属于薄拱坝；

（2）$0.2<T/H<0.35$ 时属于中厚拱坝；

（3）$T/H>0.35$ 时属于厚拱坝（重力拱坝）。

如广东泉水拱坝坝高 80m，底厚为 9m，厚高比只有 0.1125，坝体体积特别小。陕西省汉中市石门拱坝坝高 88m，底厚为 27m，厚高比为 0.3068，比同等高度的重力坝要薄得多。虽然如此，但拱坝的施工较复杂，要求的施工技术较高，同时对坝址地形及地质情况的要求都比重力坝和土坝要求的高很多。拱坝虽然体积小，但结构形式、受力条件较好。因此它具有一定的超载能力，如位于贵州省的修文水电站拱坝，洪水超过坝顶 80cm 从坝顶溢下，而泄洪后经过检查坝体没有发生任何问题。位于四川省的二滩水电站采用的挡水建筑物就是拱坝，最大坝高 240m，装机容量 330 万 kW。

三、土石坝

土石坝是利用当地材料、石料或土石混合料堆筑而成的。土石坝可以就地取材，施工技术简单，易于群众掌握。因此在我国修筑的土石坝较多，筑坝的历史也最悠久。如冯家山水库大坝、石头河水库大坝、黑河水库大坝、密云水库大坝以及十三陵水库、官厅水库大坝均为土石坝。目前世界上最高的大坝就是前苏联修筑的位于现在塔吉克斯坦的罗贡土坝，最大坝高 335m。我国目前已建成的最高的土石坝是在澜沧江云南段下游的糯扎渡心墙堆石坝，最大坝高 261.5m。

1. 土石坝的分类

（1）根据大坝防渗体的布置，可以将土石坝分成：

1）心墙土石坝。心墙土石坝的防渗体一般布置在坝体剖面的中心位置，因此叫心墙土石坝。心墙采用透水性很小的黏土、沥青或混凝土等筑成的防渗心墙进行防渗；而心墙上、下游两侧的土料则采用透水性较大而土性指标较高的砂石料、堆石或其他混合料筑成，以减少坝体工程的填筑量，降低工程造价，其剖面形式如图 1-2-10 中的（b）和（g）。例如，位于陕西省宝鸡市的石头河水库大坝和位于西安市周至县境内的黑河水库大坝就是心墙土石坝。

2）斜墙土石坝。将坝体的防渗墙布置在大坝剖面的上游侧，坡度与上游坝坡接近，斜墙下游的坝体采用砂石料、或堆石筑成。斜墙坝有利于施工，相互干扰较少，尤其对于雨季较多的地区更为有利。根据斜墙的材料不同还可以进一步分成黏土斜墙、沥青混凝土斜墙坝以及木板斜墙坝等斜墙土石坝，如图 1-2-10 中（c）所示。

3）均质坝。均质坝一般是采用壤土筑成，坝体的防渗部分及坝身的支撑部分合为一体，坝身就是防渗体；如图 1-2-10 中的（a）所示。均质土坝结构简单、施工方便，有利于群众性施工，因此在 20 世纪五六十年代我国建筑了大量均质土坝，如陕西省的大型工程冯家山水库，渭南的游河水库、零河水库、北京的十三陵水库等都是均质土坝。

4）斜心墙坝。将坝体的防渗布置在大坝剖面的中心偏上游部位，但呈倾斜状，是介于心墙与斜墙之间的布置形式，如图 1-2-10 中的（h）和（i）所示。斜心墙坝可以有效地克服拱效应作用，又达到减小坝体工程量的目的，但施工比较复杂。

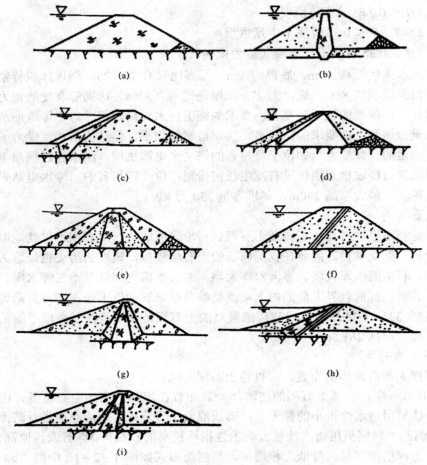

图 1-2-10 碾压式土石坝的类型

（a）均质坝；（b）黏土心墙坝；（c）斜墙坝；（d）（e）多种土质坝；（f）土石混合坝；

（g）黏土心墙土石混合坝；（h）（i）黏土心墙土石混合坝

（2）根据土石坝的施工方法还可以分为：

1）碾压式土石坝。土石坝在施工中的压实主要靠机械进行辗压，包括人工夯实，机械碾压以及振动碾压等施工方法。

2）水坠坝。水坠坝在施工中主要依靠水的渗透压力而压实（如陕北的许多小型土坝），将土倒入水中，或采用水拉土的方式，由于水的下渗，压密了坝体上的土层，达到设计的干密度。

3）抛石冲填坝或定向爆破坝。采用定向爆破坝或者将块石从空中抛下，依靠块石的冲击力将坝体冲填密实，达到夯压的目的。例如长安县的石砭峪水库大坝就是 20 世纪 70 年代初我国最大的一次定向爆破筑坝。

如果根据土石坝的筑坝材料还可以分成多种土质坝，土石混合坝以及堆石与浆砌石混合坝等多种形式。

2. 土石坝的组成部分

从各部分所起的作用，土石坝断面可以由以下几部分组成。

（1）支撑坝体稳定的部分：坝身的稳定主要取决于坝身上、下游边坡的陡、缓，若坝坡过陡，可能造成坝坡滑坍失稳，如图1-2-11所示。而坝坡过缓，则造成工程量的增加，在经济和劳力上都将造成浪费。因此，必须经过在各种情况下的详细的稳定验算，设计出在安全的前提下最经济的土坝断面。具体地讲大坝的支撑部分是指若为均质坝则是土坝本身，若为心墙或斜墙坝，则指的是心墙两侧的坝壳部分或斜墙下游侧的棱体，它们的边坡如果设计的过陡就可能造成滑坍破坏。

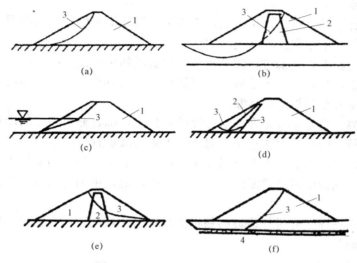

图1-2-11　坝坡坍滑破坏形式

1—坝壳或坝身；2—防渗体；3—滑动面；4—软弱夹层

（2）坝体的防渗部分。土坝的防渗体是为防止通过坝体产生过大的渗漏，以保存库中水量，同时要防止渗入坝体的水对坝体本身的稳定产生过大的危害，使之产生破坏。对于均质坝，防渗体就是坝体本身，如冯家山水库大坝，防渗体和支撑稳定体为同一体。对于心墙坝、斜墙坝则防渗体是指心墙、斜墙或斜心墙，防渗体采用透水性较小的黏土或混凝土或沥青混凝土等材料筑成，如石头河水库大坝采用了黏土心墙，石砭峪水库采用了沥青斜墙进行防渗。

（3）排水部分。土坝中虽已设了防渗体，但不可避免还有部分水量渗进坝体，为减少渗透水对坝体稳定的不利影响，在坝的下游坡脚或坝底设透水性很强的排水体。使已渗入坝体的水量尽快地通过预定位置排出坝体，以防产生渗透破坏，增加坝体的稳定性。

排水体的形式很多，有堆石排水体、褥垫排水体、贴坡排水体，也有相互结合的组合排水体等，这些排水体各有优缺点及其适用条件，设计时应分析选用。

（4）保护部分。保护设施也是土石坝设计中不可忽视的重要组成部分。例如在心墙坝、斜墙坝与坝体之间，坝体与排水体之间，以及坝体与上游护坡之间，由于土料的粗细程度不同，为了防止在水库的运行中产生渗透破坏，应当设置反滤设施。为了防止风浪、降雨、生物以及其他因素对坝坡产生冲蚀破坏，对土石坝的上、下游坝坡应设置专门的护坡、坝坡排水、坝顶排水等保护设施。

护坡的形式主要有干砌石护坡、堆石护坡、干砌混凝土块护坡以及下游坡的草皮护坡等。如黑河水库大坝的上、下游均采用了干砌石护坡；而石堡川水库大坝的上游用干砌石护坡，下游坝坡采用的是草皮护坡。

3. 土坝断面设计

土坝断面设计就是根据水库的建筑目标，拟定出运行上符合要求，施工上可行，经济上合理、管理上方便的土坝剖面形式，然后根据工程在运行中可能遇到的各种作用力及它们的组合情况，论证剖面的安全性，使之达到现行规范规定的安全系数。具体地讲，土石坝断面的设计主要包括：

（1）在水文计算的基础上，根据设计洪水位及校核洪水位计算土石坝的坝顶高程，保证在规范规定的条件下不发生洪水漫顶的情况。

（2）对拟定的土石坝断面进行渗透计算，分析坝体中的浸润线、渗透流量以及渗流场中的各种渗流要素，判断发生渗透破坏的可能性。如果有发生渗透破坏的可能性，则应采用必要的保护措施或重新拟定坝体断面。

（3）稳定验算。稳定验算是在渗透计算的基础上，综合分析坝体的堆筑材料及地基的地质情况，在各种可能荷载的作用下，对上、下游边坡进行抗滑稳定验算，如果安全系数符合规范的要求，说明拟定的断面可以安全运行，不会发生边坡的滑坍破坏；如果小于规范要求的安全度，则说明所拟定断面在建成运行中可能发生失稳破坏，应当重新拟定，直到稳定为止。

对于一般的土石坝主要进行边坡的稳定验算，对高坝则应当在稳定验算的基础上再进行强度计算或变形分析。

4. 土石坝的优缺点

（1）土石坝的优点：

1）土石坝的筑坝材料可以在当地获得，就地取材，因此一般情况下土石坝的造价较低。

2）土石坝本身的构造简单，施工技术也不是太高，既有利于群众施工，也有利于大型的机械化施工。

3）土石坝的修建悠久，在设计、施工、管理等各个方面均积累了较为丰富的经验。

4）土石坝对地形、地质条件的要求相对较低，土石坝可以在岩石地基上修建，也可以在软基上即砂石地基或土基上修建，适应性比拱坝和重力坝要宽得多。

（2）土石坝的缺点：

1）土石坝的施工系统和施工中的度汛相对较麻烦。由于坝体为散粒体堆筑而成，坝顶过流度汛时如果不采取相当可靠的措施将会造成溃坝破坏。施工也不宜于分期施工，施工导流工程的投资较大。

2）土石坝是由散粒体材料堆筑而成的，固结过程较慢，因此在长期运行中发生沉降变形，而且土体表面易受到风、水流、波浪、生物等各方面的损坏，必须严格保护坝体，采取一系列的保护措施，方可确保大坝的安全。

四、支墩坝

支墩坝是由向上游倾斜的起挡水作用的面板和起支撑作用的支墩所组成。水压力通过挡水面板传递给支墩，再由支墩传给地基，以维持大坝的正常运行。

按照面板的形式支墩坝可以分成：

（1）盖板为平板形式的平板坝，如图1-2-12中的（a）所示；

（2）盖板由支墩的迎水部分加厚而形成的大头坝，如图1-2-12中的（b）所示；

（3）盖板为连拱形式的连拱坝，如图1-2-12中的（c）所示。

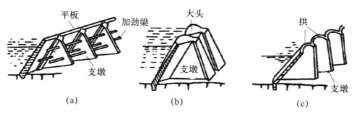

图1-2-12　支墩坝主要类型

（a）平板坝；（b）大头坝；（c）连拱坝

支墩坝一般都是混凝土或钢筋混凝土结构，修建在岩石地基上，其中平板坝和连拱坝的结构单薄，所需钢筋量较多，要按钢筋混凝土结构设计；而大头坝构件比较厚，钢筋含量较少，近于混凝土结构。

支墩坝与重力坝相比，有以下特点。

（1）上游面板一般是倾斜的，面板上的水重有助于坝体稳定。

（2）地基中的渗透水大部分由面板后逸出，因而支墩底面的渗透压力较小，可以忽略不计，浮托力也只限于作用在支墩底面积上。因此，与重力坝相比，作用在支墩坝上的扬压力（渗透压力与浮托力之和）要小很多。

由于上述两原因，即扬压力减少和水的压重均有助于坝体稳定，可使支墩坝的体积大大减小。如100m高的支墩坝与同高的重力坝相比，其混凝土工程量要节省40%~80%。

（3）由于支墩坝的构件单薄，内部应力比较均匀，可以较大地发挥建筑材料的强度。如一座70m高的实体重力坝，其最大压应力不过1.2MPa左右，而同高的支墩坝压应力可达3.5MPa（大坝混凝土抗压强度在10MPa以上）。

（4）支墩坝有一定超载能力。因为支墩坝引水面板是倾斜的，当上游水位超过设计水位时，水推力虽然增加，但面板上水重也随之增加，而扬压力又可忽略不计。这些因素在一定超载条件下仍可保持坝的稳定。

（5）支墩坝的侧向（沿坝轴线方向）刚度较小，侧向稳定性较差，侧向地震可能引起支墩的共振甚至破坏坝体。所以，设计时必须充分研究侧向稳定性。

（6）连拱坝和平板坝的构件单薄，面板的防渗性能和抗冻性能均较差，因此不适于严寒地区修建。

（7）连拱坝和平板坝需要钢筋较多，其结构亦复杂，施工比较麻烦。由于施工期洪水不宜从坝体上溢流（防止振动和掏刷地基），所以在施工导流方面不如重力坝方便。

（8）连拱坝支墩对地基条件的要求比重力坝高。

如上所述，支墩坝虽然存在缺点，但不失为一种经济合理的坝型。现在世界上建成的支墩坝数以百计，其中以平板坝最多，其次为连拱坝，再次为大头坝。新中国成立后我国也修建了一些支墩坝，如安徽省梅山连拱坝，坝高88.24m，是当时世界上最高的连拱坝，如图1-2-13所示。

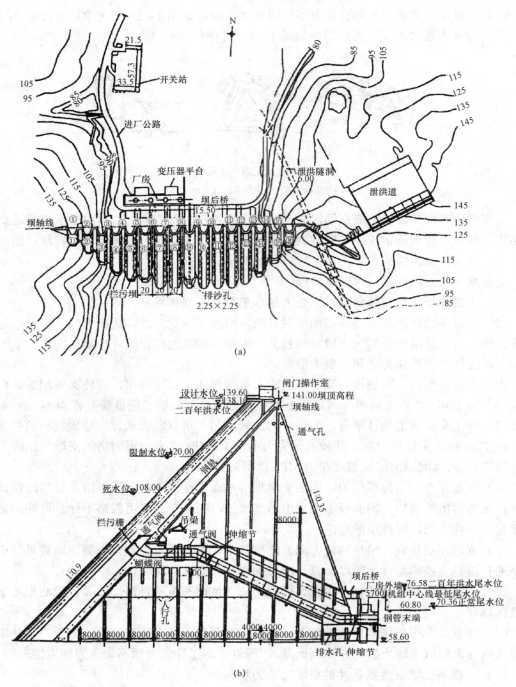

图 1-2-13 梅山水库连拱坝

(a) 平面布置图；(b) 坝身剖面图

以上所介绍的几种坝型——重力坝、拱坝、土石坝、支墩坝，都是最常见的坝型。其中土石坝为当地材料坝，其他为混凝土坝；重力坝和拱坝也可以采用浆砌石材料。由于大型机械设备的发展，如坝址附近有合适的土石料，当地材料坝无论从经济方面或施工速度方面都有其优越性。如条件所限，必须选混凝土坝型时，应首先考虑拱坝或支墩坝，然后再考虑重力坝坝型。当然，最后选定哪一种坝型，还要进行技术经济分析比较予以确定。

第三节　水利枢纽的泄洪建筑物

任何一个水库枢纽尤其是土石坝枢纽，都必须给多余的、库内盛不下的洪水以出路，即把水库里蓄不下的洪水通过泄洪建筑物泄到坝下游，以防止洪水漫顶而发生溃坝事故。例如，1975 年 8 月河南石漫滩水库由于洪水漫顶造成溃坝，使大坝下游的河南、安徽等地遭受到极其重大的损失。

泄洪建筑物是保证水库安全的一项十分重要的工程措施，起到"太平门"的作用，因此它具有和大坝同等重要的地位，其设计标准与大坝相同。

一、泄洪建筑物的主要形式

（1）在河岸开挖溢洪道，即河岸溢洪道。适用于不能过流的土坝枢纽，如石头河水库的右岸，小浪底以及碧口等土坝枢纽均设有河岸开敞式溢洪道。对于某些有合适地形的或者布置上需要的其他枢纽如重力坝或拱坝枢纽，也可以布置河岸溢洪道。例如刘家峡水电站的右岸溢洪道；天生桥一级水电站（混凝土面板堆石坝）的右岸开敞式溢洪道；龙羊峡水电站（混凝土重力拱坝）也在右岸岸边设有河岸开敞式溢洪道。河岸溢洪道是土坝枢纽三大件之一。

（2）在河岸开挖泄洪隧洞。当利用导流洞泄洪或表层地质条件不好，不易设置溢洪道时，则可开挖泄洪隧洞。例如刘家峡水电站（混凝土重力坝）右岸设有由导流洞改建的泄洪洞，鲁布革水电站（土质心墙堆石坝）在右岸设有泄洪隧洞等。

（3）由坝顶泄洪。适用于混凝土、浆砌石重力坝或拱坝等枢纽，通过溢流坝坝顶宣泄洪水。如二龙山水库（浆砌石重力坝）和钓鱼台水库（浆砌石拱坝），均采用了坝顶泄洪的方式。

（4）在坝体中预留泄洪孔泄洪。如三峡水电站布置有泄洪深孔，李家峡水电站（混凝土拱坝）布置有泄洪底孔和泄洪中孔；溪洛渡水电站（混凝土拱坝）布置有泄洪表孔和泄洪深孔等。

对土坝枢纽的泄洪建筑物一般均采用河岸溢洪道或在河岸开挖泄洪隧洞的方式，混凝土坝枢纽一般采用坝身泄洪方式。溢洪道及坝顶泄洪建筑物可以设闸门，也可以不设闸门。根据经济技术条件经过比较确定。

二、河岸溢洪道的组成

河岸溢洪道一般由引渠段、溢流堰、泄水槽和出口消能段组成，如图 1-2-14 所示。

河岸溢洪道常用的堰型有实用堰和宽顶堰。实用堰的过流能力大，但施工复杂且需要开挖的工程量较大，宽顶堰则相反。两种堰型在我国工程上均有采用。如冯家山水库、王家崖水库溢洪道的进口即为宽顶堰，而刘家峡电站、石头河水库的溢洪道则采用了实用堰溢流。两种堰型的选择在设计时可以根据地形、地质条件分析比较选用。

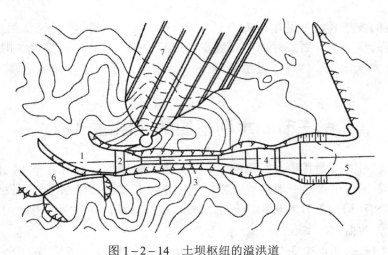

图 1-2-14　土坝枢纽的溢洪道
1—引水渠；2—溢流堰；3—泄槽；4—出口消能段；5—尾水渠；6—非常溢洪道；7—土石坝

第四节　水利枢纽的放水建筑物

从水库中引水灌溉、发电、供水等所必需的建筑物，称为放水建筑物，其形式有水工隧洞、坝下涵洞以及坝体放水孔等。前两种多用于土石坝枢纽，后一种在混凝土坝或浆砌石坝中使用。这里主要介绍一下水工隧洞。

水工放水隧洞是土坝枢纽中必不可少的一项建筑物。在具有合适的地形条件下，经比较重力坝或拱坝枢纽也可修建水工放水隧洞。如石门水库的渠道引水及电站引水也采用了隧洞式的放水建筑物。

放水隧洞是从水库向用水地点供水的一个咽喉，用水地点何时用水、用多少水，均由放水洞来进行控制。放水隧洞位于地下，且进水口较低，属于深式放水建筑物，因此放水隧洞在设计上及施工上要比河岸溢洪道复杂一些。

一、水工隧洞的用途

（1）输水，以满足发电、灌溉或城镇供水的需要。

（2）配合溢洪道宣泄大洪水或作为主要的泄洪建筑物；如大渡河上的瀑布沟水电站的泄洪洞，澜沧江上的小湾水电站的泄洪洞等。

（3）水工放水洞的位置很低，它可以排泄水库中的泥沙，起到冲淤排沙、延长水库使用年限的作用，保证一定的库容。

（4）放水洞还可以在战争或地震以及必要时很快地放空水库，以保证大坝的安全和坝下游人民生命财产的安全。

（5）在施工中，尤其是土坝施工中，隧洞可以作为施工导流洞。如刘家峡水电站的右岸泄水洞，施工时就是导流洞，然后改建为永久的放水隧洞。

水工隧洞在蓄水枢纽中可以承担多项任务。在隧洞设计中，往往从经济的角度考虑，尽量做到"一洞多用"，如泄洪、排沙、放空水库等可以用一条隧洞来完成，如果合适，还可以将施工导流洞改造为永久的泄洪排沙洞或放水隧洞，以降低工程造价。

二、水工隧洞的组成

如图 1-2-15 所示,水工隧洞由进口控制段、洞身段和出口段组成。水工隧洞的闸门一般有检修闸门、工作闸门和事故闸门。

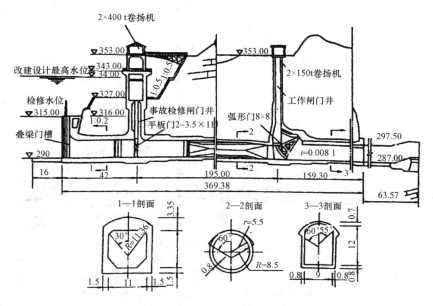

图 1-2-15 水工隧洞示意图

(1) 检修闸门:一般位于隧洞的进口段。当隧洞或工作闸门需要检查、修理时检修闸门下闸断水。检修闸门由进口控制建筑物来启闭操作。检修闸门的运行状态为静水中启,静水中闭,采用平面闸门。

(2) 工作闸门:可以设置于隧洞进口或隧洞的出口,也可以设置在隧洞中间的某一合适的部位。工作闸门要求动水中启、动水中闭,是控制水流的主闸门。工作闸门可以采用平面闸门,也可以采用弧形闸门。

(3) 事故闸门:事故闸门用于当隧洞或隧洞后电站发生事故时,需要在很短的时间内紧急关闭断水,以免造成重大灾害,如淹没电站厂房,机组飞逸等。因此,事故闸门需要快速关闭,采用高速闸门。事故闸门一般为动水中闭,静水中启。

三、隧洞的分类

(1) 从水流条件分:可分为有压隧洞和无压隧洞(明流洞)。所谓有压隧洞,即洞内充满了水,不存在自由水面,水对四周都保持一定压力值。一般电站引水洞均为压力洞,其他泄水洞亦可采用。所谓无压洞即洞内没有完全充满水,存在自由水面,水对洞顶无水压力存在,如图 1-2-16 所示。

(2) 从洞身的断面型式分:可以将隧洞分为圆形隧洞,适宜于压力隧洞;城门洞形隧洞,适宜于岩体中开挖的明流洞;马蹄形隧洞,适宜于软基中的明流洞;卵形隧洞等。设计时可以根据洞身所在位置的地质情况,工程规模等经过比较选定。

四、隧洞的衬砌

在岩基中或软基中开挖隧洞时,一般应进行衬砌。衬砌不仅起到承担荷载的作用,如山岩压力，水压力等；同时还可以起到减小糙率，加大过流能力，减小水量渗漏，保护围岩的作用。

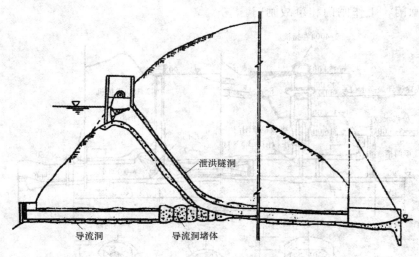

图 1－2－16　无压隧洞示意图

隧洞的衬砌形式一般有：

（1）平整衬砌。适用于当地质条件很好、不需要衬砌承担荷载的情况，仅需对洞内的过水部分进行抹平，减小糙率，以增大隧洞的过流能力，同时起到减小渗漏的作用。

（2）单层衬砌。适用于当地质条件不大好或隧洞的规模较大，必须由衬砌承担荷载的情况。这种衬砌必须经过计算、分析，选择安全、经济的衬砌厚度，以保证水工隧洞的运行处于安全的状态。

（3）双层衬砌。适用于隧洞的作用水头过大或洞径过大，单层衬砌不能满足要求的情况。

水工隧洞的衬砌材料多采用混凝土、钢筋混凝土、浆砌石或钢板、钢丝网喷浆以及喷混凝土浆、打锚杆等。

第五节　水利枢纽工程简介

一、石头河水库工程简介

1. 概述

石头河水库工程是以灌溉为主，结合发电、养鱼等综合利用的水利枢纽工程，是陕西省关中西部地区实现南水北调以解决渭北高原缺水问题的一项大型水利工程。水库总库容1.25 亿 m³。设计灌溉面积 128 万亩（其中渭河以北 91 万亩为提高灌溉保证率补给水量的灌溉区），结合灌溉期发电。四级电站总装机容量为 5.47 万 kW。

石头河水库枢纽工程由拦河坝、溢洪道、输水洞、泄洪洞及坝后电站等部分组成。其枢纽平面布置见图 1－2－17。拦河坝采用黏土心墙式土石混合坝，河床以上坝高为 105m，由填土最低基面计则最大坝高为 114m，坝顶长 590m，坝体填筑量共 855 万 m³。河道于1976 年 9 月 26 日截流，截流后坝体开始大规模机械化填筑，枢纽总土石方 1570 万 m³，混凝土 20.6 万 m³。灌区工程包括总干渠、北干渠及东、西干渠。总干渠设计流量 70m³/s，渠道总长 76km，土石方 983 万 m³。

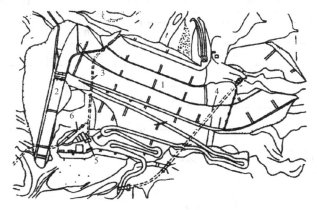

图 1-2-17　石头河水库枢纽平面布置图

1—土堤；2—溢洪道；3—输水洞；4—泄洪洞；5—电站厂房；6—供水支洞

2. 坝址地形、地质条件以及水文水利规划

地形情况：坝区属秦岭低山区，坝址位于石头河河谷出口以上 1.5km 的温家山处。河谷呈"U"形，河床宽约 200m，平均高程 703m，纵比降 1/70。两岸基岩出露高程为 747~750m，两岸坡度：左岸区 1:0.75，右岸 1:0.75~1:0.5，基岩以上为三、四级阶地，阶地底部为砂卵石层，其上覆盖黄土类土层。

地质情况：坝区基岩主要为下元古界的绿泥石云母石英片岩，岩层走向北西西，倾向北北东；倾角 57°~85°。由于中生代岩浆活动强烈，坝址有辉长岩侵入体。河床砂卵石覆盖层厚度一般 2~8m，在东西两侧厚达 6~24m，形成东西两个深槽。

左岸岩石出露高程 750m，右岸 747m，坡脚处有深 6~8m 坡积物。

基岩顶板以上为三、四级阶地砂卵石层，厚 2~15m，最大渗透系数约 19m/d，除左岸三级阶地砂卵石在坝轴线被基岩脊梁截断，上、下游不连通外，其他各阶地砂卵石上下游贯通并出露。

水库工程主要特性指标见表 1-2-1。

表 1-2-1　　　　　　　　石头河水库工程主要特性表

名　　称	单位	数量	备　　注
（一）水文气象特性			
流域面积	km²	673	
多年平均降水	mm	816	
实测最大流量	m³/s	1050	1964 年 9 月 3 日
实测最小流量	m³/s	1.01	1953 年 12 月 28 日
多年平均流量	m³/s	14.09	
多年平均径流量	亿 m³	4.48	
多年平均输沙量	万 t	16.37	

名　　称	单位	数量	备　　注
设计洪水流量（$P=1\%$）	m³/s	2690	
校核洪水流量（$P=0.1\%$）	m³/s	4620	
保坝洪水流量（P.M.F）	m³/s	8000	
（二）水库特性			
坝址河床高程	m	703	
正常高水位	m	801	
死水位	m	728	
正常高水位相应水库水面面积	km²	3.2	回水长度约 7km
总库容	亿 m³	1.25	
死库容	万 m³	1500	
有效库容	亿 m³	1.2	
（三）工程特性			
1. 拦河坝			
坝型：黏土心墙砂卵石坝壳土石混合坝			
最大坝高	m	114	填土最低基面高程 694m 以上 114m，河床面以上坝高 105
坝顶高程	m	808	防浪墙高 1.1m
坝顶长度	m	590	
坝顶宽度	m	10	
坝底宽	m	488	河床段最大剖面
2. 溢洪道			
形式：岸边开敞式正槽溢洪道			
混凝土衬砌长度	m	452.67	开挖长度 607.67m
泄槽宽度	m	40	
最大泄量	m³/s	7150	
最大流速	m/s	34	
工作闸门（弧形闸门）	扇	3	$11.5 \times 17 \sim 17$m
启闭机	台	3	QPQ2×80t
3. 输水洞			
形式：深孔岸坡式进水口有压隧洞			
隧洞内径	m	4	
主洞长度	m	414.38	沿灌溉支洞总长度 574.52m
设计流量	m³/s	70	
设计流速	m/s	5.56	
出口消能方式		底流消能	

续表

名　称	单位	数量	备　注
出口最大流速（弧门后）	m/s	37	
工作闸门（弧形钢闸门）	扇	1	2×2～80m
工作闸门启闭机	台	1	75/40t 螺杆式启闭机
检修闸门（平板滑动钢闸门）	扇	1	3.5×3.5～80m
检修闸门启闭机	台	1	QPQ2×125t
4. 泄洪洞			
形式：深孔塔式进水口无压隧洞			
隧洞内径（宽×高）	m×m	5.5×8.35 7.2×10.08	城门洞型，洞内净尺寸是变化的
全长	m	697.45	
出口消能方式			斜鼻坎挑流消能
最大泄量	m³/s	850	
最大流速（反弧段末）	m/s	40.6	
工作闸门（弧形钢闸门）	扇	1	5.5×5～70m
工作闸门启闭机	台	1	QPQ2×100t
检修闸门（平板滑动钢闸门）	扇	1	5.5×6～70m
检修闸门启闭机	台	1	QPQ2×100t
检修闸门启闭机			5.5×6～70m
（四）其他特性			QPQ2×200t
灌溉面积	万亩	128	
其中：眉岐灌区	万亩	37	其中扩灌 1.5 万亩
宝鸡峡灌区	万亩	91	提高保证率补水灌区
水电站装机	万 kW	5.47	坝后电站 2.15 万 kW
年利用小时	h	2600	
利用流量	m³/s	22.7	
年发电量	万 kW·h	4500	

石头河水库坝址以上的流域面积为 673km²，多年平均降雨量 816mm，实测最大流量为1050m³/s，最小流量为 1.01m³/s，多年平均流量 14.09m³/s，多年平均径流量 4.48 亿 m³，多年平均输砂量 16.37 万 t。

石头河水库按国家标准属Ⅱ等工程，主要建筑物按Ⅱ级设计，百年一遇设计洪水流量2690m³/s，千年一遇校核洪水流量 4620m³/s，保坝洪水流量 8000m³/s，施工导流洪水流量按 50 年一遇设计为 2140m³/s。

3. 拦河坝

根据当地筑坝材料、地形、地质、施工条件等，经过反复分析及方案比较，确定采用黏土心墙土石混合坝坝型。坝顶宽 10m，坝顶高程 807m，防浪墙顶高程 808.2m，黏土心墙上、下游坡均为 1：0.4，在黏土心墙与坝壳之间设置反滤层，上游外坡 757m 高程以上为 1：2.4，以下为 1：2.5；下游坡 757m 高程以上为 1：1.92，以下为 1：2.0。上游坝壳为砂卵石，下游坝壳堆填部分石渣漂石。

由于河床段覆盖层为透水性极强的砂卵石，基岩构造裂隙发育，且有几条较大的断层破碎带，两岸台地还有贯通上、下游的砂卵石层，故必须采取确保大坝基础渗透稳定的防渗措施。防渗措施包括河床段的黏土截水槽，混凝土防渗墙，其中右岸台地防渗墙采用人工挖掘倒挂井壁的施工方法；坝基进行帷幕灌浆。拦河大坝断面如图 1-2-18 所示。

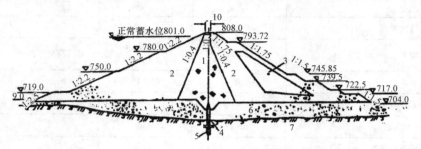

图 1-2-18　河床段主坝标准断面图

1—心墙；2—坝壳料；3—任意料；4—防渗墙；5—防渗帷幕；6—砂卵石层；7—基岩

4. 溢洪道

溢洪道位于右岸坝头，属岸边开敞式正槽溢洪道，最大泄洪流量 7150m³/s，最大单宽流量 178.8m³/s，最大流速为 34m/s，全长 452.67m，分引渠段、闸室控制段、泄槽段以及挑流鼻坎消能工段等部分。

引渠段全长 88.17m，前 45m 为左右不对称的导墙渐变段，底宽自 70m 渐变至 41.5m，后 43.17m 长为等宽矩形。

闸室段长 37.5m，溢流堰顶高程 786m，堰面曲线为 WES 曲线，其方程 $y = 0.0651x^{1.85}$，后接半径为 12.5m 的反弧与一级陡坡连接。堰顶设三扇 11.5m×17m 弧形闸门，由三台 2×80t 弧门启闭机操作启闭，中墩厚 3.5m，边墩为重力式。

泄槽段包括二、二级陡坡。一级陡坡长 115.75m，底坡 1：20，宽 40m；二级陡坡长 172.18m，底坡 1：15。

挑流鼻坎坎顶高程 738.009m，挑角 30°，反弧半径 25m，鼻坎段长 19m，为矩形渠槽，槽宽 40m。

溢洪道的布置形式如图 1-2-19 所示。

5. 输水洞

输水洞位于右岸，承担灌溉和发电引水的作用，为深孔式岸坡进水口有压隧洞，洞顶穿过绿泥石云母石英片岩，洞顶以上岩石厚度 20m 左右。进口高程 722m，全长 414.38m，断面为圆形，内径为 4m，设计流量 70m³/s，流速 5.56m/s，最大内水压力水头 100m。

输水洞进口区包括拦污栅、喇叭口、压力洞及图形检修闸门井。闸门井高 86.1m，内径 9m，内设一扇 3.5×3.5～80m 平板活动事故检修闸门，用一台 QRQ 2×125t 启用机。

灌溉支洞在 0+427.22m 处由主洞分出。洞径为 2.5m，用一扇 2×2～80m 弧形工作闸门控制，采用 75t 螺杆式启闭机启闭，出口与消力池相接。

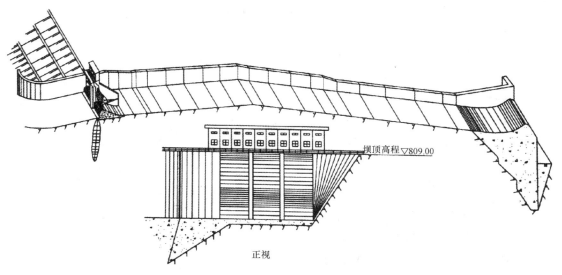

图 1 - 2 - 19　溢洪道结构示意图

输水洞的形式如图 1 - 2 - 20 所示。

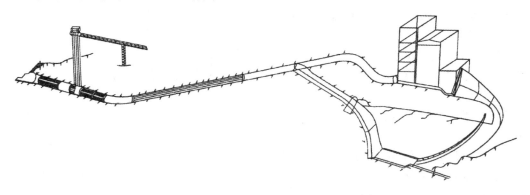

图 1 - 2 - 20　输水洞结构示意图

6. 泄洪洞

泄洪洞布置在左岸，进口高程 735m，为深孔塔式进水口无压隧洞，系采用导流洞改建而成。进水口后以"龙抬头"形式与导流洞相接。全长 697.45m，首都为进水塔。下接圆拱直墙式即城门洞型无压洞，末端为挑流鼻坎，最大泄量 850m³/s，最大流速 40.6m/s。

进水塔长 28m，宽 16m，高 74.1m，其进口顶部与侧面均采用椭圆曲线，塔内设一扇 5.5×6～70m 平板滑动事故检修闸门，启闭机为 QPP 2×200t（闸门为动水闭，静水启）及一扇 5.5×6～70m 弧形工作闸门，启闭机为 QPQ 2×100t。

无压洞包括斜洞、反弧段、平洞与导流洞利用段。闸门后的斜洞为 $x^2 = 360y$ 的曲线段，后接 1：2.5 斜坡及半径为 78.73m 的反弧段，再接 1/100 比降的平洞及导流洞利用段，洞出口高程 702.326m。平洞段以上的洞宽为 5.5m，导流洞宽为 7.2m，其间以渐变段连接，洞高按水深的变化分别为 8.35～10.08m。反弧段前后均设有掺气槽以避免产生气蚀破坏。

洞身为钢筋混凝土衬砌。

挑流鼻坎坎顶高程由左侧 705.326m，降至右侧 704.076m，挑角 28°，挑距 55m，挑流段为长 17.0m，宽 7.2m 的矩形渠槽。

泄洪洞结构如图 1-2-21 所示。

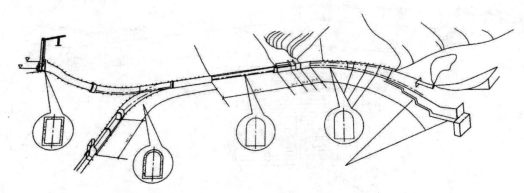

图 1-2-21　泄洪洞结构示意图

7. 水电站

坝后电站原规划装机 21 500kW。施工后期经重新充分研究，决定按 1.65 万 kW（1×6500kW，2×5000kW）进行施工。电站年发电利用时间约 2600h，年发电量 4500 万 kW·h。

电站厂房布置在输水洞消力池左侧。主厂房设有安装间、副厂房，副厂房包括中控室、电缆层、盘柜层、风机层，室内升压开关站位于主厂房右侧，这样可以避免消力池水雾对其运行的不良影响。

二、二龙山水库工程简介

1. 工程概况

二龙山水库位于陕西省商洛市境内，距商洛市城区中心约 4km。水库大坝坐落在长江二级支流、汉江一级支流丹江的上游段，是一座以防洪、灌溉为主，兼顾发电，养殖等综合利用的年调节中型水利工程。

水库枢纽工程由浆砌石拦河大坝、泄水排沙底孔、发电引水隧洞、电站厂房以及灌溉引水涵管等建筑物组成，坝址以上控制流域面积 965km²，水库最大回水长度 11km。水库的总库容为 8100 万 m³，正常高水位时相应的库容为 5700 万 m³，属Ⅲ等工程，主要建筑物按 3 级进行设计和校核。

二龙山水库工程于 1970 年 11 月动工兴建，1973 年 10 月大坝基本竣工，1974 年 9 月开始蓄水运行。1975 年春季完成发电引水隧洞的衬砌和闸门的安装工作，同年 12 月建成坝后水电站；1976 年 5 月 16 日第一台机组投产发电，1978 年 9 月 7 日第二台机组运行，1985 年 11 月 20 日第三台机组安装完毕，设计装机容量 1250×3=3750kW。

二龙山水库大坝为浆砌石重力坝，最大坝高 63.7m，坝顶长度 152m。其中溢流坝坝顶高程为 765m，底宽 56m；非溢流坝坝段总长 92m（其中左岸长 48m，右岸长 44m），最大底宽 52m，坝顶高程 771.7m，坝顶宽度 7m，如图 1-2-22 和图 1-2-23 所示。在右岸挡水坝段 723.75m 高程处设有 2×2.8m² 的排沙底孔一道，最大泄流量 133m³/s。引水式电站厂房设在大坝下游丹江的左岸；发电引水隧洞长 150m，采用直径为 4m 的圆形压力隧洞。在右坝段 730m 以及 740m 高程处分别设有直径为 0.3m 的钢筋混凝土管，将灌溉用水引入西干渠内。

2. 工程设计

二龙山水库枢纽工程是由原商洛地区水电局和西北农学院水利系（现西安理工大学水利水电学院和西北农林科技大学水建学院）教师在现场进行设计的。在当时的特定条件下，工程采取了边设计、边施工的方法。1970 年 11 月 5 日编制出《商县二龙山、南秦水库电站工程说明书》，在此基础上，于 1971 年 7 月编制出《商县二龙山水库工程设计说明书》，1972 年 9 月编制出《商县二龙山水库渠道工程综合说明书》，1976 年 7 月整理出枢纽工程各建筑物的设计计算书。1977 至 1980 年，西北农学院水利系西安水利实验站对大坝的底孔及下游冲刷区进行了水工模型实验。

（1）挡水建筑物——拦河大坝。二龙山水库与石头河水库的挡水建筑物不同，它采用了浆砌石重力坝的挡水形式，且库内的多余水量直接经坝顶溢流泄入下游河床，因此水库大坝就存在两种形式：一种为位于左、右两岸的非溢流坝坝段，这种坝段的坝顶不能过流，在枢纽运行中只起到挡水作用；另一种为居于主河床的溢流坝段，这种坝的形式将头部改造成曲线形式，在水库枢纽的运行中如果遇到洪水，库内容纳不下，则多余的水量可以从溢流坝的坝顶翻越过去，泄入大坝下游的河道内。工程平面布置如图 1-2-22 所示。

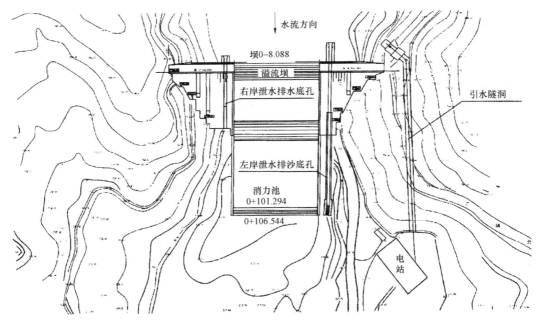

图 1-2-22　二龙山水库枢纽平面布置图

二龙山水库大坝的非溢流坝段坝底标高为 708m，坝顶标高为 771.7m，最大坝高为 63.7m，坝底宽度 52m，坝顶宽度为 7m；上游坡 1:0.05，下游坡 1:0.81。坝基设 1m 厚的混凝土垫层，然后砌块石。大坝上游面设混凝土防渗面板一道。坝内分别设基础灌浆廊道各一层。

溢流坝坝顶高程为765m，溢流堰面采用奥菲采洛夫曲线。坝基底高程708m，最大底宽56m。溢流坝的消能方式为挑流式消能，即通过反弧构造将高速水流抛向空中并射向距坝较远的下游河床，避免水流冲刷坝基造成坝体的破坏。挑流坎的高程为727m，挑角为29°12′30″，最大挑距可达70～90m。溢流坝的设计泄洪流量为928m³/s，校核泄洪流量为1521m³/s。溢流坝的剖面构造如图1-2-23（b）所示。

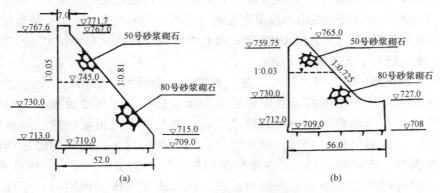

图1-2-23　二龙山水库大坝剖面图

（a）非溢流坝剖面图；（b）溢流坝剖面图

（2）电站引水隧洞。电站引水隧洞位于大坝的左侧，是在基岩中开凿而成的一圆形压力引水隧洞，隧洞进口底坎高程740m，全长148m，洞径4m。进口段设有拦污栅，检修闸门槽以及渐变段等部分，出口直接与各机组引水钢管连接。

隧洞衬砌为钢筋混凝土衬砌，根据各段的地质情况不同采用了不同的衬砌厚度，最小衬砌厚度为0.3m，局部段由于断层等地质构造原因其衬砌厚度可达0.85m。

隧洞最大引水流量为24.3m³/s。

3. 工程效益

二龙山水库自1974年下闸蓄水，投入运行以来，发电、灌溉、养殖等经济效益显著，防洪减灾方面也取得了十分明显的社会效益。

（1）防洪。大坝按50年一遇洪水设计，设计洪峰流量为1900m³/s，经水库调节后下泄流量为815m³/s，削峰75%；500年一遇校核洪峰流量3160m³/s，经调节后下泄1521m³/s，削峰56%；由于水库的削峰作用，使下游河道的洪峰流量变小，淹没范围缩窄，增加河滩地1.2万亩。河床下切，使商州区境内的湿地0.3万亩得到改善，显示出明显的社会效益和经济效益。

（2）发电。二龙山水库坝后电站装机3750kW（3×1250kW/台），从1978年至1996年共发电15 887.76万kW·h，年平均发电量826.2万kW·h，其中1985年发电量最大，为1601万kW·h。

（3）农业灌溉。农业灌溉引水由两部分构成，西干渠引水是从位于740m高程的管涵直接从库内输送；东干渠引水则是从电站尾水处引取，即先发电再灌溉，达到综合利用水资源的目的。农业灌溉年平均用水量大致为584万m³。

三、石砭峪水库简介

1. 工程概况

石砭峪水库位于陕西省长安县境内秦岭北麓的石砭峪河下游，坝址距峪口 1.5km，距西安市 35km。坝址以上控制流域面积 139.9km²，多年平均径流量 9700 万 m³。石砭峪水库是以灌溉、城市供水为主，兼有发电、防洪等综合效益的工程。水库总库容 2810 万 m³，有效库容 2650 万 m³，设计灌溉面积 1.12 万 km²，向西安市年供水 3000 万 m³；水电站装机容量 3MW，年发电量 1700 万 kW·h。

石砭峪水库枢纽由定向爆破堆石坝、输水洞、泄洪洞和两级水电站组成。枢纽为Ⅲ等中型工程，主要水工建筑物按 3 级建筑物设计，设计洪水标准为 100 年一遇，洪峰流量 650m³/s，校核洪水标准为 1000 年一遇洪水，洪峰流量 1080m³/s，保坝洪峰流量为 2000m³/s。

坝址处为 U 形河谷，河谷宽 70～90m，两岸地势陡峻。左岸平均坡度 55°，相应高差 250～300m，山体雄厚；右岸山体高度 150～200m，平均坡度 46°，山体宽约 100m；河床漂砾石层厚 15～19m。坝址区岩性为片麻花岗岩，无断层通过和不良地质条件；坝址附近缺乏防渗材料。

枢纽工程于 1972 年开工，1973 年 5 月进行定向爆破筑坝。水库运行后曾于 1980 年、1992 年、1993 年发生渗漏，于 2000 年 1～6 月对坝体浅层堆石体采取充填灌浆及沥青混凝土防渗表面铺设复合土工膜等加固处理后，现水库仍继续向灌区和西安市供水。

2. 工程设计

拦河大坝为定向爆破堆石坝。大坝最大坝高 85m，坝顶高程 735.0m，坝顶宽 7.5m，坝顶长度 265m，上游坝坡 1∶1.7～1∶2.25，下游坝坡为 1∶1.85～1∶2，坝体总方量 208 万 m³，其中定向爆破堆石坝体 144 万 m³，人工填筑体 64m³。大坝上游沥青混凝土防渗斜墙采用不设排水层的简式断面，其断面自下而上依次为干砌石垫层、沥青混凝土整平胶接层、沥青混凝土防渗层及沥青胶封闭层。斜墙厚按水头分别采用 32、27、22cm。河床坝基防渗采用倒挂井式人工开挖混凝土防渗墙，其防渗墙最大深度 21.8m；周边采用灌浆帷幕防渗。大坝剖面如图 1-2-25 所示。

输水洞位于左岸，兼作导流、灌溉、发电、供水和泄洪，为圆形压力隧洞，洞径为 4m，设计内水压力水头 80m，校核水头 100m，设计最大泄量 192m³/s，灌溉引水流量 10m³/s，进口设拦污栅和检修闸门，出口设弧形工作闸门和挑流消能鼻坎。

供水隧洞位于左岸，其首部与输水隧洞相连，末端与发电引水支洞和灌溉渠道相连。供水隧洞总长 200m，在 0+136.5m 以前内径 3m；0+136.5m～0+146.5m 为渐变段，洞径由 3m 渐变为 1.5m；0+146.5m～0+165.0m 洞径 1.5m，该段有两个分岔段，用以向两个发电支洞分水；0+165.0m～0+174.2m 为闸前渐变段及闸阀洞段，在该段中隧洞由洞径 1.5m 渐变为两个 0.8m×0.8m 的正方形断面，紧接着又渐变为两个内径 0.8m 的双圆形断面，并在圆形洞段中各设一个 0.8m 孔径的蝴蝶阀，用以局部开启调节流量。在 0+174.2m 处两个内径 0.8m 的圆形有压洞突变为一个圆拱直墙形的无压隧洞（尺寸：宽 2.4m，高 1.8m）。其后接一洞式消力池。

泄洪洞布置于右岸，为龙抬头式城门洞形无压隧洞。隧洞最大泄量 808m³/s。隧洞全长 508.757m，进口洞高 8.0m，洞宽 7.0m，堰顶高程 716.0m，堰上设置 7m×7m 弧形闸门，堰下接陡坡段及 $R=82.317$m 的反弧段，从桩号 0+75.479m 起进入复合弯道段：第一复合圆弧弯道长 149.724m，转角 70.4978°，底坡 i 为 0.103，城门形隧洞断面宽 7m，高 10.5m；下接第一直线段，直线段长 75.527m；在进入直线段 10m 处设有高为 1.2m 的掺气跌坎，跌坎以上 $i=0.103$，跌坎以下 $i=0.095$，且洞宽由 7m 渐变为 8m，高仍为 10.5m；第二复合圆弧弯道长 142.135m，转角 48.935°，$i=0.095$，第二直线段长 57.712m，$i=0.095$，下接窄缝式消能工。

砭峪水库枢纽布置如图 1-2-24 所示，大坝剖面如图 1-2-25 所示。

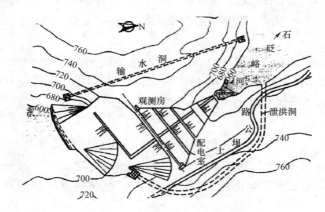

图 1-2-24　砭峪水库枢纽布置

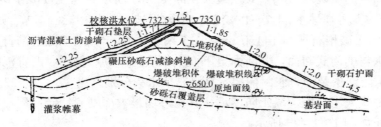

图 1-2-25　石砭峪大坝剖面图

四、龙潭水库简介

1. 工程概况

龙潭水库位于陕西省商洛市丹凤县的涌峪河上，坝址距丹凤县城约 30km。涌峪河为丹江的一级支流，汉江的二级支流。坝址控制流域面积 4030km²，年径流量 1198m³。龙潭水库是一座以灌溉为主，兼顾防洪、供水和养殖的综合利用的Ⅳ等小（1）型水库枢纽。

龙潭水库总库容 272 万 m³，其中有效库容 210 万 m³，灌溉设计面积 5900 亩，有效灌溉面积 5400 亩，养鱼水面积 200 亩，每年向县城供水 227.6 万 m³。

龙潭水库按 30 年一遇洪水设计，按 300 年一遇洪水校核，相应洪峰流量分别为 200m³/s 和 400m³/s，要求枢纽下泄流量分别为 182m³/s 和 369m³/s。

龙潭水库枢纽工程由浆砌石拱坝、坝顶溢流堰和两条输水涵管组成。大坝按 4 级建筑物设计，输水涵洞按 4 级建筑物设计。

坝址处 300m 长范围内的河床呈 "U" 形峡谷，河谷基本对称，两岸岸坡陡峻，岸坡为 70°～75°，河谷宽高比为 1.28。坝址处地质条件良好，岩石坚硬，全部裸露，岩性为片麻状花岗岩。坝址区地震烈度为Ⅵ度。

龙潭水库由原商洛地区水电勘测设计队设计。工程于 1970 年开始施工准备，1972 年底完成大坝主体工程，1973 年 3 月完成全部枢纽工程施工。工程主要采用人工施工的方法，即采取专业民工队伍与大会战相结合的形式组织施工。

2. 工程设计

龙潭水库挡水建筑物为浆砌石拱坝。大坝平面布置为定圆心、定半径的单曲拱坝。最大坝高 42.0m，坝顶高程 542.0m，起拱作用的拱冠高度为 39.4m。坝顶弧长 58.23m，设计顶拱中心角 120°，半径 32.95m，拱坝顶宽 3.54m，坝底宽 14.0m，大坝厚高比为 0.33，属一般拱坝范畴。坝顶设 1.0m 高的浆砌石防浪墙，墙顶高程 543.0m。大坝的防渗措施为在坝体上游面设置 1.0m 厚 C15 混凝土防渗面板，坝基设 0.4m 厚的 C15 混凝土垫层。

龙潭水库泄洪采用坝顶溢流方式。堰顶不设闸门和交通桥，堰顶高程即为水库正常蓄水位 539.4m。溢流堰弧长 37.35m，堰面采用非真空堰曲线，末端采用鼻坎挑流，挑坎处弧长 29m，挑坎高程 535.5m，挑坎挑角 25°。

输水涵管布置于大坝右侧坝身，均采用圆形有压管形式。一级输水涵管管径 300mm，其底坎高程 502.28m，为钢管；二级输水涵管管径 600mm，其底坎高程 520.41m，为钢筋混凝土管。输水涵管出口均位于坝后，涵管出口设闸门，采用手动控制。

龙潭水库平面布置及下游立视图如图 1－2－26 所示。

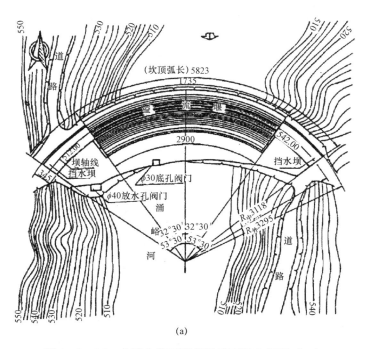

(a)

图 1－2－26　龙潭水库平面布置及下游立视图（一）

（a）枢纽平面布置图

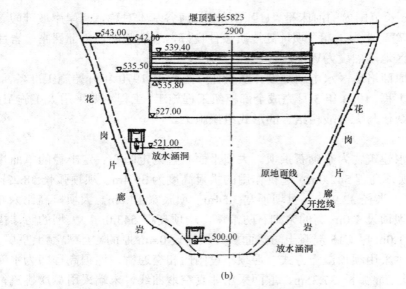

(b)

图 1-2-26　龙潭水库平面布置及下游立视图（二）

(b) 下游立视图

第三章 水力发电工程

第一节 水力发电基本原理及开发方式

一、水力发电的基本原理

水电站利用的是水所蕴藏的能量——水能。河流所蕴藏的水能称为河流的水力资源。每条河流所蕴藏的水力资源有多少，如何利用这些水力资源等，是我们所要研究的问题。在天然情况下，由于水的循环，河中不断有水从上游流向下游，随着流域面积沿河不断增加，流量也沿程逐渐加大。图 1-3-1 表示某河段的纵剖面图，其中 1-1、2-2 分别表示上、下游两个断面，两断面间距离为 L，假定两个断面相距不远，中间没有支流汇入，在 t 时间内通过断面 1-1 的水量为 W，可以近似认为相同的水量必然通过断面 2-2。

水量 W 通过断面 1-1 时所具有的能量用 E_1 来表示，则

$$E_1 = \left(z_1 + \frac{p_1}{\gamma} + \frac{\alpha_1 v_1^2}{2g}\right) W \cdot \gamma \qquad (1-3-1)$$

水量 W 通过断面 2-2 时所具有的能量用 E_2 来表示，则

$$E_2 = \left(z_2 + \frac{p_2}{\gamma} + \frac{\alpha_2 v_2^2}{2g}\right) W \cdot \gamma \qquad (1-3-2)$$

式中　z_1、z_2 ——分别表示两个断面的水面高程；

p_1、p_2 ——分别表示两个断面上的大气压（$p_1 \approx p_2$）；

v_1、v_2 ——分别表示两个断面水流的平均流速；

γ ——水的容重。

当断面 1-1 与断面 2-2 变化不大时，v_1 与 v_2 近似相等，即 $\dfrac{\alpha_1 v_1^2}{2g} \approx \dfrac{\alpha_2 v_2^2}{2g}$，那么河段 L 长度内所蕴藏的能量 E 为

$$E = E_1 - E_2 \approx (z_1 - z_2) W \cdot \gamma \qquad (1-3-3)$$

能量 E 即是图 1-3-1 所示河段 L 长度内所蕴藏的水力资源，在天然情况下，这部分能量消耗于水流流过 L 距离过程中的内部磨擦、挟带泥沙、沿程克服河床摩阻力、河床断面变化及支流汇入时的局部阻力等，有时还包括冲刷河床消耗掉部分能量。

能量在一般情况下是沿程分散的，较难利用。为了充分利用这部分能量为工农业生产提供动力，就需要针对各地不同的情况，采取适当的工程措施，

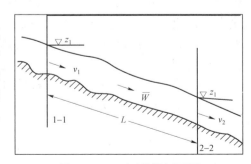

图 1-3-1　河段纵剖面图

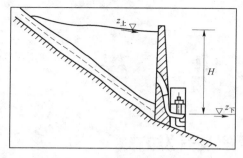

图 1-3-2 坝后式水电站示意图

将分散的水能集中起来使用,图 1-3-2 是坝后式水电站的示意图。由图可知,在河流上建坝以后,上游水位抬高,如果将水流从上游通过引水管引入水轮机,水流冲击水轮机,将水能变为机械能,水轮机带动发电机转动,就可以把机械能转变为电能,最终发完电的水流通过尾水管排到下游。

式(1-3-3)中的能量 E 也就是水量 W 从上游到下游可做功的数量。在物理学中讲过的单位时间内所做的功称为功率,对水电站习惯上称为出力,用 $N_{水流}$ 表示,则

$$N_{水流} = \frac{E}{t} = H \cdot \frac{W}{t} \cdot \gamma \qquad (1-3-4)$$

式中 H —— $z_上 - z_下$,水头,m;

$\frac{W}{t}$ —— Q,流量,m^3/s;

γ ——水的容重,其值为 1000kg f $/m^3$。

则 $N = 1000QH$,单位为 kg f·m/s;

工程上常用的出力单位是 kW,1kW = 102kg f·m/s;

$$N_{水流} = \frac{1000}{102}QH = 9.81QH(kW) \qquad (1-3-5)$$

水电站的实际出力要比水流出力小。因为水轮机将水能转变为机械能,发电机将机械能转变为电能,以及水轮机与发电机的传动过程中,均要有能量损失。同时水流从上游到下游也有各种水头损失,如果用 N 表示水电站的实际出力,则

$$N = 9.81\eta QH$$

式中 η ——水电站机电设备部分总的工作效率,$\eta < 1$。

损失越大,η 越小;对大、中型水电站,一般 $\eta = 0.8 \sim 0.88$,对小型水电站一般 $\eta = 0.65 \sim 0.75$。

二、水力资源估计

由式(1-3-5)可以看出,水电站的出力与水头和流量有关,而一条河流的水位(或流量)在一年里不断地变化,那么对它的水力资源应如何估计呢?通常是按照国际动力委员会的规定,既不考虑水头损失及机械效率,也不考虑技术经济条件,采用式(1-3-5)对河流的水能资源进行分段计算。具体做法:把河流从河源到河口分若干段,分段处一般选定在河流坡度发生变化或支流汇入处,分别计算各段的水力资源蕴藏量,然后进行叠加。如图 1-3-3 所示,设河段 1、2 断面的水面高差为 $H_{1,2}$,通过断面 1、2 的流量分别为 Q_1 和 Q_2,则该段河流的水力资源蕴藏量为:

$$N_{1,2} = 9.81Q_{1,2}H_{1,2}(kW) \qquad (1-3-6)$$

一条河流上总的水力资源蕴藏量为:

$$N_{总} = 9.81\sum_{i=1}^{n} H_{i,j+1} \cdot Q_{i,j+1}(kW) \qquad (1-3-7)$$

式中　$Q_{i,j+1}$——i 断面上的多年平均流量与 $i+1$ 断面上的多年平均流量的平均值；

　　　　$H_{i,j+1}$——i 断面上的多年平均流量与 $i+1$ 断面上的多年平均水位之差；

　　　　n——河流分段数。

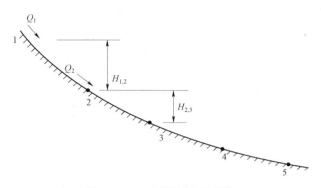

图 1-3-3　河段能量示意图

三、水电站的开发方式

由于天然河流的流量变化很大，往往与水电站用水的需求有很大差异，而且天然河流的落差大多是分散在河流的全长上，如瀑布、急滩这种天然落差集中的情况只是个别地方的现象。因此为了开发利用某一河段的水力资源，必须采取一定的措施。

根据集中落差方式不同，水电站的开发方式可归纳为如下几种。

（1）坝式：在河流上建筑拦河坝，在坝的上游形成水库，原来河段中分散的落差便在坝址处集中起来，坝的上下游有较大的水位差，即形成水电站的水头，至于集中水头的大小，取决于坝址的地质条件、库区的地形、地质、浸没及淹没条件、经济发展的需要、开发时的筑坝技术等条件。我国已修建坝式开发的水电站很多，如新安江、丹江口、刘家峡、二滩以及三峡等水电站，均是 100m 以上的高坝大库枢纽工程。

（2）引水式：利用无压或有压的引水建筑物（前者如渠道、无压引水隧洞，后者如压力隧洞），把水从河中引出一段距离。由于原来河道比降较大，引水建筑物的比降较小，因此在引水建筑物的末端，就能取得一定的水头，这样的开发方式称为引水式开发。

（3）混合式：既利用大坝抬高水位，又利用引水建筑物进一步集中水头。水电站所利用的水头由两种工程措施共同取得，称为混合式开发。例如龙溪河上的第一级狮子滩水电站，就是我国解放初期建设的一个混合式电站，在狮子滩筑有长 1014m、最大坝高为 52m 的堆石坝，从狮子滩到跳石瀑布河道长 32km、天然落差 32m，用 1400 多米长的隧洞引水，到跳石瀑布下游处的厂房，坝和引水隧洞共同集中利用的最大水头有 70m。在混合式电站上，由于坝集中了一部分水头，上游库水位变幅较大，故引水建筑物往往采用有压的形式，如图 1-3-4 所示。

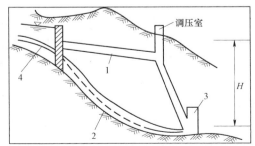

图 1-3-4　混合式开发示意图

1—引水道；2—原河床；3—厂房；4—水库

坝式、引水式、混合式开发是从集中水头的角度来区分的，若从水电站所引用的流量情况来区分，开发方式又可分为蓄水式和径流式。

（1）蓄水式：河流上修建拦河坝，坝上游形成水库。洪水期在水库中蓄存一部分洪水，到枯水期天然流量少时利用，这种开发方式提高了水量的利用率和枯水期的发电流量，使发电较为均匀，更好地满足用户的需要，但是形成水库要造成或多或少的淹没损失。由于河段的自然和经济条件不同，可能构成的水库容积有大有小，其调节性能也有所不同。

（2）径流式：当开发河段受地形、地质、淹没等条件的限制而不能构成调节水库时，水电站一般只依靠天然径流来发电，这样的开发方式称为径流式开发。有时在水电站上游河段的干流或支流上已经修建了一些水库，对径流已经进行过调节，下游的水电站就可以利用上游已调节过的流量来发电，本身不再进行调节，也属于径流式开发。

此外还有梯级开发、跨流域开发、集水网道式开发、抽水蓄能开发等，这里不再详细介绍。

第二节　水电站的主要建筑物

水电站的主要建筑物有挡水建筑物（坝、闸）、引水建筑物和厂房。挡水建筑物是水利枢纽中的主要建筑物之一，这部分参见水库工程章节。这里只介绍水电站的专门建筑物：引水建筑物（包括进水口、动力渠道、压力前池、压力水管）和水电站厂房。

一、引水建筑物

1. 进水口

进水口的作用是由河或水库中引取设计所需要的水量供给电站，因此，必须满足以下几点要求：

（1）能阻挡对水轮机有害的泥沙和漂浮物进入引水系统；

（2）要求进口水流平顺，流速较小（不大于 $1.5\sim2.0\text{m/s}$），以减少能量损失；

（3）需要设置各种闸门（工作门、检修门等），便于控制水流和引水系统的检修。

进水口的形式可分为开敞式和深式。前者常用于未经调节河流上，引水处的水位涨落不大，从表面取水的低水头、河床式小型水电站或无压引水式水电站；后者常用于水涨落较大的坝式，有压引水式及混合式水电站。

2. 动力渠道

水电站的引水渠道，称为动力渠道。它的主要作用是输水发电，有时也兼顾灌溉、给水、航运等综合利用的要求。因此，必须满足以下几点要求。

（1）有足够的输水能力。渠道要能随时供应水电站所需要的流量，当水电站的负荷变化时，所需要的流量随之发生变化，渠道要有适应这种流量变化的能力。因此，水电站引水渠道的工作条件要比其他渠道来得复杂，在设计时应加以考虑。

（2）水质要符合要求。因为渠道是开敞式的，渠线可能很长，有时沿山坡布置，沿途污物随时可能进入渠道，特别是暴雨期间，山坡的泥沙和污物可能大量进入渠道内，因此沿程应采取一些措施，如在靠山坡一边开挖平台和排水沟，或沿线设置拦污设备等。

（3）应能防冲、防淤，减少渗漏损失。

（4）渠道应能放空检修，渠首应有控制流量的闸门，渠末应有放空渠内集水的设备。

渠道的形式可分为自动调节渠道和非自动调节渠道。对于自动调节渠道，渠顶水平，底坡按引用最大流量 Q_{max} 时设计，当水电站局部卸荷时，渠道的水面坡降自动改变，从而调节进入渠道的流量，它适用于枯水季节较长而渠道短，增加工程量不大的情况。因为枯水季的发电流量小于设计来水量，水电站经常在渠道壅水的情况下工作，增加了水头，因此可增加枯水季的电能。对于非自动调节渠道，渠顶基本上与渠底坡平行，末端设溢流设施，堰顶稍高于末端的正常水位，当发电引用流量小于设计来水量时，渠道末端水位上升，溢流设施开始弃水。它适用的情况恰好与自动调节渠道相反。自动、非自动调节渠道分别如图 1-3-5、图 1-3-6 所示。

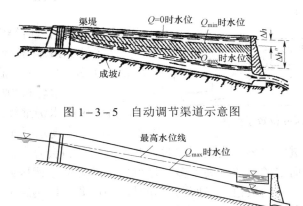

图 1-3-5　自动调节渠道示意图

图 1-3-6　非自动调节渠道示意图

3. 压力前池

压力前池（简称前池）是位于渠道末端、压力进水管进口处的建筑物。它的主要功用包括：

（1）连接渠道和电站压力引水管，把渠道中的无压流转变为压力流，同时在前池设置闸门，以便控制流量。当某台机组或引水管发生事故需要检修时，可以关闭它的闸门，停止向该机组供应流量。

（2）在前池中设拦污栅，再次清除污物。前池中的前室宽而深，可以进一步沉积泥沙。在非自动调节渠道中，还需要设置溢水设施，弃泄多余流量。

为了实现上述功用，前池应由下列两部分组成。

前室：位于渠道末端与进水室之前加宽加深部位，根据需要设置泄水设施和冲沙设施。

进水室：前池的基本部分，位于前室与压力引水管之间。进水室用闸墩分开，并设闸门和拦污栅。压力水管的进口设压力墙，墙中设通气孔到压力水管进口顶部。

4. 隧洞

当引水建筑物由于地形、地质等条件的限制，不宜采用渠道，或采用隧洞可显著缩短引水道的长度，或可以兼顾其他功用时，常采用隧洞引水。

水力发电的引水隧洞通常采用圆形有压隧洞。因为圆形断面的湿周最小，它的沿程水头损失也就最小；同时又适宜承受内水压力、外水压力及其他有关荷载，水流条件及结构受力条件较好。

5. 调压室

当水电站的负荷变化时，其出力也随之变化。影响出力变化的因素有水头和流量。在某一瞬时，水头变化是不大的，主要是改变水轮机的流量。在大型水电站中，通常是通过调速设备来操纵水轮机的活动导叶（或是喷嘴的针阀）来调节流量，使出力与负荷相适应。在压力管道中，当流量突然变化时，管道中的水压力也随之发生很大的变化，这种现象叫作"水锤压力"，它是水的惯性力的表现形式之一。水锤压力的大小与隧洞的长度、水流流速、流量改变的快慢有关，为了减小水锤压力，通常采取一些措施，其中最有效的就是设置调压室，或称调压井。

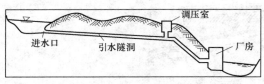

图 1-3-7　调压井位置示意图

调压室是一个直径较大的圆形竖井（或塔），通常设在隧洞末端离厂房不远处，井的顶部是开敞的，井的底部与隧洞相通（见图 1-3-7）。当水轮机前的针阀或导叶迅速关闭时，隧洞中的水仍继续向前，阀门上游的水体受到压缩，出现水锤压力，并向上游传播。

当压缩水体和上游涌进的水体流进调压井时，井中的水位将会升高。由于调压室的断面比隧洞面断大很多，因而它的水位升高不多，这就大大地降低了调压井上下游引水道（隧洞及压力水管）中水压升高的数值。当阀门骤开时，调压井可以迅速地供应一部分水量给水轮机，以减小负水锤压力的数值。这时调压井口的水位将有所降低。由此可知阀门骤开或骤关时，调压井中的水位不仅会升高或降低，而且还不断地波动着，并逐步消减直至稳定。

调压室的种类很多，主要包括简单式、阻抗式、双室式、差动式等，如图 1-3-8 所示。它们各有特点，使用时应根据具体情况和要求选定。

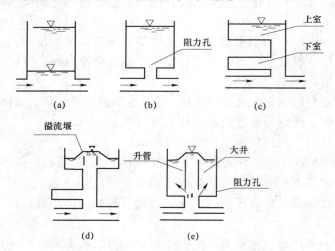

图 1-3-8　调压室的基本结构形式
（a）简单式；（b）阻抗式；（c）（d）水室式；（e）差动式

6. 压力水管

压力水管是指从水库、压力前池或调压室将水流直接引入水轮机的水管。它的特点是坡度陡，内水压力大，而且承受水锤的动力压力。因此，压力水管应该是安全可靠的，万一发生事故，也应有防止事故扩大的措施，以保证厂房的安全。

（1）压力水管的类型。

1）钢管：用于地面厂房的无压引水式水电站，它一般布置在地面上，称露天钢管；坝后式水电站的压力钢管布置在坝体内，称坝内式钢管；有压引水式电站的钢管多数布置在地面以下，称隧洞式钢管。

2）钢筋混凝土管：钢筋混凝土管分普通钢筋混凝土管和预应力钢筋混凝土管，前者一般适用于水头 H 与内径 D 的乘积 $HD<50m^2$ 的情况下，后者的 HD 值可超过 $200m^2$。

（2）压力水管的布置及供水方式。压力水管是引水系统的一个组成部分，在线路选择时应与引水系统中的各种建筑物和水电站厂房的布置统一考虑。压力水管线路选择是否合适，不但影响本身的造价，而且与电站安全运行密切相关。压力水管一旦爆裂，不但会导致停机，而且涌出水流会危及厂房的安全。因此压力水管线路的选择必须遵循下列原则。

1）尽量选择最短最省的线路。

2）选择良好的地质条件。若地质条件不好，露天式水管的支墩和镇墩就可能产生滑动而引起水管的破坏，埋藏式钢管则会产生较大的山岩压力而恶化水管的受力条件。

3）尽量减少水管的起伏波折，不允许压力水管中出现负压，当受地形条件限制必须转弯时，应在转弯处加设镇墩，且转弯半径不小于三倍管径。

4）压力水管应避开可能发生山崩或雪崩的地区。

（3）压力水管的供水方式。压力水管的供水方式可归纳为三种。

1）单元供水：每台机组用一根专用水管供水，这种方式结构简单，工作可靠，水管检修及发生事故时，只影响一台机组的工作，其余机组可照常运行，但单元供水所需水管根数较多，造价较高。

2）集中供水：全部机组用一根水管供水，这样可以减少钢材的消耗，降低造价，但需要设置结构复杂的岔管，并且必须在每台机组前设置阀门，以保证在任何一台机组检修时不影响其他机组运行。这种布置方式的可靠性较差，一旦压力水管发生事故或进行检修，需全部停机，所以它仅适用于单机流量不大，水管较长的情况。

3）分组供水：采用数根水管，每根水管向几台机组供水，这种布置的特点介于单元供水和集中供水之间，适用于压力管较长，机组台数较多和容量较大的情况。

三种供水方式的形式如图 1-3-9 所示。

二、水电站厂房

水电站厂房是将水能转换为电能的生产场所，它是水（水工）、机（机械）、电（电气）的综合体，要求通过一系列的工程措施，合理、经济地布置各种主辅设备，并便于施工、安装和检修，以及给运行人员创造良好的工作条件。

水电站厂房一般可分为两大部分：厂房和变电站。厂房又可分为主厂房和副厂房。变电站可分为主变场（主升压变压器场）和开关站（又称室外高压配电装置）。现分别介绍如下。

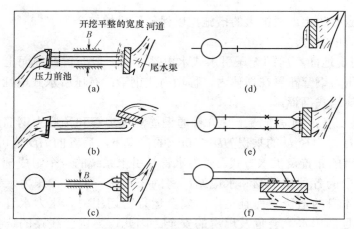

图 1-3-9　压力水管供水方式示意图
（a）（b）单元供水；（c）（d）集中供水；（e）（f）分组供水

1. 主厂房

主厂房内安装着水轮发电机组。通常以发电机层地板为界，其上为上部结构，其下为下部结构。上部结构一般与工业厂房相似，即构架、梁、板、柱、吊车梁等结构。下部结构一般为块体结构，包括机座、蜗壳和尾水管，因通常位于尾水位之下，又称为水下部分；相对而言上部结构又可称为水上部分。

（1）上部结构：主厂房的水上部分安装着主发电机及其励磁装置、水轮机的调速装置及其油压设备、控制和管理用的各种仪表。为了安装和检修机组，在主厂房装有桥式起重机，这种把各种设备都布置在室内的厂房称为室内厂房。这种厂房能在室内安装、运转和检修各种设备，工作条件较好，应用最广。由于厂房的结构较大，造价较高，施工期较长，因此为了降低造价，在合适的情况下，主厂房可以采用半露天式，改用门式起重机，布置在厂房顶部，这种起重机比桥式造价高，但省去了高大的主厂房结构。

（2）装配场：这是安装和检修机组以及其他设备的场地。它通常布置在主厂房进口的一端，以便使设备构件直接运入。

（3）下部结构：下部结构的主要部分是水轮机室、蜗壳和尾水管。它们大都是用混凝土浇筑成的整体块体结构，其混凝土用量占厂房混凝土总量的90%左右，水轮机室安装着厂房中最重要的设备之一——水轮机。水轮机的四周是引导水流并分配流量给水轮机的蜗壳。蜗壳对于高水头的电站，由于蜗壳内的内水压力较大，一般采用金属蜗壳，其断面形式为圆形。蜗壳的内周有若干固定导叶，承受水轮机座环传下来的重量，并起着引导水流的作用。在固定导叶与水轮机之间，有活动导叶，起着调节流量和进一步导水的作用。活动导叶之间的开度，可以随着负荷的变化而迅速调整，由调速器通过接力器来操作。蜗壳形式如图 1-3-10 所示。反击式水轮机的出口设有尾水管，其作用是把水轮机用过的水排到尾水渠中，以充分利用剩余的能量。尾水管的形式有直锥形和弯肘形，前者多用于小型水电站；后者则用于大中型的水电站，其断面一般由圆形逐渐过渡到矩形，在水平段加设隔墩，以改善结构的受力状态。尾水管的形状对水轮机的效率影响很大（可达 5%～10%），所以一般需要通过模型实验来确定。图 1-3-11 所示为弯肘形尾水管示意图。

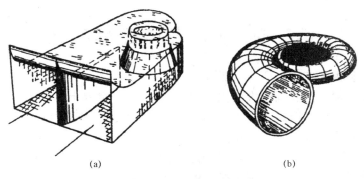

图 1 - 3 - 10　蜗壳式进水室
（a）混凝土蜗壳；（b）金属蜗壳

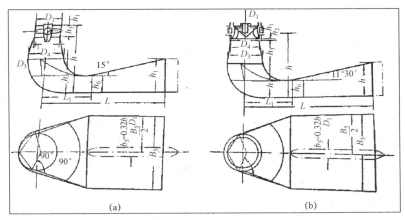

图 1 - 3 - 11　弯肘形尾水示意图
（a）弯肘形尾水管（轴流式水轮机）；（b）弯肘形尾水管（混流式水轮机）

2. 副厂房

副厂房是指在主厂房旁用于布置各种机电设备及工作值班室等的部分厂房，一般包括中控制室、开关室、值班室等。水电站的形式及规模是各种各样的，所需副厂房的数量及尺寸也不同，即使相同容量的水电站，其副厂房的尺寸也可能相差很远。副厂房的位置可以在主厂房的上游侧、下游侧或一端。其布置原则是便于运行、管理，又要最大限度地利用厂房内一切可以利用的空间。一般办公室和生活管理部门不应布置在副厂房内，而应另建办公楼，以减少厂房投资，并便于保卫。

3. 变电站

变电站分主变场和开关站。为了节省引出线投资，减少电能损耗，主变场应尽量靠近机组出线端，以使引出线最短。室外高压配电装置（开关站）往往占地面积很大，不易在主厂房附近找到理想的地方，如果将开关站与主变场为分开布置，就比较灵活方便，易于找到比较合适的场地。

第三节 水力发电工程实例

一、三峡水利枢纽工程简介（坝后式厂房）

长江三峡水利枢纽是我国最大的水利枢纽工程，也是世界上最大的水利枢纽工程之一。三峡工程集防洪、发电、航运效益于一体，是治理和开发长江的战略性工程。

经过中华民族几代人，七十余年的构想和长期的勘测，设计、科学研究、论证，三峡工程于 1992 年 4 月 3 日经过第七届全国人民代表大会第五次会议的审议并获得了通过。从此三峡工程由论证阶段走向了实施阶段。1994 年 12 月 14 日，三峡工程正式宣布开工；1997 年顺利实施大江截流，工程进入了紧张的施工当中。2002 年又实施了导流明渠的截流，工程进入第三阶段的施工。

三峡工程的施工工期分为三个阶段，第一阶段为 5 年，从 1993 年施工准备工作开始到 1997 年实现大江截流；第二阶段为 6 年，从大江截流（1997 年）到 2003 年第一批机组发电；第三阶段工程为 6 年，于 2009 年枢纽工程全部完成，总工期为 17 年。

1. 枢纽工程的开发任务及主要效益

（1）防洪。三峡水利枢纽是长江中下游防洪体系中的关键性骨干工程。水库具有防洪库容 221.5 亿 m³，可以使荆江河段的防洪标准从现状的约 10 年一遇提高到百年一遇，如果遇到千年一遇或更大的洪水量，配合分、蓄洪工程的运用，可以防止荆江两岸发生干堤溃决，减轻中、下游洪水的淹没损失及洪水对武汉市的威胁，并为洞庭湖区的根本治理创造了条件。

（2）发电。三峡工程设计总装机容量为 1820 万 kW（不包括地下厂房和电源机组），年平均发电量 846.8 亿 kW·h，主要供电华东、华中地区。每年可替代原煤约 4000 万～5000 万 t，为经济发达而能源不足的华中、华东地区提供可靠、廉价、清洁的能源，对我国的经济发展和减少环境污染起到极其重大的作用。

（3）航运。三峡工程可以显著地改善长江从宜昌到重庆之间 660km 的航道，使万吨级船队直达重庆港，航道单向年通过能力由目前约 1000 万 t 提高到 5000 万 t，运输成本降低 35%～37%；由于三峡水库的调节作用，宜昌下游的枯水季节的最小流量可从现状的 3000m³/s 提高至 5000m³/s 以上，显著地改善长江下游枯水季节的航运条件。

（4）其他效益。三峡工程的建成，将进一步促进旅游和渔业的发展，改善中、下游枯水期的水质，并有利于南水北调工程的实现。

2. 枢纽布置及主要水工建筑物

（1）枢纽布置。三峡工程大坝坝址位于湖北省宜昌市上游三斗坪，距已建成的葛洲坝水电站枢纽 40km；坝址控制流域面积 100 万 km²，年径流量 4510 亿 m³，水库总库容 393 亿 m³。最大坝高 175m，其技术参数见表 1－3－1。坝址基岩为坚硬的完整的花岗岩体，岩石抗压强度达到 100MPa，坝区岩体断层、裂隙均不发育，且透水性微弱。基本地震烈度为Ⅵ度，枢纽主要建筑物按Ⅶ度设防。

三峡枢纽工程主要由大坝、水电站、泄洪及通航建筑物等部分组成。泄洪坝段布置在河床中部，即原主河槽部位，左右两侧为电站坝段和非溢流坝段。水电站厂房位于电站坝段的坝后；永久性的通航建筑物布置在左岸，三峡工程枢纽布置如图 1－3－12 所示。

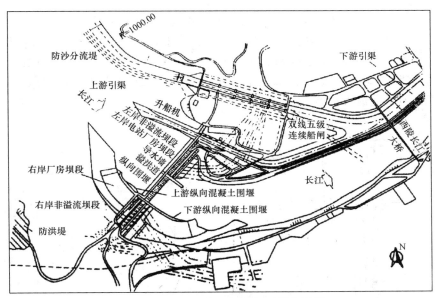

图 1-3-12　三峡工程枢纽平面布置图

表 1-3-1　　　　　三峡水利枢纽工程主要技术参数

序号	项目名称		单位	指标	备注
1	水库	正常蓄水位	m	175	
		防洪限制水位	m	145	
		设计洪水位	m	175	
		校核洪水位	m	180.4	
		总库容	亿 m³	393	
		防洪库容	亿 m³	221.5	
		水库水面面积	km²	1084	
2	大坝	形式			混凝土重力坝
		坝顶高程	m	185	
		最大坝高	m	175	
		坝顶长度	m	2309.47	
3	电站	形式			坝后式
		装机容量	MW	18 200	
		保证出力	MW	4990	
		年平均发电量	亿 kW·h	846.8	
		单机容量	MW	700	
		总装机台数	台	26	
4	船闸	形式			双线五级连续梯级
		闸室尺寸	m	280×34×5	
5	升船机	形式			单线单级垂直提升式
		承船箱尺寸	m	120×8×3.5	
6	淹没	耕地	万公顷	27.82	1992 年调查
		淹没区人口	万人	84.41	1992 年调查

（2）大坝。拦河大坝为混凝土重力坝，坝顶长度 2309.47m，坝顶高程 185m，最大坝高 175m。泄洪坝段位于河床中部，泄洪前缘总长 483m，共有深孔 23 个、表孔 22 个；深孔的单孔尺寸为 7m×9m，进水孔口底坎高程 90m，表孔净宽 8m，堰顶高程 158m；下游采用鼻坎挑流消能，坝体剖面形式如图 1-3-13 所示。三峡水利枢纽最大泄洪能力为 11.6 万 m³/s，可宣泄可能最大洪水。

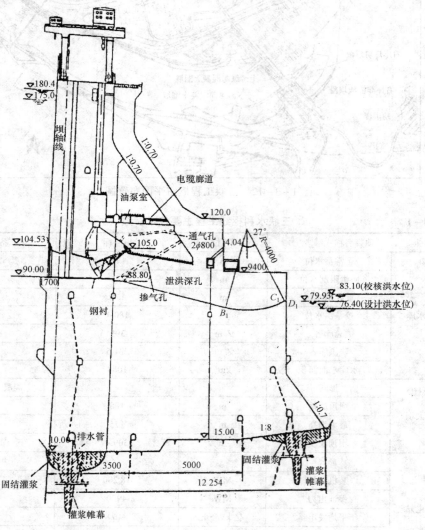

图 1-3-13　三峡泄洪深孔坝段剖面图

（3）水电站。水电站采用坝后式，分设左、右两组厂房。左岸厂房坝段全长 643.6m，安装水轮发电机组 14 台；右岸厂房坝段全长 584.2m，安装 12 台水轮发电机组。左右两岸共安装机组 26 台，设计装机 1820 万 kW，单机容量 70 万 kW，年平均发电量为 846.8 亿 kW·h，电站厂房及引水发电坝段的剖面如图 1-3-14 所示。

（4）通航建筑物。通航建筑物包括位于左岸的船闸和升船机。船闸为双线、五级、连续梯级船闸，单级闸室有效尺寸为 280m×34m×5m（长×宽×坎上水深），可以通过万吨

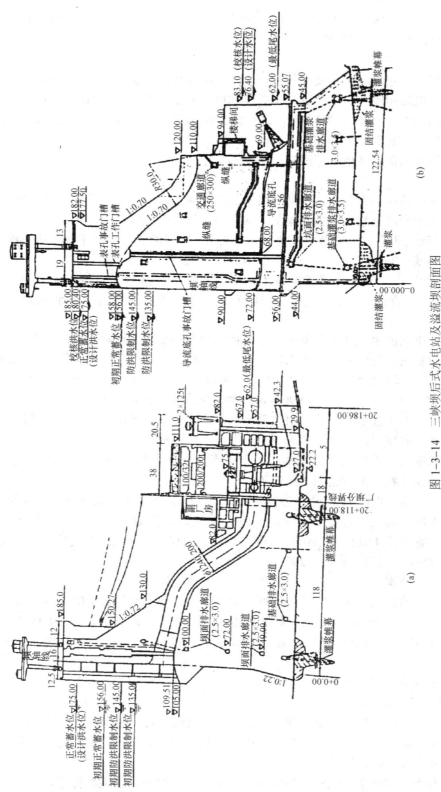

图 1-3-14　三峡坝后式水电站及溢流坝剖面图

(a) 厂房坝段剖面图；(b) 溢流坝段剖面图

级船队。升船机为单线一级垂直提升机，承船箱有效尺寸为 120m×18m×3.5m，一次可以通过一条 3000 吨级客轮或货轮。

3. 三峡工程的环境效益

三峡工程不仅起到防洪、发电效益，而且对减轻环境污染也起到一定的作用。与相同规模的火力发电站相比，每年可以减少燃煤 5000 万 t，少排放二氧化碳约 1 亿 t，二氧化硫 120 万～200 万 t，一氧化碳 1 万 t，氮氧化合物 37 万 t 以及大量的飘尘、废水和废渣，对减轻环境的污染起到重大的作用。

二、拉西瓦水电站（地下厂房）

1. 概况

拉西瓦水电站位于青海省贵德县与贵南县的黄河干流上，是黄河上游龙羊峡—青铜峡河段规划的大中型水电站中，紧接龙羊峡水电站的第二个梯级电站。电站距上游龙羊峡水电站 32.8km（河道距离），距下游李家峡水电站 73km，距青海省省会西宁市公路里程 134km，距下游贵德县城 25km。

拉西瓦水电站是黄河流域规模最大、电量最多、经济效益良好的水电站，是"西电东送"北通道的骨干电源，也是实现西北水火电"打捆"送往华北电网的战略性工程。

拉西瓦水电站的主要任务是发电，无其他综合利用要求。电站建成后主要承担西北电网调峰和事故备用。拉西瓦水电站水库具有日调节能力，水库正常蓄水位为 2452m，总库容 10.79 亿 m^3，调节库容 1.5 亿 m^3，电站装机容量 4200MW（6×700MW），多年平均发电量 102.23 亿 kW·h，保证出力 990MW 电站额定水头 205m。

拉西瓦水电站工程枢纽建筑物由混凝土双曲拱坝、坝身泄洪表孔、坝身泄洪深孔、深孔坝后消力塘、右岸岸边进水口和地下引水发电系统组成。

拉西瓦水电站工程规模为 Ⅰ 等大（1）型工程，大坝、泄洪建筑物、引水发电建筑物及开关站为 1 级建筑物，消力塘为 2 级建筑物。

大坝、泄洪建筑物按 1000 年一遇洪水设计（入库洪峰流量为 4250m³/s）、5000 年一遇洪水校核（入库洪峰流量为 6310m³/s）；地下厂房建筑物按 200 年一遇洪水设计、1000 年洪水校核；消能防冲建筑物按 100 年一遇洪水设计、2000 年一遇洪水校核；尾水洞及出口建筑物按 1000 年一遇洪水设计、2000 年一遇洪水校核。

坝址区地震基本烈度为 7 度，主要建筑物按 8 度设防。

拉西瓦水电站施工采用河床断流围堰、隧洞导流、基坑全年施工的导流方式。

拉西瓦水电站于 2001 年 11 月开始前期准备，2004 年 1 月成功截流，2004 年 6 月正式立项，2005 年 11 月大坝开始浇筑混凝土、2008 年下闸蓄水、2011 年 6 月竣工，总工期 68 个月。

拉西瓦水电站工程特性见表 1-3-2。

2. 枢纽主要建筑物设计

（1）地形、地质条件。选定的坝址河谷狭窄、河道平直，两岸陡峻、河谷成"V"形、两岸基本对称，山体雄厚，基岩为均一的中、粗花岗岩，风化浅，坝址处无较大的断层通过，一般断裂不发育，构造较为简单。

（2）混凝土双曲拱坝。拦河大坝采用对数螺旋双曲拱坝，坝顶高程 2460.0m，最大坝高 250m，坝顶厚度 10m，坝顶上游设 1.2m 的防浪墙。拱冠梁坝底厚度 45m，最大拱端厚度 50.15m（2280.0m 高程），最大中心角 90.7°（2340m），顶拱中心线弧长 475.83m，顶拱上游面弧长 481.871m，拱坝厚高比为 0.18，弧高比为 1.9，河谷宽高比为 1.75，大坝上游面最大倒悬度 0.154，大坝下游面最大倒悬度 0.16，大坝体积 253.9 万 m^3。大坝布置如图 1-3-15 所示。

坝体自左至右共分 24 个坝段，其中 11 号～14 号坝段为泄洪坝段，其余为挡水坝段，坝段长（弧线）20 余米。坝段间临时横缝为铅直缝，缝面方向考虑受力和结构的要求，缝面与拱圈中心线的径向夹角小于 ±15°，缝面设置梯形键槽并布置了接缝灌浆系统，待大坝坝体温度降低到要求值后进行接缝灌浆。大坝上游横缝止水设计为在高程 2360.0m 以下设置两道紫铜片，一道塑料止水片，在工程 2036.0m 以上设置一道紫铜片，一道塑料紫铜片（兼作接缝灌浆止浆片）。

沿大坝不同高度设置了七层廊道，作为基础灌浆、排水、观测、检查、交通及运行期维修之用。

坝基固结灌浆设计：为减少坝基开挖产生基岩表层松动而造成的不利影响，提高坝基岩体整体性，对坝基进行全面固结灌浆，固结灌浆孔深 15m，孔排距 3m。

基础帷幕灌浆设计：拉西瓦坝址区岩石结构完整性好，断层、裂隙不发育，透水性微弱，相对不透水层埋藏深度：河床为 44～66m、左岸为 50～90m、右岸为 60～100m。经综合分析，确定河床帷幕最大孔深为 100m（0.4 倍坝高），帷幕向两岸延伸长度为正常水位与相对不透水层范围线的相交处。两岸帷幕灌浆洞共布置 7 层，层距为 40m 和 45m。

坝址区断层处理：① 左坝岸 Hf7：由于 Hf7 构成的底滑面抗滑能力不足，根据稳定分析，布设了两条断面为 3.5m×8.0m 城门洞型抗剪洞；② 坝肩陡倾角断层处理：由于断层小夹泥少，对结构面采用高压水泥浆方法进行加固；③ 坝基 F_{172} 断层处理：在 2240m 以下河床断层出露部位用表部断层塞和扩大范围的加强固结灌浆，在断层与帷幕交汇部位再辅以化学灌浆。

表 1-3-2　　　　　　　　　拉西瓦水电站工程特性

序号	名　　称	单位	数量	备注
1	坝址以上流域面积	km^2	132 160	
2	多年平均径流量	亿 m^3	208	
3	多年平均流量	m^3/s	659	
4	设计洪水流量（$P=0.1\%$）	m^3/s	4250	经龙—刘两库调节后
5	校计洪水流量（$P=0.02\%$）	m^3/s	6310	经龙—刘两库调节后
6	施工导流洪水流量（$P=5\%$）	m^3/s	2000	经龙—刘两库调节后
7	多年平均输沙量（悬移质）	10^4t	102	龙羊峡水库拦蓄后
8	多年平均含沙量	kg/m^3	0.05	天然情况
9	悬移质泥沙入库粒径 d_{50}	mm	0.013	

序号	名　称		单位	数量	备注
10	水库特征水位	正常蓄水位	m	2452	
11		设计洪水位	m	2452	
12		校核洪水位	m	2457	
13		死水位	m	2440	
14		总库容	亿 m³	10.79	校核洪水位以下库容
15		有效库容	亿 m³	1.5	
16		死库容	亿 m³	8.5	
17	电站效益	水轮机最大工作水头	m	220	
18		水轮机最小工作水头	m	192	
19		水轮机设计水头	m	205	
20		水轮机台数		6	
21		发电机单机容量	MW	700	
22		总装机容量	MW	4200	
23		保证出力	MW	990	
24		多年平均发电量	亿 kW·h	102.23	
25		年利用小时	h	2430	
26	主要建筑物	坝型			双曲薄拱坝
27		坝顶高程	m	2460	
28		最大坝高	m	250	
29		坝顶中心线长度	m	475.83	
30		地震设防烈度	度	8	
31		电站厂房形式			右岸全地下厂房
32		厂房尺寸（长×宽×高）	m		316.75×29×74.9
33		引水隧洞形式			埋藏式有压隧洞
34		引水隧洞直径	m	9.5	
35		引水隧洞总长	m	1689	
36		泄洪表孔孔数		3	开敞式溢流堰
37		泄洪深孔孔数		2	深式有压泄水孔
38		临时泄洪底孔孔数		2	深式有压泄水孔
39		坝后消力塘形式			平底消力塘

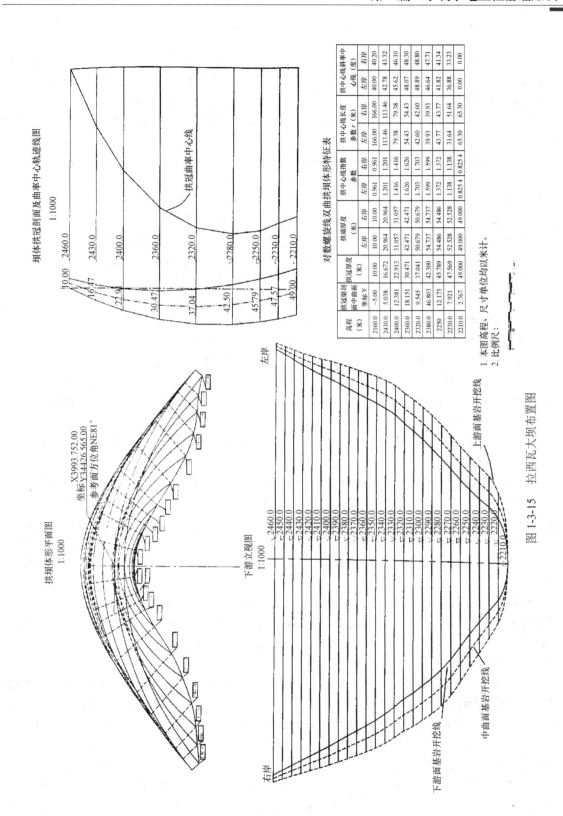

坝体拱冠剖面及曲率中心轨迹线图 1:1000

拱坝体形平面图 1:1000

下游立视图 1:1000

对数螺旋线双曲拱坝体形特征表

高程(米)	拱冠梁剖面中曲面坐标 Y	拱冠厚度(米)	拱端厚度(米) 左岸	右岸	拱中心线指数参数 左岸	右岸	拱中心线长度参数 r(米) 左岸	右岸	拱中心线斜率中心线(度) 左岸	右岸
2160.0	-5.00	10.00	10.00	10.00	0.961	0.961	166.00	166.00	40.00	40.20
2430.0	5.038	16.672	20.964	20.964	1.201	1.201	113.46	113.46	42.78	43.32
2400.0	12.381	22.913	31.057	31.057	1.416	1.416	79.38	79.38	45.62	46.10
2360.0	18.151	30.471	42.471	42.471	1.626	1.626	54.43	54.43	48.07	48.30
2320.0	9.545	37.041	50.679	50.679	1.703	1.703	42.60	42.60	48.89	48.80
2380.0	46.803	42.300	54.737	54.737	1.599	1.599	39.93	39.93	46.64	47.71
2250	12.175	45.789	54.486	54.486	1.372	1.372	43.77	43.77	41.82	41.34
2230.0	7.921	47.569	52.528	52.528	1.138	1.138	51.64	51.64	36.88	33.23
2210.0	2.767	49.000	49.000	49.000	0.825 4	0.825 4	65.30	65.30	0.00	0.00

坐标 X3993.752.00
　　　Y34426.565.00
参考面方位角 NE81°

1. 本图高程、尺寸单位均以米计。
2. 比例尺:

图 1-3-15　拉西瓦大坝布置图

（3）泄水建筑物。

1）表孔。开敞式表孔是主要的泄洪建筑物之一，设计泄量为 2819m³/s，校核泄量为 4917m³/s。开敞式表孔共三孔，均跨缝布置。左表孔布置于 11 号～12 号坝段，中表孔布置于 12 号～13 号坝段，右表孔布置于 13 号～14 号坝段，表孔与坝体整体浇筑，上下游以连续牛腿式伸出坝体外。三孔均由进口段、平直段、WES 曲线段和反弧曲线段（包括鼻坎段）组成。

表孔平面布置，以中表孔中心线为泄洪中心线，其方位为 NE84.1956°，与拱坝参考面夹角 3.1956°，左右表孔与泄洪中心线夹角 5.9°。

表孔堰顶高程为 2440m，溢流前沿宽 65.54m，基本与消力塘底同宽。上游面由三圆弧组成，圆弧后接 3m 的平直段，堰面曲线为 WES 型实用堰，曲线方程为 $y=0.060\,487x^{1.85}$。每孔从上游面到 WES 曲线末为等宽布置，净宽 13m，为防止水舌砸消力塘边坡，左右表孔两侧边墩不作平面扩散，表孔堰面从反弧开始随着中墩的收缩，净宽逐渐增宽，以达到水舌入水时横向扩散效果。同时，为使水流在横向纵向两个方向扩散，三个表孔采用了变挑角舌型鼻坎（不同反弧半径、挑角、出口高程）。

表孔进口舌平板检修门和弧形工作门各一道。检修门尺寸为 13m×12m，弧形工作门尺寸为 13m×13m，弧门半径为 14m，工作门承受水压力为 12 250kN，门推力与水平方向夹角为 17.614 8°。弧门支撑结构为混凝土大梁，大梁沿推力方向高 5m。

2）深孔。深孔由两孔组成，为斜穿坝体的倾斜有压孔，主要承担泄洪、降低水库水位的任务。设计泄量为 1460m³/s，校核泄量为 1486m³/s。左深孔布置在 12 号坝段、右深孔布置在 13 号坝段，分别位于表孔中墩正下方。两个深孔布置完全相同，沿泄洪中心线径向布置，其中心线与泄洪中心线夹角 2.95°。深孔由坝前进口段、坝内有压直段和下弯段，以及坝后明流挑坎段组成。

深孔进口伸出坝体上游面 14m 左右，底板进口高程为 2321.03m，进口顶曲线为 $(x^2/49)+(y^2/4.84)=1$ 的 1/4 椭圆方程，侧曲线为 $(x^2/52)+(y^2/1.672)=1$ 的椭圆方程，底板上游为半径 1.5m 的圆弧，下接与水平面夹角为 10° 的向下游倾斜的斜坡段至高程 2314.65m 后再与向下弯曲的圆弧相接切，最后与斜直段（与水平夹角 10°）相接至底板出口。有压段总长 53m，深孔孔口净宽由进口的 7.34m 缩至事故闸门处 4m，以后一直保持至出口。

在坝身有压段后接明流挑坎段，明流挑坎段水平投影长 18m。在工作弧门底坎后，采用突跌及突扩方式，底板跌坎高度 0.7m，两侧边墙各突扩 0.4m，明流底板宽 4.8m，跌坎下接长 12.27m、倾向下游的 30° 的斜坡，在桩号 0+22.0m 处两侧边墙开始不对称扩散，最后为一两侧边墙外伸的窄缝式鼻坎（收缩率为 0.42），挑坎高程 2303.31m。

由于水头高、流速大、工程重要，沿深孔有压段至出口共设三道门：进口设有拱形检修门，其后 2.9m 处设平板事故检修门，出口设弧形工作门。拱形检修底坎高程 2320.87m，闸门尺寸 7m×7.7m，平板事故门底坎高程 2320.37m，闸门尺寸 4m×5.91m，工作门底坎高程 2310.15m，工作门尺寸 4m×4.77m。工作弧门半径为 9.5m，承受总水推力 38 110kN，门推力与水平方向夹角为 19.086°。

坝后明流泄槽边墙厚 4.5m，在出口 7m 范围内由于窄缝鼻坎的收缩而不对称扩散，与支撑弧门的大梁连成整体，构成闸墩结构。沿门推力方向大梁高 6m，闸墩长 19.7m，与坝体整体浇筑。

3）临时底孔。临时底孔为提前发电期承担泄洪的主要建筑物之一，正常运行期进行封堵，属临时泄洪建筑物。要求下泄量分别为 $1802m^3/s$（枢纽要求下泄流量为 $3000m^3/s$ 时）和 $2188m^3/s$（枢纽要求下泄流量为 $4000m^3/s$ 时）。临时底孔由两孔组成，左底孔布置在 11 号坝段。右底孔布置在 14 号坝段，分别位于两深孔两侧，即在左右表孔下方。两孔布置相同，沿泄洪中心线径向对称布置，其中心线与泄洪中心线夹角为 $11.4535°$。

临时底孔由坝外进口段、坝身有压段和坝后工作弧门闸墩段（含鼻坎）组成。水平投影长 80.21m。为使射流水舌落入消力塘内，临时底孔立面上采用了倾斜 $30°$ 的布置方式。

临时底孔伸出坝体上游 14.8m 左右，进口总宽 10m，底板进口高程 2310m，进口顶曲线方程为 $(x^2/100) + (y^2/9) = 1$ 的 1/4 椭圆方程，侧曲线为 $(x^2/16) + (y^2/1.7689) = 1$ 的 1/4 椭圆方程。底板上游由两个圆弧组成，下接与水平夹角为 $30°$ 的向下游倾斜的斜坡段，一直到鼻坎反弧处，整个底板投影长 80.21m。有压段长约 60m，孔口尺寸由 4.5m×7.5m 渐变至 4.5m×6m，有压段至鼻坎出口为等宽（4.5m），鼻坎挑角为 $40°$，鼻坎采用不对称边墙平面扩散形式，挑坎末端高程 2270.21m。

底孔为临时建筑物，运行期为两年，故共设两道门：进口平板事故检修门，出口弧形工作门。事故检修门底坎高程 2308.6m，孔口尺寸 4.5m×8.07m，为倾斜布置；弧门底坎高程 2276.884m，孔口尺寸 4.5m×6m，弧门半径 10m，弧门总推力 54 600kN。

临时底孔闸墩外边墙长 20m 内边墙长 18m，边墙厚 5m，与支撑弧门的大梁连成整体，沿弧门推力方向大梁高 6m，与坝体整体浇筑。

4）坝后消力塘及二道坝。消力塘采用常规的复式梯形混凝土衬砌断面，在水舌入水区，塘底宽度限制在 60m 范围内，底板厚度 5m，纵向长 83m；平面上底板宽度从水舌入水区向上、下游分别逐渐缩至 48m 和 55m，底板厚度也从入水区向上、下游分别减至 4m 和 3m。在高程 2238.5m 以下边坡坡度为 1:0.5，2238.5m 以上右岸采用 1:0.8，左岸采用 1:0.5～1:0.3 变坡，在 2255m 以上左岸取 1:0.5～1:0.1 变坡、右岸取 1:0.3 的坡度。

为提高消力塘底板的整体性，采用四周防渗及抽、排水降压措施，两排纵向帷幕排水廊道、七排横向排水廊道、分缝处设暗排水沟、左岸集水廊道，并用自动深井泵抽水至下游河床；同时在消力塘衬砌混凝土基础面全断面布设抗浮锚筋。

二道坝采用碾压混凝土重力坝型式，坝顶宽 7m，上游垂直，下游坝坡 1:0.8，坝顶高程 2238.05m，坝高 23.5m，坝长 84.5m，坝底宽 26.1m。二道坝内上游侧设有一排水廊道，下游侧设帷幕灌浆廊道。

（4）右岸地下引水发电系统。

1）电站进水口布置。电站进水口平面上呈"一"字形排列，其轴线为 NE50°，共六个进水塔，为一机一塔布置形式。各进水塔间设永久横缝，间距 23m，1 号～2 号进水塔高 120m，3 号～4 号进水塔高 100m，5 号～6 号进水塔高 80m，各进水塔宽（顺水流向）均为 29m。

2）压力钢管布置。压力管道为全地下埋藏式布置，按"一机一管"方式供水，管道间平行布置，采用垂直进厂方式。其上平段轴线与进水塔轴线垂直，水流经竖井后进入下平段，下平段垂直于厂房纵轴线进入蜗壳。

压力管道内径 9.5m，过水断面面积 70.88m²，相应机组引用流量 380m³/s，管内流速 5.36m/s，最大净水头 234.7m，最大水头 257.63m。六条压力引水钢管均分为上平段（包括渐变段）、上水平弯段、上弯段、竖井段、下弯段、下水平段（包括渐缩管）六部分组成。1 号管道最短为 216.97m，6 号管道最长为 343.01m。由于引水压力管道相对较短，根据水力学计算，不需要设置上游调压井。

压力钢管衬砌分两种不用衬砌型式：在防渗帷幕前采用钢筋混凝土衬砌（衬砌厚 1.0m），帷幕下游采用钢板钢筋混凝土衬砌（衬砌厚 0.8m，钢板厚 30～46mm）。

3）尾水调压室。尾水调压室采用"三机一室一洞"布置形式。1 号调压室连接 1 号～3 号尾水管和 1 号尾水洞，2 号调压室连接 4 号～6 号尾水管和 2 号尾水洞。调压室中心线桩号为厂下 0+180.6m，两个调压室中心线间距为 102m。

尾水管、尾水调压室与尾水洞采用底部设多岔槽的连接方式，"三机一室"的尾水管在接入调压室前两边的尾水管对称向内转弯，中间的尾水管垂直接入尾水洞，即相邻的尾水管以三岔形接入所属的尾水洞，在底部以近似多岔槽连接。岔槽顶部接尾水调压室，即岔槽顶高程为调压室底高程。

4）尾水隧洞及出口建筑物。尾水隧洞为一个调压室对应一条尾水洞，即"一室一洞"布置形式，共设 2 条尾水洞。尾水洞均为直径为 17.5m 圆形有压洞。

尾水洞出口设有 20m 长的圆变方渐变段，渐变段后紧接尾水平台。尾水平台高程 2248m，平台顺水流长度为 15m，垂直水流长 20m，过流断面为 14m×15m。尾水平台内设有检修闸门一道。

5）地下厂房区建筑物及出线站。地下厂房共装 6 台单机为 700MW 的水轮发电机组。厂房区由主厂房、主变开关室、尾水调压室、引水隧洞、尾水隧洞、母线洞、进厂交通洞、出现竖井及通风、排水洞等组成大型地下洞室群。洞室群规模大、布置密集、施工条件复杂、施工难度大。

主厂房控制尺寸根据机电设备布置要求确定为 316.75m×29m×74.913m（长×宽×高）。其中 6 台机组段总长 204m（每机组段长 34m），副厂房长 42m，副厂房布置在主厂房左侧，主安装间布置在主厂房右侧，副安装间布置在副厂房与 1 号机组之间。主安装间长 55m，副安装间长 15m。厂房最大开挖高度 74.9m。

主厂房净宽 27.5m，跨度 29m，顶拱宽度 31.5m。尾水管吸出高度为 −13m，机组安装高程 2222.30m，发电机层顶板高程 2242m，吊车梁轨顶高程 2257.0m，主厂房顶拱高程 2273.875m。

副厂房布置在主厂房左侧，与主厂房、安装间呈"一"字形布置，纵面积 7221m²，总高度 43.375m，宽度与主厂房同宽，副厂房共 7 层，从下至上分别为厂变电缆层、高低压配电装置层、电缆夹层、中央控制室、办公室、通信设备层等。

主变开关室位于主厂房下游，与主厂房最大间距 50m。主变开关室长 235m，跨度 27.5m，高 42.88m，分三层布置。上层为 GIS 开关站，中间为管道夹层，主变压器布置在底层。

母线洞为"一机一洞"布置，垂直主厂房轴线与主变开关室相连，洞宽 11m，高 10.75m。

三、蜀河水电站（河床式厂房）

1. 工程概况

蜀河水电站位于汉江上游陕西省旬阳县蜀河镇至蜀河火车站之间 3km 的河段上，是汉江上游河段梯级开发的第六个梯级。蜀河水电站距上游已建成的安康水电站120km，距上游规划中的旬阳水电站55km，距下游规划中的夹河梯级40km，距下游已建成的丹江口水库约200km。

工程主要任务是发电，并兼顾航运、旅游、养殖等。

工程规模为Ⅱ等大（2）型，按百年一遇洪水设计，千年一遇洪水校核。

坝址以上控制流域面积 49 400km²，坝址处多年平均流量 732m³/s。水库总库容 1.74 亿 m³，为日调节水库。水库正常蓄水位217m，装机容量270MW，保证出力57.3MW，年平均发电量 9.67 亿 kW·h，年利用小时 3580h。航道等级为Ⅳ级，航运规模为 300t 级。工程静态投资 18.2 亿元，总投资 19.5 亿元。

枢纽主要建筑物有泄洪闸、垂直升船机、电站厂房（含溢流表孔）、左右副坝等。坝址区地震基本烈度为Ⅵ度。

2. 坝址区地形、地质条件

该坝址区位于汉江蜀河大桥以上 400～800m 的汉江河段。汉江在坝址区顺直线展布，流向为 NE28°，河谷为斜向谷，谷底宽 140～160m，水位在 193m 时，水面宽 165～180m，最大水深约 7m。横向呈较开阔的不对称"U"字形，两岸山势总体是右陡左缓，山顶高程 410～440m，高出河水面（193m）最大 247m，山坡中部均有相对缓坡地带。两岸冲沟较为发育，其中规模较大的是左岸的荆竹沟和右岸的流水沟。

坝址区出露的地层岩性主要有炭泥质板岩、绢云母千枚岩、白云母石英片岩，局部穿插石英岩脉，第四系全新统冲积、洪积、崩坡积、滑坡堆积等。两岸仅局部坡脚及岸坡低洼地带为崩坡积或滑坡物覆盖外，大部分地段基岩裸露，随着岩性的不同、抗风化能力的差异，不同地段的岩体风化程度、风化深度亦存在明显区别，但总体表现为左强右弱的风化现象。坝区三种岩性的抗风化能力大致为：绢云母千枚岩较强、白云母石英片岩次之、炭泥质板岩较差。

坝址区无区域性断裂通过，但断层、裂隙较为发育，局部地段还发育小褶皱。岩层产状总体为：走向 NW280°～320°、倾向 SW，但倾角变化较大，一般为 13°～35°。坝址区出露断层多为逆断层，破碎带宽度一般小于 0.5m，以中、陡倾角为主，个别为高倾角。

河床覆盖层厚 2.1～21.4m，主要由砂卵砾石层、含砾中粗砂层组成，颗粒组成以砾石、砂粒为主，结构松散。渗透系数 40～60m/d，属强透水；砂粒相对集中部位（或砂层）渗透系数 5～25m/d，属中等、强透水。两岸岩体透水性相对较差，坝区岩体透水性以弱透水为主。

3. 枢纽主要建筑物设计

（1）泄洪建筑物设计。枢纽布置方案为溢流式厂房方案。根据该电站坝址处地形地质条件，遵循泄洪建筑物的布置原则，并考虑河床窄、流量大等特点，枢纽布置中整个河床均布有泄洪建筑物。沿坝轴线从右至左布置有右副坝表孔、垂直升船机（兼泄洪闸）、泄洪闸、厂房溢流表孔、安装间下部表孔。泄洪建筑物上游侧平板检修门、电站进水口的主拦污栅、检修门（兼）副拦污栅以及厂房下部排沙孔的平板检修门均由闸顶的 2×1600kN 双向门式启闭机操作。厂房溢流表孔、安装间下部表孔的平板工作闸门采用固定式卷扬机启闭。坝顶高程为 230m。各个泄洪建筑物布置如下。

1）右副坝溢流表孔。右副坝内布置一孔开敞式溢流表孔，孔口尺寸为 12m×9.3m（宽×高），堰型为宽顶堰，堰顶高程 208m。堰面由上游圆弧、堰顶水平段、抛物线段、1：4 的斜坡段、反弧段和高程为 204m 的水平段组成。堰面抛物曲线方程为 $x^2=25y$，反弧段半径为 30m，夹角为 $\theta=14°$。闸室沿水流方向长 26.0m。左、右闸墩厚均为 3m。上、下游右侧均设有扭面与 1：0.65 的贴坡相接，其长度分别为 20m、24m。堰顶水平段布置平板检修门和弧形工作门，平板检修门采用叠梁。

2）垂直升船机（兼泄洪闸）。垂直升船机兼泄洪闸，按满足通航和泄洪要求设计，闸室段孔口宽度为 13m，堰顶高程 193.50m，堰型为宽顶堰，由上游圆弧、堰顶水平段、抛物线段、1：3.5 的斜坡段、反弧段组成。堰面通过反弧段与消力池底板相接。堰面曲线方程为 $x^2=25y$，反弧段 $R=25.0m$，夹角为 $\theta=16°$。泄洪闸为底流消能，消力池底板顶高程 189m，尾坎顶高程 190m。④⑤⑥⑦⑧闸室沿水流方向长 51m，左、右闸墩厚均为 4.5m。采用平板检修门，弧形工作闸门用 2×3200kN 液压启闭机启闭。上游引渠底板高程 190m，长 57.5m 并与引航道相接，两侧布置垂直升船机排架柱结构。下游两侧设有引航导墙，前段长 57m，墙顶高程为 202m，上部为排架结构；排架后左导墙至桩号坝下 0+151.50m，采用混凝土重力式结构，桩号坝下 0+151.50m～0+241.50m，采用浆砌石重力式结构，墙顶高程均为 202.0m。垂直升船机布置见图 1-3-16。

3）泄洪闸。泄洪闸布置于垂直升船机坝段与厂房坝段之间，由 4 孔组成，从左至右排列为 1 号、2 号、3 号、4 号。孔口尺寸为 13m×23.80m（宽×高），堰顶高程 193.50m，堰型为宽顶堰，由上游圆弧、堰顶水平段、抛物线段、斜坡段、反弧段组成。堰面通过反弧段与消力池底板相接，堰面曲线方程为 $x^2=40y$，反弧段 $R=25.0m$，其中 1 号泄洪闸斜坡段坡比为 1：3.33，反弧段夹角为 $\theta=16.9°$。2 号～4 号泄洪闸斜坡段坡比为 1：1.67，反弧段夹角为 $\theta=31°$。闸室沿水流方向长 51m。闸墩为预应力闸墩，左闸墩厚为 5m，其余闸墩厚均为 4.5m。闸室后接消力池，4 孔泄洪闸消力池共池，池底高程 181m，在池内坝下 0+99.0m 设有一排梯形混凝土消力墩，墩高 4.0m。尾坎顶高程 187m，尾水坎末端桩号坝下 0+151.5m 处，设 5m 深的防冲齿墙，齿墙后与导墙外侧回填块石，以防止水流淘刷。

为防止推移质泥沙进入电站进水口，并结合施工期纵向导墙的设置，在 1 号泄洪闸与厂房坝段之间设有 9m 宽得碾压混凝土坝段，其基础与 1 号泄洪闸基础为一体。上游施工纵向导墙采用碾压混凝土重力式导墙，布置在厂、泄两边墩宽的范围内，且不影响泄、厂两侧孔口进流。根据施工期需要，在坝 0+000.00m～坝上 0-050.00m 范围内，导墙顶宽设为 6.0m，墙顶高程 221m，该导墙上游与施工纵向导墙相接，后期不拆除，其中部分墙体与后期电站上游拦沙坎相接。下游纵向导墙为永久、施工结合段，布置在厂、泄两边墩宽的范围内，且不影响两侧孔口出流。导墙与 1 号泄洪闸消力池底板形成整体，部分采用碾压混凝土，根据施工需要导墙顶宽设为 6.0m，墙顶高程 216.50m，其下游与施工纵向导墙相接。泄洪闸体形见图 1-3-17。

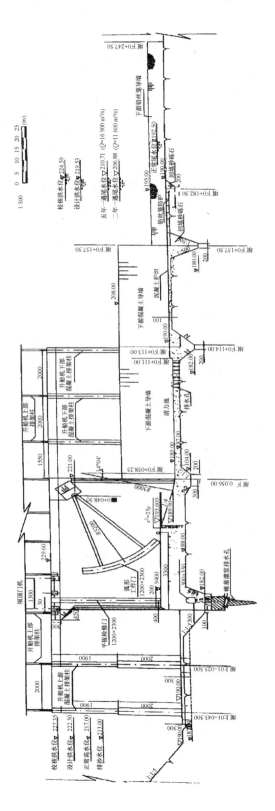

图1-3-16　蜀河垂直升船机（兼泄洪闸）剖视图

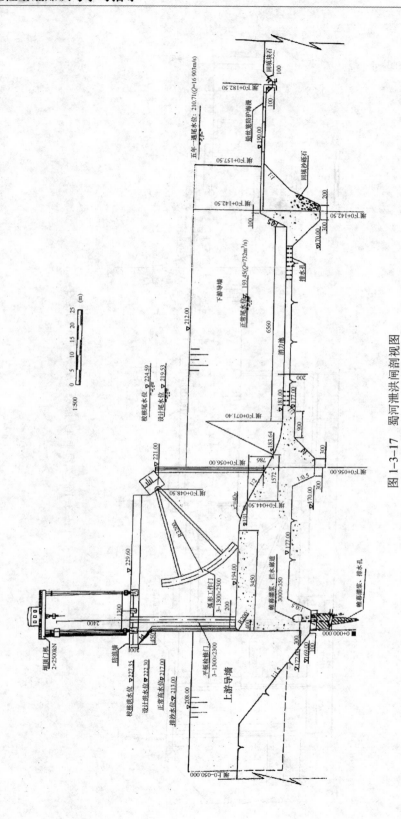

图 1-3-17　蜀河泄洪闸剖视图

4）厂房溢流表孔。厂房机组流道顶板以上与坝顶之间布置溢流表孔，共 6 孔，孔口尺寸为 12m×21.3m（宽×高），进口底板高程196m。进口段布置有平板检修门和平板工作门，出口段布置平板检修门，孔口尺寸为 12m×5.8m（宽×高），底板高程 195.0m。下游检修闸门与电站尾水事故门、排沙孔工作闸门共用一部双向 2×1250kN 门机起吊。厂房上、下游分别为电站引渠段和尾水渠段。

5）安装间下部泄洪表孔。安装间下部布置两个泄洪表孔，靠右侧的孔口尺寸 12m×21.3m，进口高程 196m。靠左侧的孔口尺寸 12m×9.3m，进口高程 208m，两孔平板检修门由坝顶 2×1600kN 双向门机操作，工作闸门采用固定式卷扬机启闭。

6）排沙孔。排沙孔布置在电站厂房进口下部，共设 2 孔，排沙孔进口底板高程 160.0m，出口底板高程180.0m，进口设 2.0m×5.0m（宽×高）的平板事故闸门 1 扇，由坝顶 2×1600kN 双向门机启闭操作。出口布置 2.0m×4.0m（宽×高）的平板工作闸门，由布置在尾水平台的 2×1250kN 门式启闭机操作。

7）各泄水建筑物的泄流能力见表 1-3-3。

表 1-3-3　　　　　泄水建筑物联合运用泄量计算成果表

频率 P（%）	上游水位（m）	下游水位（m）	泄洪闸及升船机流量（m³/s）	厂房溢流表孔流量（m³/s）	安装间及右副坝流量（m³/s）	排沙孔流量（m³/s）	计算总流量（m³/s）	要求下泄流量（m³/s）
常遇洪水	203.60	201.91	3090	2300	380	220	5990	6000
常遇洪水	207.53	205.53	8350	4150	690	240	10 040	10 000
50%	208.85	206.88	5580	4950	860	240	11 630	11 600
33.3%	211.10	208.90	6850	6270	1260	260	14 640	14 600
20%	212.88	210.71	7800	7240	1620	260	16 920	16 900
6.66%	215.56	213.36	9230	8790	2280	280	20 580	20 600
5%	217.57	215.00	10 210	9870	2740	280	23 100	23 100
2%	220.70	218.24	12 310	12 150	3760	300	28 520	27 800
1%	222.05	219.53	13 180	13 080	4180	300	30 740	30 000
0.1%	227.15	224.59	16 300	16 480	5780	320	38 880	38 100

（2）发电厂房。

1）厂区布置。厂房布置在主河道左岸，厂内安装 6 台贯流式机组，单机容量45MW。厂房作为枢纽泄水建筑物的一部分，其设计和校核洪水标准与泄水建筑物相同。厂房坝段沿坝轴线方向总长 108.5m，共分 3 个坝段（两台机组一个坝段），分别长 38.5m、35m 和 35m，安装间 2 个坝段总长 37m，左岸副坝长 29m，从左至右依次是左岸副坝、安装间坝段、厂房坝段。

鉴于蜀河水电站坝址处河床狭窄，汉江洪水量大的特点，为了减小两岸开挖，缩短坝顶长度，节省投资，满足泄洪要求，采用溢流式厂房布置方案，在每台机流道顶部均布置了一孔宽 12m 的泄洪表孔，在安装间下部布置了两孔表孔。这种国内尚无实例的厂内溢流式厂房布置型式，使得厂房结构布置比普通的贯流式机组厂房的布置更加复杂，为了适应这种布置型式，将主厂房布置在坝顶；而副厂房布置为两大块，一块布置在主机层上游侧和下游侧部位，即机组流道和厂内泄洪表孔之间（水下副厂房）；另一块布置在坝顶主厂房下游侧（坝顶副厂房）。安装间布置在主厂房左侧，与坝顶和尾水平台同高，高程为 230m。3 台主变压器布置在尾水平台上的副厂房内，以利于主变的运输和检修。开关站采用 GIS 开关站，布置在尾水平台以上的副厂房内。

为了保证电站进水口"门前清"，在厂房坝段机组之间布置了 2 个排沙孔，将少部分进入引水渠的推移质泥沙排向下游。

2）厂房布置。进口流道宽度 12m，底部为平底，底高程 172.50m，顶部为椭圆形，高度由 19m 渐变为 13m；出口流道宽度为 11.2m，高度为 10.6m，出口底板高程 173.70m。机组中心线上游侧流道长度 31.8m，下游侧流道长度 35.0m，流道进口布置了液压清污抓斗和主拦污栅，检修门与主拦污栅共槽，流道出口布置了尾水事故检修门。

表孔流道下副厂房（水下副厂房）189.70m 层主要布置有调速器及油压装置室、水力测量室、中性点设备、机旁盘、控制及保护盘室、水处理室及泵房；188.30m 层主要布置有中压空压机室、低压空压机室、储气罐室、透平事故油池、检修排水泵房和渗漏排水泵房；186.20m 层主要布置有机组供水设备室、励磁变压器。

厂房主机层在 189.70m 高程，厂内安装 6 台贯流式机组，单机容量 45MW，单机引用流量 260m³/s。采取 206m 高程以上两机一缝，206m 高程以下厂房坝段联为整体（不设永久缝）的布置方式，中墩厚 4.0m，边墩厚 3.5m（厂泄相邻处侧边墩墙厚 7.0m）。在水下副厂房 189.70m 层和 186.20m 层的隔墙和闸墩上开设 2.0m×2.5m 的门洞，将机组之间连接起来，成为设备运输通道，并兼作消防通道。每台机组上部均布置了一孔宽 12.0m 的泄洪表孔，其底板高程为 196. m，底板上布置了孔口尺寸为 11.0m×6.0m 和 8.0m×7.0m 的两个吊物孔，分别用于机组的吊装就位和水下副厂房机电设备的吊运，吊物孔设防水钢盖板进行密封。厂房建基高程 165.50m，机组安装高程 179.00m，桥机轨顶高程 243.00m，厂顶高程 251.20m，厂房总高度 85.70m，厂房排架柱断面 1.2m×2.0m，厂房总跨度 21.0m，厂房净跨度 17.0m。

坝顶副厂房布置在主厂房下游侧，230.00 层主要布置有主变压器、透平油库、透平油处理室、绝缘油库、绝缘油处理室、发电机电压配电盘室、通讯室、排风机房等；237.50 层为电缆夹层；242.00 层布置 110kVGIS 开关站设备、变压器消防室、透平油库消防室、二次保护盘室、低压配电盘室、外来电源配电盘室、中控室及办公室、会议室等。

每台机组流道顶部均布置了一孔宽 12.0m 的泄洪表孔，其底板高程为 196.00m，表孔进水口布置了两道闸门，第一道为 12.0m×21.3m 的检修闸门，与机组进水口的检修闸门共槽；第二道为 12.0m×21.3m 的工作闸门。由于泄洪表孔在入库流量大于 5000m³/s 时开启泄洪，机组不运行发电，所以在泄洪表孔的下游侧布置了一道宽 12.0m，高 5.8m 的闸门，以保证入库流量小于 5000m³/s 时机组能正常运行发电和进行检修。

安装间下部布置了两孔 12.0m 宽的泄洪表孔，其底板高程分别为 196.00m 和 208.00m，进口设置了两道闸门，第一道为检修闸门，第二道为工作闸门，出口无闸门。

泄洪表孔的检修闸门由 2×1600kN 坝顶双向门式启闭机启闭；工作闸门由布置在厂房泄洪表孔和安装间泄洪表孔每孔工作闸门上方坝顶高程以上排架上的固定卷扬式启闭机启闭，以便快速启门满足泄洪要求。

根据蜀河坝址河水的含沙量及来沙特点，分别在 2 号和 3 号机之间以及 4 号和 5 号机之间的底部各布置了一个排沙孔。排沙孔进口底板高程 160.00m，孔口尺寸 2.0m×5.0m；出口底板高程 180.00m，孔口尺寸 2.0m×4.0m。排沙孔进口布置了 2.0m×5.0m 的事故检修门，出口布置了 2.0m×4.0m 的工作门。蜀河机组中心线剖面如图 1-3-18 所示。

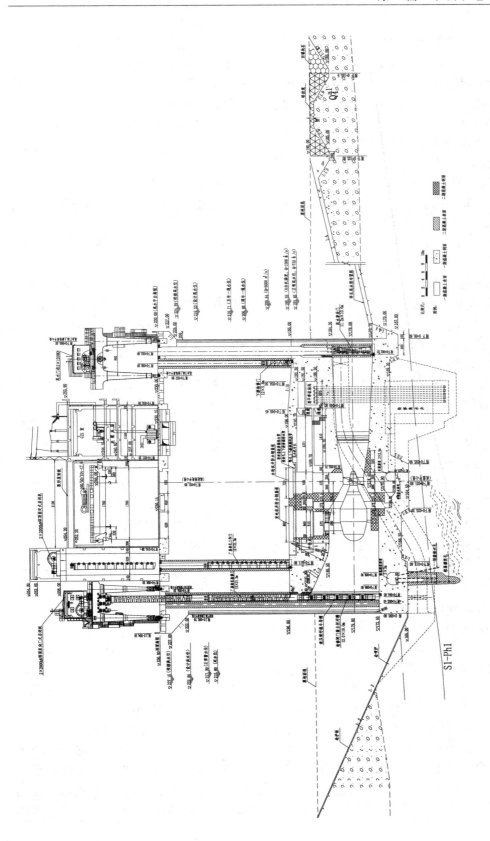

图 1-3-18　蜀河机组中心线剖面图

（3）通航建筑物。蜀河电站的航道等级为Ⅳ级航道，通航建筑物规模近期按 300t 级升船机设计，远期预留建设 500t 级升船机的位置，并实行分期实施建设方案。

垂直升船机布置因与泄洪闸相结合，并由《船闸设计规范》确定挡水坝段及上、下游排架永久建筑物按 2 级设计，上、下游引航墙及靠船墩次要建筑物按 3 级设计，其他临时建筑物按 4 级设计。

蜀河水电站通航船型采用：300t 级分节驳船型尺寸（长×宽×吃水）为 35m×9.2m×1.3m 的标准进行设计。

根据规范和汉江梯级电站特征水位，蜀河升船机运行水位是上游最高通航水位为 217.30m，上游最低通航水位是 212.00m；下游最高通航水位为 198.24m，下游最低通航水位是 193.00m。

垂直升船机建筑物由上、下游引航道，上游浮式导航堤，上、下游闸首等建筑物组成，与泄洪建筑物相结合布置。

1）上引航道。为尽量减少岸边开挖量，结合上引航道的实际地形条件，利用引航道调顺段的弯道转弯，使引航道呈折线布置，由此上游引航道右侧主导墙直线段长 41.0m，接着向河内偏转 4° 后在切线桩号坝上 0～200.00m 至坝上 0～310.00m 上布置停泊段，停泊段布置 8 个靠船墩，中距 15m，其长度为 125m，停泊段上游延长至坝上 0～500.00m，上游引航道扩挖底板高程 208m。

2）浮式导航堤。升船机上游导航建筑物为一浮式导航堤（简称浮堤），浮堤由两节钢筋混凝土箱形浮船组成，共长 130m。每节浮船外形尺寸为 65m×9m×3.0m（型长×型宽×型高），吃水 1.5m，浮堤上游端用 2 根 F77mm 铸钢锚链分别固定在浮堤两侧的锚墩上，锚墩为重力式混凝土结构，建于河床岩基上。此外，浮堤上还设有供船只停靠用的系船柱和导航、照明、生活等设施。

3）上闸首。上闸室用于垂直提升机构升降承船箱，长 57.5m，最小净宽 13.0m，由 10 个排架柱组成。排架左、右两侧对称布置，中心距 18.25m。每侧皆为一双跨结构和一单跨结构，单结构内排架柱中心距为 14.0m。两侧排架柱截面面积分为三种，由上至下依次增大，并在截面变化处沿水流方向设横梁使排架柱形成整体结构。

垂直提升机构包括门式提升机、导向装置、附属设备、缓冲装置等。行走机构包括牵引系统和行走轨道，行走轨道与坝顶门机轨道在坝顶垂直相交。

4）挡水坝段。挡水坝段与泄洪闸结合，按泄洪闸设计，闸室段长 51.0m，孔口宽 13.0m，两侧边墩厚均为 4.5m，闸顶高程与坝顶及上、下游闸室的轨顶高程 230.0m 齐平。

5）下闸首。下闸室其作用同上闸室，长 57.0m，最小净宽 13.0m，高程 202.0m 以下设计为导墙，上部由 10 个排架柱组成。排架左、右两侧对称布置，中心距 18.25m。每侧皆为一双跨结构和一单跨结构，单结构内排架柱中心距为 14.2m。两侧排架柱截面面积分为两种，上小下大，并在截面变化处，沿水流方向设横梁使排架柱形成整体结构。

6）下引航道。下引航道为不对称布置，由坝下 0+151.50m 的航道宽 13.0m，以 10° 的角度向岸边扩散到坝下 0+241.50m 的 35.0m。为便于与主河道的连接，同时减少大面积的开挖，在坝下 0+501.50m 向河内偏转 15° 与原河道相接。下游靠船建筑物位于坝下 0+371.50m～0+481.50m 之间的直线段上，其布置与上引航道相同，总长为 110.0m。左侧导墙为浆砌石重力式墙，直线布置，墙顶高程 202.0m，总长 90m，下游引航道底高程

190.00m。

四、毛坝关水电站（引水式电站）

1．概况

毛坝关水电站位于陕西省紫阳县境内的汉江支流任河上，坝址距紫阳县城约 60km，距毛坝关火车站 2km。坝址以上控制流域面积 3153km²，坝址处多年平均流量 85.2m³/s。水库正常蓄水位 412.0m，相应库容 2230 万 m³，电站总装机容量 24MW，年利用小时 4105h，年发电量 9851.2 万 kW·h。毛坝关水电站枢纽属中型三等工程，引水发电厂房属小（1）型四等工程。

枢纽主要建筑物由碾压混凝土拱坝、泄洪排沙洞、引水隧洞、发电厂房及开关站等组成。主要建筑物大坝、泄洪洞为 3 级建筑物，引水隧洞、发电厂房及开关站为 4 级建筑物，次要建筑物及临时建筑物为 5 级。

挡水建筑物及泄洪建筑物按 50 年一遇洪水设计，按 500 年一遇洪水校核，相应洪峰流量分别为 5370m³/s 和 6490m³/s。引水系统及厂房建筑物按 50 年一遇洪水设计，100 年一遇洪水校核，相应洪峰流量分别为 5370m³/s 河 5860m³/s。

坝址处为"V"形河谷，两岸边坡较陡，岩石裸露，主要岩性为寒武系含碳硅质岩、硅质板烟、白云岩、泥质微晶灰岩等。坝址区发育的主要断层 F₅ 和其他小规模断层。坝址区地震基本烈度为Ⅵ度，设计按Ⅵ度设防。

毛坝关水电站于 2000 年 12 月开工，于 2004 年 6 月并网发电，于 2005 年 6 月竣工。

2．工程设计

枢纽主要建筑物由碾压混凝土拱坝、坝顶溢流表孔、泄洪排沙洞、引水隧洞、调压井、压力管道、发电厂房及开关站等组成。毛坝关拱坝上游立视图如图 1－3－19 所示。

（1）挡水建筑物。毛坝关水电站挡水建筑物为碾压混凝土拱坝，坝顶高程 427m，坝体上游为垂直面，下游坡为 1：0.225，大坝最大高度 61m，顶拱弧长 140.5m，顶拱外半径 66m，最大中心角 122°，坝顶宽 4m，坝底最大宽度 18m，大坝厚高比为 0.295。

在坝内 369m 高程设基础灌浆排水廊道，402m 高程设交通廊道，在两岸山体设 3 层灌浆平洞。根据拱坝温度应力计算成果，大坝在不设横缝的情况下，施工期因温度应力过大可能使大坝产生不规则的裂缝，影响拱坝的安全运行。为避免该情况发生，设置了两条诱导缝（人工控制坝体软弱面以诱导温度收缩缝在预想部位发生）。诱导缝将大坝分成三段，待坝体达到稳定温度场后，对诱导缝进行接缝灌浆，以拱坝的整体性。

（2）泄水建筑物。枢纽泄洪采用坝顶开敞式自由溢流并结合左岸泄洪排沙洞泄洪。溢流坝段位于拱坝中段。为减小拱坝的向心作用，减小挑流鼻坎处的水流单宽流量，溢流表孔采用非径向布置。溢流前缘外半径 169m，堰顶前缘弧长 62m，堰顶高程 412m，泄洪方式采用高低差动鼻坎挑流消能。高坎布置两孔，低孔布置三孔。溢流坝设计洪水下泄流量 4727m³/s，校核洪水下泄流量 6270m³/s。

泄洪排沙洞位于左岸，为有压洞，进口底板高程 384.5m，隧洞断面为 6m×6.5m。进口设平板事故检修门，尺寸为 6m×6.5m，出口设平板工作门，尺寸为 6m×5.5m。出口末端设扭曲挑流鼻坎，将水流挑入主河床。

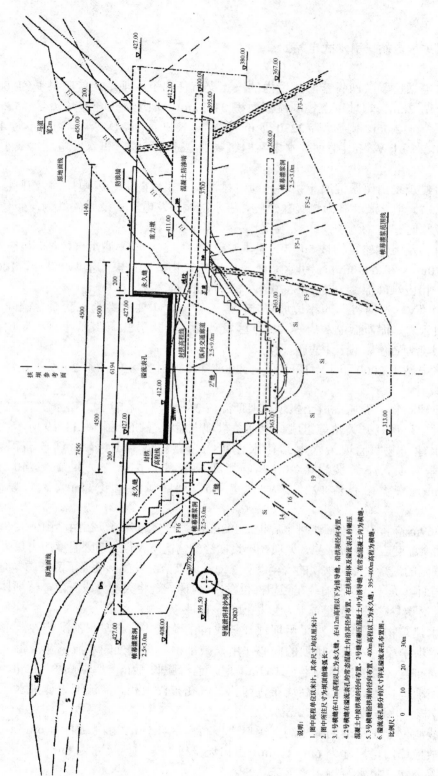

图 1-3-19 毛坝关拱坝上游立视图

说明:

1. 图中高程单位以米计,其余尺寸均以厘米计。

2. 图中所注尺寸均以坝顶缘弧长计。

3. 1号镶墙在412m高程以上为永久缝,在412m高程以下为溢导墙,封拱灌浆表孔的布置。

4. 2号镶墙在溢流表孔的名例布置,混凝土中按拱坝的名例布置。2号墙在混凝土坝以上为永久缝,在常态混凝土内为碾缝。

5. 3号镶墙在拱坝则的名例布置,400m高程以上为永久缝,395~400m高程为碾缝。

6. 溢流表孔部分的尺寸详见溢流表孔布置图。

比例尺:

0   10   20   30m

（3）引水建筑物。引水建筑物主要由进水口、引水隧洞、调压井、压力管道组成。

进水口位于左岸大坝上游 45m 处，进口采用岸塔式，进口底坎高程 398.0m，进水塔设事故检修门 1 扇，其孔口尺寸为 5.3m×7.6m。

引水隧洞为有压洞，总长 684.5m。隧洞断面为圆形，洞径 6.8m。设计引用流量 10.5m³/s，设计流速 2.89m/s。

由于隧洞较长，根据调保计算，需设置调压井。毛坝关引水隧洞调压井设于桩号 0+684.5m 处，采用有连接管的简单圆筒式，布置于引水洞末端。调压井设计井径 14m，井高 59.8m，井底高程 390.2m，井顶高程 59.8m。调压井最高涌浪水位 441.5m，最低涌浪高程 392.6m。调压井采用 1m 厚钢筋混凝土衬砌。

调压井后接压力管道，采用单管联合供水形式，设计最大水头 51.39m。桩号 0+684.5m～0+755.5m 段为主洞段，设计内径为 6.8m，流速为 2.89m/s，衬砌采用钢筋混凝土形式，衬砌厚 50cm；桩号 0+755.5m 以后，设不对称"Y"形岔管形式并将主管分为三条支管，支管设计内径 3.2m。1 号支管长 55m，2 号支管长 53m，3 号支管长 36.5m。岔管及支管均采用钢板衬砌。调压井体形如图 1-3-20 所示。

（4）发电厂房及开关站。毛坝关水电站厂房位于任河左岸漫滩上，紧靠渔紫公路。站址处河漫滩地面高程 384～388m。根据河道断面水位与流量关系曲线，厂房处设计洪水位为 393.6m，校核洪水位为 394.3m，由此确定厂房尾水平台及厂区底面高程为 394.5m。

厂区主要建筑物有主厂房、副厂房、开关站、尾水渠、护堤、生活区、办公楼等。

主厂房总长 57.1m，其中厂房机组段长 42.1m，安装间长 15.0m，厂房净宽 14.1m，总高度 30.9m。发电机层底面高程为 390.3m，厂内布置 3 台单级容量为 8MW 的轴流式水轮发电机组，机组段长为 12.7m，机组安装高程为 382.8m；安装间布置在机组段右侧，安装间尺寸为 16.5m×15.0m；水轮机层底面高程 385.5m，层高 4.8m，机组段中间为外径为 5.6m 的圆桶形机墩；蜗壳层高程为 382.8m，蜗壳为钢蜗壳，蜗壳与垂直进厂的引水钢管平顺连接；蜗壳以下为尾水管层；在机组段之间还布置有机组检修集水井和渗漏井。

副厂房位于主厂房上游侧，分三层布置。顶层与安装间同高，布置中央控制室、低压开关室、高压配电装置及厂用变电站等；中层为电缆夹层；下层为母线廊道层。

尾水渠最小净宽 35m，长 15m。尾水管出口底板高程为 377.8m，以 1∶4 反坡接至水平距离 15m 处与原河床相接。

开关站紧靠副厂房右侧布置，底面高程 394.5m，开关站尺寸为 26m×13m，开关站布置有一回 110kV 出线。主厂房与开关站之间布置主变压器 1 台。

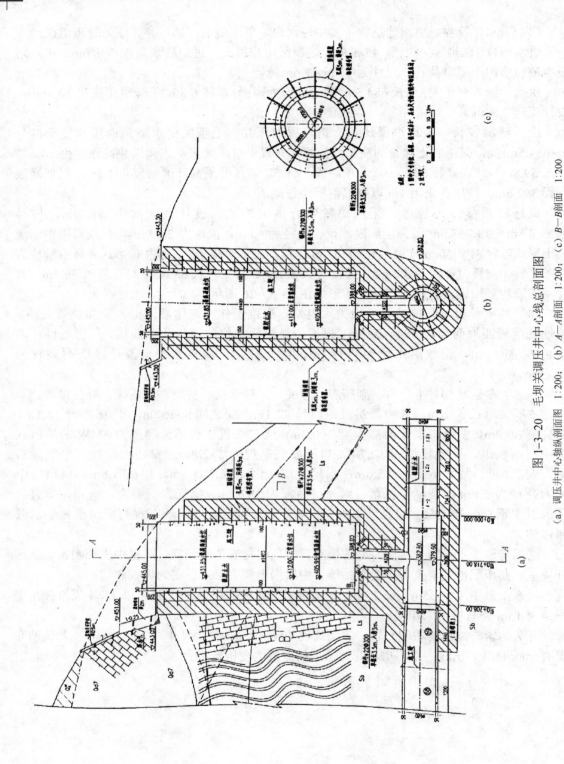

图 1-3-20　毛坝关调压井中心线总剖面图

(a) 调压井中心轴纵剖面图　1:200;　(b) A—A剖面　1:200;　(c) B—B剖面　1:200

第四章　灌溉工程及供水工程

第一节　农田水利与农业生产的关系

水利是农业的命脉。兴修农田水利，搞好农田灌溉与排水，是抗旱、排涝、防涝、防治盐碱化，保证农业稳产高产的重要措施。

一、农田水分存在的形式与作物生长的关系

农田水分有三种存在形式，即地表水、土壤水和地下水。地表水是存积在地表上的水层。土壤水则存在于土壤空隙中，它关系到农作物的生长，按其形态又可分为吸湿水、薄膜水、毛细管水和重力水。吸湿水由土壤颗粒表面分子力吸附，被紧紧地束缚在土壤颗粒表面，不能流动也不能被植物利用；薄膜水由土壤剩余分子力吸附在吸湿水层外，形成一层薄膜，能从水膜厚的土壤颗粒向水膜薄的土壤颗粒缓慢移动；毛细管水位于土壤空隙内，可借毛细管的作用向各方移动；重力水则受重力作用沿土壤孔隙自由向下移动。土壤含水量达到毛细管最大含水量时，称为"土壤最大保水量"，土壤空隙全部充满水时，称为"土壤饱和含水量"。地下水就是土壤空隙已达到饱和（或接近饱和）程度的土层里的水分。农田水分存在的形式并不是固定不变的，三者间可以相互转化。地面水渗入土壤水，重力水下渗到地下水面则变成地下水，地下水受毛细管作用可上升成为毛细管水；地下水不断得到补给，地下水面不断上升而达到地面上，则成为地面水。

不同作物对农田水分存在形式有不同的要求。旱作物所吸收的水分主要是根系吸水层内的毛管水，水稻则吸收各种形式的水分。不同旱作物（如小麦、棉花、玉米、大豆等）对土壤含水量有不同的要求。同一种旱作物在不同的发育阶段对土壤含水量也有不同的要求。为了保证旱作物的丰收，土壤含水量只允许在一定的范围内变化。种植旱作物的农田所允许的最大含水量，应小于土壤最大保水量，否则将不利于作物生长，且会出现无益的深层渗漏损失；旱作物允许的土壤含水量一般为最大保水量的 50%～80%。对于水稻田内的水层深度，同样有一定的要求，一般允许最大水层深度为 250mm 左右，在个别情况下也可以超过这一数值；允许最小水层深度多为 20～30mm 或更小，在晒田期，允许的土壤含水量为饱和含水量的 80%～90%。

二、调节农田水分状况的措施

在农作物生长期间，必须适时适量地供给水分，水分过少或过多都将造成作物的减产甚至无收。农田水分不足，通常称为"干旱"；农田水分过多就形成淹涝，有些地方称旱田积水或稻田水层过深为涝；旱田的土壤含水量过大称为"受渍"，或叫"明涝暗渍"，也有的统称为"受涝受渍"。由于干旱或淹没而引起作物严重减产的现象，称为"旱灾"或"涝灾"。调节农田水分状况是农业增产的一项重要措施，其目的在于消灭旱灾和涝灾，使农田水分状况随时都能满足农作物生长的要求，并与农业措施相互结合，共同保证农作物产量

和土壤肥力不断提高。当农田水分不足时，应采取增加来水（灌溉）或减少失水的措施；农田水分过多时，则应采取减少来水或加速排水的措施。

灌溉方法有地面灌溉、喷洒灌溉和地下灌溉三种，目前我国的广大农田一般都采用地面灌溉方式。地面灌溉是把水流沿着地面引入农田进行灌溉，根据田间作物不同，又有三种方法。

（1）畦灌：多用于密播作物（如小麦、大麦、谷子等），其缺点是灌水过程中水流易破坏土壤结构。

（2）沟灌：适用于中耕作物（如棉花、玉米等），这是最好的地面灌溉方式。

（3）淹灌：多用于水稻灌溉和冲洗盐碱地灌溉。

喷洒灌溉是利用机械（抽水机）或天然水头，在管路中形成压力水流，然后通过喷洒器喷出，形成均匀的水滴洒浇农田，故又称为"人工降雨灌溉"。

地下灌溉则利用修筑在地面以下的专门设备（地下管道或沟道），将灌溉水引入田间耕作层，借毛细管作用自下而上的湿润土壤。不同灌溉方法耗用水量的差别很大，水稻田的淹灌用水最多。

排水方法有明沟排水和暗沟排水两种，我国目前一般都采用明沟排水。明沟排水是将过多的地面水或地下水自地面或土壤内直接汇流入沟，然后排走；暗沟排水是将透水性强的材料（碎石、埽捆、砖、瓦等）或带有孔隙的管子埋入土中，或在田间顺坡方向钻成一排一排的土洞（由于类似鼠洞，故名"鼠道"），使过多的水分通过土壤渗入沟中排除。暗沟排水有时与地下灌溉结合为一套系统，使地下设备起到灌和排的双重作用。

三、防治盐碱化

盐碱化的原因，在自然条件方面，一种是由于高处土壤中所含盐分被雨水溶解，汇集到低洼地区而产生盐碱化；另一种情况则是土壤表层透水性很小，雨水很难渗入，因此被水冲洗到下层土壤中去的盐分很少，但被毛细管作用吸上来的地下水含盐量却在增多，因而也会造成盐碱化。对盐碱化的防治措施除了不使含盐水分汇集之外，还有控制地下水的含盐浓度和避免土壤表面过大的蒸发等。对已盐碱化趋势的土地进行改良的措施有：

（1）排除过多的水分，以降低地下水。

（2）采用适宜的农业及耕作技术。

（3）进行冲洗，即以充足的水量将土壤中的过多盐分溶解后，冲至土壤的深层里去，或排泄到区域之外。

（4）采用化学的处理措施等。

农田的灌溉与排水对防治盐碱化的关系很大，有些地方的盐碱地由于将旱田改种水稻，结合稻田灌溉进行淋盐洗碱，减轻了盐碱化程度，缩小了盐碱地面积；有些地方由于旱田灌溉不当，排水不良，却相反地造成了次生盐碱化，扩大了盐碱地面积。

第二节　灌区的灌溉排水系统

一、灌区的灌溉系统

为了解决抗旱、排涝问题，灌区设有灌溉和排水系统，见图1-4-1。其中包括：

（1）灌溉水源及取水枢纽：灌溉水源主要有河流、湖泊、水库、当地地面径流和地下水等。为了从水源地适时适量地取水灌溉，就需要修建用以拦蓄来水、调节水量、获得水头以及控制取水流量的壅水、取水建筑物（如坝、涵闸、抽水站等）。

（2）输水、配水系统：包括各级固定渠道（如干渠、支渠、斗渠、农渠等）及渠道上的建筑物（如涵闸、渡槽、跌水和沉沙池等），其任务是将渠道取来的水，有计划的输送并分配到田间灌溉调节系统和各耕作田地。

（3）田间调节系统：包括灌水和排水两部分。灌水的有临时毛渠、灌水沟（或灌水畦）；排水的有排水毛沟、地下集水管道，用于排除由于降雨或灌水过多造成的田间积水，或降低地下水。

（4）排水（泄水）系统：包括各级排水沟（干沟、支沟、斗沟、农沟等）及沟上的建筑物，其任务是将田间排水系统汇集到的水排往容泄区。

（5）排水枢纽和容泄区：排水枢纽可以是排水闸或抽水站等建筑物，排水闸和抽水站的任务是将排水沟道汇集的水量排至容泄区，当容泄区水位低于干沟出口水位时，使用排水闸；高于干沟出口水位时，使用抽水站。容泄区多半是河流、湖泊、洼地等，用以蓄纳该地区的降雨以及田地中排出的水量。用湖泊、洼地作为容泄区并作灌溉水源，可以减轻取水及排水枢纽的负担，并减少输水渠、排水沟以及沟渠上建筑物的过水流量，从而减少工程造价。还有的灌区内设抽水站，扬水灌溉是少数不能自流灌溉的局部地方采用的方式。

由上可见，灌区内各级灌溉系统和排水系统是对应布置的。例如灌溉水源、取水枢纽分别与容泄区、排水枢纽相对应；干、支、斗、农四级固定渠道分别与干、支、斗、农四级排水沟相对应；田间调节网则由灌溉用的临时毛渠和排水用的临时毛沟共同组成。

大型灌区除了有干、支、斗、农四级固定渠道外，干渠中还可能分为总干渠、干渠和分干渠三级；支渠也可能分为支渠、分支渠和分渠三级。中、小型灌溉区的固定渠道可能只设支、斗、农三级或斗、农两级。

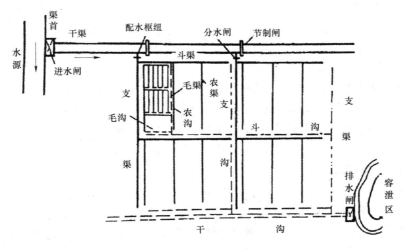

图 1-4-1　灌溉排水系统示意图

二、灌溉水源与取水枢纽

根据各地不同的自然条件，农田灌溉水源及采用的取水方式主要有以下几种。

（1）从水库引水灌溉：在山区丘陵利用谷地兴建山区水库蓄水灌溉，在平原地区亦可利用湖泊修建平原水库蓄水灌溉。自水库引水灌溉有直接引水与间接引水两种：直接引水是通过水库大坝的引水涵管（或湖泊堤上的涵闸）引水灌溉；间接引水是利用水库水电站发电尾水进行灌溉。还有的自库内直接取水，即在水库周围地区建抽水站，利用水库抬高的水位扬水灌溉库区的丘陵高地。

（2）自河流取水灌溉：在平原地区有很多地方是利用天然河流的水源引水灌溉的。自天然河流取水灌溉分无坝取水、有坝取水和抽水站取水三种方式。

1）无坝取水：这种取水方式适用于引水流量与天然河道流量之比不大、防沙要求不高、取水期间河道的水位和流量能够满足或基本满足渠取水要求的情况。这是一种最简单的取水方式，工程简单、投资少、工期短、易于施工，但不能控制河道的水位和流量，易受河道水流和泥沙运动的影响，取水保证率低。当水位不足，但水面坡降很大时，可将取水口布置在灌区的上游远处，借干渠底坡缓于河道底坡来获得灌溉必需的水头。无坝取水的主要建筑物是进水闸。

2）有坝取水：当河流流量能满足灌溉用水要求，而水位低于灌区需要的高程时，可在取水口下游河道上修建拦河闸坝，以抬高河流水位，保证渠道自流取水。如宝鸡峡灌区就是有坝取水方式。

3）抽水站取水：在灌溉季节，如天然河流的水位经常低于灌区地面高程而自然条件或经济比较不适合修建闸坝工程时，可在河岸取水口修建抽水站，以便扬水进入灌溉渠道自流灌溉农田。

上述几种取水方式，在规划时需要根据当地具体条件经过方案比较加以选定。

在平原洼地，由于沟河密布，引水方便，而河水位经常低于地面，因此，一般是分散地建立抽水站进行扬水灌溉，发展一些小型灌区。这些小灌区和大、中型灌区相比，具有交叉建筑物少、渠道输水损失小、灌溉矛盾少、管理方便等优点。

在干旱、半干旱平原地区的一些地方，由于缺乏地面水源，不能从水库或天然河流取水；或地面水源不足，在枯水年份自天然河流或水库取水不能满足农田灌溉需要，就需要发展井灌，取用地下水。由于一口井灌溉的面积很小，因此井灌的渠道及渠道建筑物都很简单。

在丘陵地区从水库或天然河流引水灌溉，应充分利用原有塘堰来调节灌溉流量，力求缩小渠道及渠上建筑物的过水断面，减少工程投资，并扩大灌溉面积。在丘陵地区兴建一个灌区，如既可自水库引水灌溉，又可自天然河流取水扬水灌溉，则在规划时应做方案比较，从中选择比较合理的取水方式，也可以二者兼用，相互结合、相互补充。

三、灌排系统的布置原则

（1）在既定水源和容泄区的情况下，灌区内应尽可能地全部自流灌排。为此，干渠、干沟应分别布置在灌区的最高和最低地带；各级灌溉渠道应沿高地布置。

（2）布置灌排系统应使工程投资和管理费用最少。应避免渠道通过土丘、沟塘、洼地，以减少挖方、填方及交叉建筑物，并使管理简单。此外，应尽量利用已有沟渠，这样既可减少工程量，少挖、压田地，又不打乱原有灌排系统，避免产生矛盾。

（3）灌排渠道的布置必须与土地规划结合起来，成为土地规划的一部分，以利灌溉和排水的管理以及机耕和田间运输，灌溉渠道的布置还应与当地的交通道路、防护林带相结合。

（4）上级渠道的布置应对下级渠道的布置创造良好条件。

（5）在规划大型灌区时，要充分利用原有中、小型农田水利工程设施，共同形成以灌排渠道为骨干的完整的水利系统。

（6）主要灌溉渠道和排水沟（干、支级）应考虑综合利用，适当满足其他水利事业部门的要求（如水力发电、航运和给水等）。

除上述各点外，灌溉渠道和其他渠道一样，应力求渠线最短、输水的水头损失和水量损失最小，沟渠运行中应不冲不淤。

第三节　渠道及渠系建筑物

渠道按其作用可分为灌溉渠道、排水渠道（沟）、航运渠道、发电引水渠道以及综合利用渠道等。为了综合利用水利资源和充分发挥渠道的效用，应力求使渠道能够综合利用，实际上，许多渠道都具有两种以上的用途，如青弋江灌区的总干渠就兼有灌溉、航运和发电三种效用。

一、渠道的纵断面

渠道要有一定的纵坡（顺水流方向的底坡），使渠道中的水在重力作用下流动。渠道纵坡是指一渠段始末两端的高差与该段水平长度之比，即 $i = \dfrac{h}{L_1} = \tan\alpha$，式中符号意义如图 1-4-2 所示。

渠道通过同一流量，采用大的底坡，有利于缩小横断面，减小工程量；但若纵坡过大，就会加大沿程损失，降低渠水位的控制高程，还可能使上下游渠道受到冲刷。各种不同用途的渠道对底坡有不同的要求。发电灌溉渠道要求底坡尽可能地平缓一些，以减少沿程的水头损失。一般灌溉渠道底坡的取值范围如下：

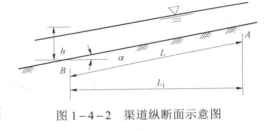

图 1-4-2　渠道纵断面示意图

干渠：$i = \dfrac{1}{5000} \sim \dfrac{1}{2000}$

支渠：$i = \dfrac{1}{3000} \sim \dfrac{1}{1000}$

斗、农渠：$i = \dfrac{1}{1000} \sim \dfrac{1}{200}$

渠道的底坡和横断面决定着渠道的流速和过水能力。在满足过水能力的前提下，流速既不宜过大，也不宜过小。若流速过大，不仅水头损失大，同时还会引起冲刷；若流速过小，容易引起泥沙淤积，甚至在渠内生长杂草，导致过水断面减小和糙率增加，从而降低渠道的过水能力。因此，渠道纵、横断面的选择，应使渠道满足不冲、不淤的条件。

渠道中不冲流速的大小由土壤（或岩石）的性质或护面情况决定，一般粘性土渠的不冲流速一般不超过 1.5m/s；人工护面渠道的不冲流速依护面材料而定，有混凝土护面时，可提高到 4m/s。不淤流速决定于水流挟带泥沙的粒径，再考虑渠道不生杂草的条件，要求不小于 0.5m/s。

二、渠道的横断面

渠道横断面形式很多，有矩形、梯形和复式断面等，如图 1-4-3 所示。其中最常采用的是梯形断面，因为这种断面施工简单、边坡稳定性好。在岩石中开挖的渠道，常采用矩形断面。渠道位于稳定性不一致的多层土壤时，可采用上下不同的边坡而成为复式断面。当渠道通过狭窄地带、两侧土壤稳定性较差、要求渠道宽度较小时，可在两侧修建挡土墙。沿山开渠，常在外侧修建挡隔墙（一般为浆砌块石）。在平原地区，断面大的渠道常采用半填半挖断面，这样既可减少土方，又可利用弃土。

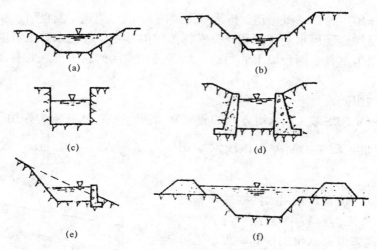

图 1-4-3　渠道断面示意图
（a）梯形断面；（b）复式断面；（c）矩形断面；（d）有挡土墙矩形断面；
（e）盘山断面；（f）半填半挖断面

渠道的边坡根据土壤的性质决定，一般在 1：1～1：1.5，土质很差时，可缓至 1：2～1：2.5，一般临水坡缓于背水坡。对于挖、填方大的渠道，边坡系数应根据边坡稳定计算来确定。

在渠道断面设计中，常采用水力最佳断面，即在同等过水流量的情况下，过水断面面积最小。这就要求渠道底宽、水深、边坡有适当比例，并需考虑其他因素，如有通航要求的渠道，需保持一定的水面宽度和通航水深。

为了减少渗漏损失，防止冲刷、增加边坡稳定性和降低糙率以增加渠道过水能力等，可以在渠道表面铺设一层混凝土、石料、粘土或其他材料作为护面。

三、渠系建筑物

为了满足农田灌溉、水力发电、工业及生活用水而修建在渠道上的水工建筑物称为渠系建筑物。按其种类可分为水闸、涵洞（管）、倒虹吸管、渡槽、跌水、陡坡等。按其作用又可分为：

（1）渠道：为满足农田灌溉、水力发电、工业及生活输水用的，具有自由水面的人工水道。

（2）调节及配水建筑物：用以调节水位和控制流量，如分水闸、节制闸、量水堰、测流槽等。

（3）交叉建筑物：渠道与沟谷、河流或道路交叉时，应建涵洞（管）、倒虹吸管或渡槽等交叉建筑物。

（4）落差建筑物：在渠道落差集中处修建的建筑物，如跌水、陡坡等。

（5）泄水建筑物：为保护渠道及建筑物安全或进行维修，用以放空渠水的建筑物，如泄洪闸、虹吸渠道等。

（6）冲沙和沉沙建筑物：为防止和减少渠道淤积而修建的冲沙闸、沉沙池等。

（7）量水建筑物：用以计量输配水量的设施，如量水堰、量水管嘴等。

现按建筑物的种类分别介绍如下：

1. 水闸

水闸是利用闸门挡水和泄水的低水头水工建筑物，建在渠道上的水闸按其所承担的任务分为进水闸、排水闸、分水闸、节制闸、退水闸等。

（1）进水闸建在渠首，用于灌溉引水；当灌溉水源的水位经常高于干渠设计水位时，需建进水闸控制流量。

（2）排水闸建在排水沟上，用于排水；当容泄区的水位有时高于、有时低于排水沟的水位时，需建排水闸控制排水和防止倒灌。

（3）分水闸建在渠道分水口处，用来控制分出的流量，使其符合用水部门的需要。

（4）节制闸建在渠道分水口下游的渠道上，用来调节渠道的水位，以保证分水闸在任何时刻都能按用水部门的需要分出足够的流量。节制闸与分水闸的位置如图1－4－4所示。

（5）退水闸建在主要渠系建筑物的上游，在干、支渠上每隔一定距离也需建退水闸用于干、支渠紧急退水，以保证建筑物和渠道安全；也有的做成溢洪堰的形式。

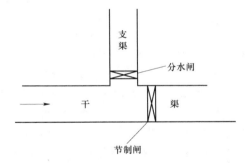

图1－4－4　节制闸与分水闸位置示意图

2. 涵洞（或涵管）

涵洞可分为有压和无压两种。有压涵洞多采用钢筋混凝土管或铸铁管，适用于内水压力较大、上面填方较厚的情况。无压涵洞常见的有盖板式、箱式与拱式等，如图1－4－5所示。盖板式涵洞是用浆砌石或混凝土做成底板及两道侧墙，上面为钢筋混凝土盖板，施工简单，适用于土压力不大、跨度在一米左右的无压涵洞。箱式涵洞多为四面封闭的钢筋混凝土结构，受力条件好，适应地基不均匀沉陷的性能强，适用于填土高度大、跨度大和地基较差的无压或低压的涵洞。如泄流量大，可采用双孔或多孔。单孔和多孔等形式拱形涵洞，常采用混凝土或浆砌石做成，因其受力条件较好，适用于填土高度及跨度大的无压涵洞。当渠道跨越不深的山谷或沟溪时，也可采用填方渠道，此时为了排泄山谷或溪沟中的雨水，应在渠道填方中修建排水涵洞，如图1－4－6所示。

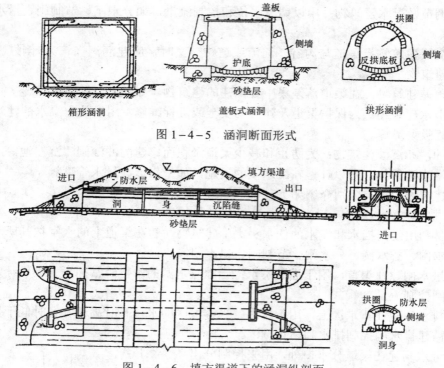

图 1-4-5 涵洞断面形式

图 1-4-6 填方渠道下的涵洞纵剖面

3. 倒虹吸管和渡槽

当渠道与河流渠道或道路交叉，而彼此高程相差不大时，常用埋于地下的压力输水管道把渠道的水引过去，这种为连接渠道而设置的压力管道的形状如倒置的虹吸管，故称倒虹吸管，如图 1-4-7 所示。此外，当渠道与深谷相交而架设渡槽不便时，也可采用这种方法输水。倒虹吸管的断面有圆形、矩形或其他形状。圆形管因水力条件和受力条件较好，大、中型工程多采用这种形式。矩形管仅用于水头较低的中、小型工程。当流量较大或工程较为重要，往往设置两根或三根管道，这样在检修时就不至于全部停止输水。倒虹吸管管身所用材料可根据水头、管径及材料供应情况选定，常用浆砌石、混凝土、钢管、钢筋混凝土及预应力钢筋混凝土等，后两种应用广泛。

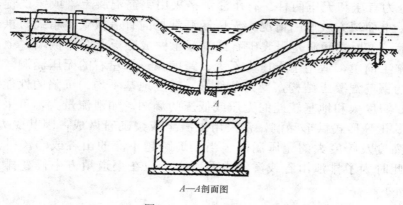

A—A剖面图

图 1-4-7 倒虹吸管

当渠道跨越河流或深谷，而彼此高程相差较大时，可架桥把水输送过去，这种输水的桥梁称为渡槽。渡槽的横断面有矩形和 U 形两种，如图 1－4－8、图 1－4－9 所示。渡槽的横断面一般比渠道的横断面小，槽中流速较大（约为 1～3m/s）；因此，渡槽进出口应设渐变段，使水流平顺地流入和流出渡槽，以减少水流能量的损失。渐变段的边墙应当深入渠道两岸，并与两岸紧密结合以免漏水。渡槽可用钢筋混凝土、钢丝网水泥、木料或砌石做成。

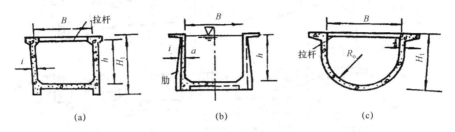

图 1－4－8　渡槽断面形式

（a）设拉杆的矩形槽；（b）设肋的矩形槽；（c）设拉杆的 U 形槽

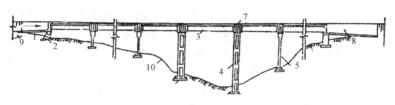

图 1－4－9　渡槽纵剖面图

4. 跌水和陡坡

当地面坡度大于渠道纵坡的情况下，若保持渠道纵坡不变，则经过一段距离后，渠道便会高出地面；若加大渠道纵坡，又会造成渠道的冲刷。在这种情况下，可将渠道分成两段，使相等两段之间形成集中落差，并用连接建筑物——跌水或陡坡把两段渠道连接起来，如图 1－4－10、图 1－4－11 所示。

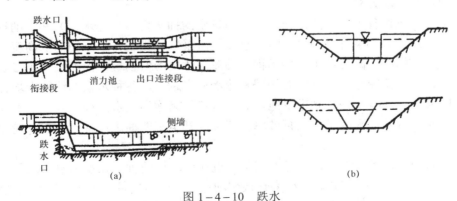

图 1－4－10　跌水

（a）单级跌水纵剖面图；（b）跌水口形式

渠道落差在 1.5m 以内时，多采用单级跌水，因为这种情况下跌水和陡坡的造价相近，而跌水的消能效果远比陡坡好；当渠道落差为 1.5～3.0m 时，多采用陡坡；当渠道落差大于 3.0m 时，多采用多级跌水或多级陡坡。

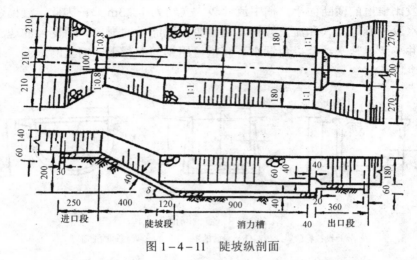

图 1—4—11　陡坡纵剖面

跌水和陡坡的进口形式有矩形和梯形两种，当渠道中通过的流量比较固定时，可采用矩形；当流量随时间变化时，则宜采用梯形，以使渠中水位较为固定。当渠道流量较大，且每年持续时间较长时，则应考虑利用跌水或陡坡的落差水头建水电站，利用水力发电或者直接利用水力为农业产品加工服务。

另须指出，为安全可靠起见，连接建筑物最好建在挖方渠道上。

第四节　抽　水　站

当灌溉水源的水位低于渠道设计水位时，如不筑坝壅高河流水位，则需建抽水站扬水灌溉；当排水容泄区的水位经常高于排水沟的水位时，亦需建抽水站排除内涝。抽水站有单灌、单排和灌排结合的。下面对抽水站做一简单介绍。

一、抽水机和动力机

抽水站的机械设备主要由两部分组成，即扬水的抽水机（常称水泵）和带动抽水机转动的动力机。常见的水泵有离心泵、混流泵和轴流泵三种类型。水泵的扬上高度（上、下游水位差）称为扬程，离心泵用于高扬程，轴流泵适用于低扬程，混流泵介于二者之间。水泵的转速越高，直径越大，则它的扬程和输水量也越大，各种水泵的铭牌上均标有扬程和输出量的大小。离心泵轴心到进水池水面的垂直距离称为吸水扬程，其数值不能太大，一般为 4～6m，否则进水困难、水泵效率显著降低甚至不能抽水；轴流泵的叶轮则放在进水池面以下。

抽水站的动力机类型很多，常见的有柴油机和电动机两种。在动力机和水泵之间，可以直接用联轴器连接在一起转动，称为直接传动；也可以用皮带传动（或用齿轮传动），用以改变转速。皮带传动常用于动力机和水泵处于不同高程的情况。

在规划、设计抽水站时，需根据灌溉（或排水）的设计扬程（设计的上、下水位差与管路水头损失之和）及设计流量，选用适当的水泵型号和台数。再根据水泵对动力的要求和当地燃料或动力的供应情况，选择适当的动力机。

二、抽水站的组成

抽水站包括引水渠、进水池、泵房、出水管道和出水池等。容积较大的进水池建在引水渠末端，其作用是平稳水流，避免空气被带进吸水管影响吸水效果和水泵寿命。机房里安设水泵、动力机及附属设备；还布置有检查及修理间以及工作台、贮备油料和燃料的贮藏间、管理人员食宿间。为了避免机房所在岸边被冲刷和发生崩坍，往往要做挡土墙护岸。水泵出水管流速通常为 2～3m/s，为了不致冲刷渠道和渠道建筑物，使水流平稳地流进渠道，需要在出水管末端和渠道首部设置一个宽度和深度都较大的出水池，它的底面和两侧都用浆砌石或混凝土保护。

第五节　灌溉工程实例——宝鸡峡引水枢纽工程简介

一、概述

宝鸡峡引渭灌溉工程是一个引水上渭北高原、灌溉农田 170 万亩的大型灌溉水利工程。该工程于 1958 年开始勘测、设计并动工兴建，1962 年被迫缓建下马，1968 年 11 月重新复工兴建，1971 年 7 月基本竣工通水。

宝鸡峡引渭灌溉工程主要由引水枢纽工程和干、支渠工程组成。

宝鸡峡引水枢纽位于宝鸡市以西 11km 处渭河出谷的宝鸡峡口。枢纽由拦河坝、引水隧洞、沉沙槽、冲沙闸及进水闸组成。拦河坝横断面为重力式浆砌石溢流坝，原最大坝高 27m，长 120m，坝顶设计溢洪流量 6000m³/s，校核流量为 8300m³/s。

引水枢纽按发电灌溉综合利用枢纽施工。最初设计坝高 40m，坝顶高程 628m，另在坝顶加设高 8m 的钢闸门，抬高水位 33m，水面高程 636m。发电厂房设在坝下左岸，引水流量 110m³/s，装机 2 万 kW，年发电量 1 亿 kW·h。发电尾水经沉沙槽再流入干渠。1959 年 3 月现场审批会议研究确定，枢纽工程分二期施工，第一期按坝高 27m 施工，坝顶高程 615m，以满足灌溉要求；20 世纪 90 年代末又实施了二期工程。

引水隧洞布置在左岸较完整的砂砾岩中，长 138m，洞宽 5m，高 5.2m，呈下方顶圆的门洞形。设计正常引用水流量 70m³/s。隧洞出口即接长 216m，宽 13.5m，深 10m 的矩形沉沙槽，用以沉积大粒径推移质泥沙，槽后设进水闸一孔，进水闸侧设冲沙闸三孔。进水闸门为 11m×6.3m。冲沙闸门为 5m×4.2m。冲沙闸门最大泄洪量为 250m³/s，进水和冲沙闸门均系钢结构弧形门，进水闸后为输水总干渠。

宝鸡峡引渭工程的渠道由总干（干）、支、斗、分、引五级渠道组成。干、支渠是渠道的骨干。

总干渠由引水枢纽的进水闸门起至乾县坛子坊分水闸止，长 170.2km，以下分东、西干渠，均至泔河为止。东干渠长 26.3km，西干渠长 18.3km，总长 215km。总干渠设计引水流量 50m³/s，校核流量 60m³/s。

二、坝址与枢纽布置

宝鸡峡引水枢纽，位于渭河中游宝鸡市以西 11km 处，陇海铁路宝天段一号隧洞的南侧，拦河坝屹立于河流出山谷的宝鸡峡口。坝上游 250m 的左岸有六川河，坝下游约 700m

的右岸有太寅河，太寅河的正面为林家村车站。坝轴线与铁路线成 83°48′，北端距铁路中心线约 49m。坝址处河流两岸山坡陡峭，河床标高为 604.5m，河谷宽度为 105m，上下游河道比降为 1/450。坝址为比较完整的白垩纪砂砾岩，河床覆盖层为砂卵石，其厚度南段为 3～6m，北段较厚，最大厚度达 16m。该处河谷狭窄，地形、地质条件良好，交通方便，为较优良的坝址。

工程设计从灌溉和发电综合利用出发，原计划修建浆砌石溢流坝，坝顶高程为 628m，坝上安装高 8m、每孔宽 12m 的弧形闸门 8 扇，发电站建于坝下左岸，引水流量 110m³/s，装机容量 2 万 kW，电站尾水流入干渠。另在距渠道 5km 处的玉涧堡修建渠道电站一座，发电引水流量 60m³/s，装机容量 9000kW，其余 50m³/s 的流量，经节制闸引进下游干渠，用以灌溉。为了争取早日灌溉，1959 年 3 月，陕西省主持召开的现场审批会议决定，宝鸡峡枢纽工程分为两期施工。第一期工程先将坝高修筑至 615m 高程，以满足灌溉的要求。

宝鸡峡引水枢纽第一期工程由拦河坝、引水隧洞、沉沙槽、进水闸和冲沙闸四部分组成。引水隧洞位于拦河坝之左侧，出口接沉沙槽，沉沙槽的末端为冲沙闸和渠道进水闸（图1－4－12）。

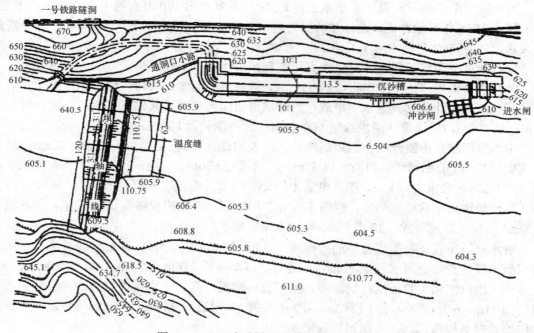

图 1－4－12 宝鸡峡引渭渠首平面布置图

三、拦河坝

拦河坝为重力式浆砌石溢流坝，坝型为实用堰。一期工程坝高 27m，坝底宽 53m，坝顶长 120m。溢流坝按 3 级建筑物设计，按 50 年一遇洪水设计（$Q=6000\text{m}^3/s$），相应上游水位为 622.3m；200 年一遇洪水校核（$Q=8300\text{m}^3/s$），相应上游水位为 624.8m。并以Ⅶ度地震进行校核；第一期工程坝基与迎水面部分按二期工程的高程（坝顶高程 628m）要求施工。在基岩低于 595m 的坝段（南段），随基岩变化砌筑，不设护坦，使坝面以 1∶0.75 的斜度伸至岩石；在基岩低于 595m 的坝段（北段），加设护坦，护坦长度 16.75m，与高坝断面坝址相齐。迎水坡面按照高坝设计用 2m 厚的 140 号混凝土浇筑，表面涂以沥青，以减少渗入坝体的水分，坝底上游截水墙伸入基岩以下 3.4～4m，坝址处截水墙伸入基岩石以下 2.4～3.0m。坝的两端与岸坡连接，要求插入新鲜岩层至少 2m，并在坝轴处加设宽 2m、深 1m 的齿槽，以加长坝端渗透途径，达到坚固结合。坝基开挖深度一般为 2m，风化较浅时，可适当减少开挖，但不得少于 1m。同时为了保证坝的滑动安全，坝基开挖成 5° 的仰坡，为了减少岩石的开挖量，在设护坦的坝段，开凿成起伏的两个大锯齿。

在开挖坝基过程中，要求表面采用浅孔放小炮施工法，爆破至接近利用基岩 0.3～0.5m 时，即停止放炮，用人工开挖至要求深度，并将活动碎石及锐角撬掉，直至用手锤敲击，查无空音为止。为了使坝体砌石与基础岩面结合紧密，施工要求在坝基砌石之前，先将新鲜岩面用水冲洗干净，铺上一层厚 1.5～2.0cm 的砂浆，然后再浇筑至少 1m 厚的 150 号基础混凝土，并振捣密实。坝身用 80 号水泥砂浆砌片石；坝面部分为防止高速流之冲击，采用 110 号水泥砂浆砌片石，厚度为 1m。施工中，片石砌筑采用灌浆法，砂浆和混凝土的拌合均按照实验的配合比进行操作，以确保施工质量。

四、引水隧洞

引水隧洞位于河道的左岸，隧洞进口在坝轴线上游 37.5m 处，洞长 138m，其中心线与陇海铁路中心线的最短水平距离为 16m，洞顶低于铁路隧洞的洞底 33.85m。隧洞断面为城门洞形，宽 5.0m，高 5.2m，设计引用流量为 70m^3/s。进口洞底高程为 606.0m。出口为 605.9m。为了防止岩石风化，并减小糙率，增大流速，采取隧洞全断面衬砌，衬砌厚度为 40cm，侧墙和底部用 80 号水泥砂浆砌片石，并用厚 2cm 的 80 号水泥砂浆抹面；顶部半圆拱用 90 号混凝土衬砌，在出口 30m 长的岩石风化段，采用 110 号混凝土衬砌。隧洞衬砌时，洞顶留有灌浆孔，等衬砌完成后，进行了压力灌浆。

隧洞进口预留 50cm×50cm 的闸槽一道。必要时，可利用此闸槽下叠梁闸门，以便检修隧洞或沉沙槽。

隧洞在开挖过程中，发现出口地段岩石破碎，为保证铁路基础之安全，将隧洞向南拐出，并将沉沙槽平行南移，致使在隧洞出口形成两个 90° 的弯道相连。

五、沉沙槽

隧洞出口至冲沙闸一段为沉沙槽，用以防止大颗粒泥沙进入干渠。沉沙槽长 216m，深 10m，底宽 13.5m，边坡 10∶1，纵比降为 1/550，末端槽底高程为 605.5m，比渠道进水闸底低 2.4m。沉沙槽设计流速为 0.587m/s，大于 0.34mm 的泥沙均能沉积于槽内。当冲沙闸全部闸门打开后，槽内水深将下降至 2.0m，流速达 2.73m/s，可将沉积在槽内的泥沙全部冲走。

沉沙槽侧墙采用 80m^3/s 水泥沙浆砌片石筑成。槽底为 30cm 厚的混凝土板，并加有温度钢筋。北大墙在砌筑时，用 50cm×50cm 的 21 根钢筋混凝土拉梁与北面基岩连接，以确保北大墙的稳定性。南大墙的基础在 1969 年施工时，由于对河流运动规律掌握的不够，只是为了减少基础开挖量，采用了暗拱形式。1970 年 8 月渭河涨水，洪峰流量达 3400m^3/s，将暗拱下砂卵石大量冲走，造成了 9 月份试水时，沉沙槽基础的严重塌陷。从 11 月初到翌年元月底进行修复，将其基础冲空部分全部用浆砌石填塞，并在南墙外修筑圆盘坝三座，丁坝两座，以增强南大墙的抗洪能力。

沉沙槽的南大墙，是用浆砌片石筑成的。由于没有设置伸缩缝，致使在竣工后不久，墙身普遍产生温度裂缝，平均每隔 20m 一道。又由于墙身没有采取必要的防渗设施，行水后，墙的外侧靠下部多处出现渗流，直接影响墙身的安全。因此，对于较长的浆砌石槽壁，需设有伸缩缝，同时还应有防渗设施。

六、进水闸和冲沙闸

引水流量以保证灌溉为主，设计流量 50m³/s（校核流量 60m³/s），因此，在闸后将渠底抬高 2.13m，并以 1∶2 的反坡与渠道相连。进水闸设有宽 11m，高 6.5m 的钢结构弧形门一扇，用以调节渠道进水流量。闸上设置 5m 宽的钢筋混凝土工作桥，安装启吊力能为 55t 的双滚洞卷扬式电动启闭机一台。闸后设有 1.2m 宽的人行便桥一座。

冲沙闸与进水闸呈 71°09′ 的分水角。闸底高程为 605.5m，低于进水闸底 2.4m。冲沙闸为三孔底流式泄水建筑物，每孔宽 5m，高 4.2m，安装钢结构弧形闸门三扇，顶部临水面为钢筋混凝土胸墙。闸墩厚 1.5m，用 110 号混凝土筑成，其上设置 4m 宽的钢筋混凝土工作桥，安装启吊能力为 17t 的双滚洞卷扬式电动启闭机三台。当三孔闸门全部打开时，通过流量为 250m³/s，相当于渭河在 200 年一遇洪水时，由隧洞引进来的流量。冲沙方式是：当河流来水量大于 60m³/s 时，将冲沙闸门局部开启，一面引水，一面冲沙；当河流来水量小于 60m³/s，或含沙量较小时，则关闭冲沙闸。

第五章 水利枢纽的施工导流

第一节 施工导流涉及的主要问题

为了在河流上建造水利枢纽所必需的各种水工建筑物，首先要对建筑物的基础进行处理，而大面积的基础处理和水工建筑物的施工很难在流水中进行。因此，需要形成基坑，把水抽干，通常采用的方法是用临时挡水建筑物——围堰将建筑物基坑的分部或一部分从河床中隔离开来，然后把水抽干进行施工。同时，还必须采取措施给河水一条通道——施工泄水道，如隧洞、明渠或留下的部分河床等，使河水通过这些事先准备好的通道流向下游。此外，还必须考虑施工期的水运、下游给水、度汛以及施工后期临时泄水建筑物的封堵。所有这些，就是我们通常讲的施工导流，概括起来讲，施工导流就是对原河流各个时期的流水采取导、截、拦、蓄、泄等施工措施，为建筑物施工创造必须的条件，并尽可能减小影响国民经济各部门对用水的需要。

建造水库的工程量通常是很大的，尤其是大中型水库。常需要经历数年时间才能建成。一般河流在一年当中有枯水期和洪水期之分，枯水期是施工的有利时期，而洪水期则会对导流工作带来困难。因此，水工建筑物通常是根据水文变化规律，采用分期建筑，针对各期的水文特点提出相应的导流措施，各期导流措施的总和就是工程的施工导流方案，它是水利工程施工的总体布置，也是控制施工进度的主要因素。因此，必须对工程的水文、地形、地质、水工建筑物的形式、布置、施工特点、材料供应等情况进行周密的调查研究，深入分析，在此基础上作出合理的施工导流方案。

施工导流方案是水利工程施工组织的关键问题之一，它关系到是否能够多快好省地完成工程的建设，必须予以足够的重视。

施工导流方案的设计一般解决如下几个主要问题：

（1）确定设计标准，选择施工导流方案。

（2）确定导流建筑物的形式、尺寸和布置方式。

（3）确定截流方案。

（4）制订封孔蓄水计划并进行封堵设计。

第二节 施工导流的设计标准

一、施工导流的设计标准

施工导流的设计标准简称导流标准，它是确定施工导流设计流量的依据，只要导流标准定下来了，设计流量也就随之确定。导流标准的高低直接影响导流建筑物的工程量、造价和工期，如果标准定高了，导流设计流量就大，导流工程量也就大，从而延长工期，提高造价；反之设计流量就小，工程量也小。但当标准定得太低就有可能危及施工的安全，一旦发生事故就要拖延工期，造成不应有的损失。所以在选择导流标准时，要认真分析河流的水文特性、导流建筑物的使命及其特点、工程各施工阶段与导流的矛盾。要从实际出发，分析重点，区别对待。如新安江水电站，其大坝属于一级建筑物，按当时规范的规定，其导流建筑物属 4 级，按 20 年一遇洪水设计，具体流量值为 16 000m³/s，相应围堰高度达 30m 以上，围堰工程量太大。若将混凝土坝在一个枯水期浇出水面，利用坝体挡水，从而降低围堰高度，则因坝体方量太大，也难以实现。故最后采用枯水期 20 年一遇，最大流量为 4600m³/s 作为围堰的设计值，同时将围堰改为溢流式，汛期允许淹没基坑，汛后进行排水后，继续施工。又如长江葛洲坝工程，按老规范规定，其临时导流建筑物均为 4 级，但考虑到二期围堰除保护二期基坑安全施工外，还担负壅高上游水位以确保通航及第一期完建的电站发电，根据分析论证，将二期上游横向围堰及二期纵向围堰的上游纵向段提高到 3 级建筑物设计，同时又考虑到二期上游横向围堰长年抵御高水位。故在堰顶的超高值上，留有富余，这些考虑都是合理的，经受了实践的检验。

　　根据中华人民共和国行业标准《水利水电工程等级划分及洪水标准》（SL 252—2017）的规定，导流设计的标准选择按表 1-5-1 确定。

表 1-5-1　　　　　　　　　　导流临时性水工建筑物洪水标准

工程等别	永久性建筑物级别		临时性建筑物级别及设计洪水标准		
	主要建筑物	次要建筑物	级别	洪水重现期（年）	
				土石建筑物	混凝土或浆砌石建筑物
一	1	3	3	50~20	20~10
			4	20~10	10~5
二	2	3	4	20~10	10~5
三	3	4	5	10~5	5~3
四	4	5	5	10~5	5~3
五	5	5	—	—	—

　　从表 1-5-1 可以看出，根据主体工程的等别或永久建筑物的级别，查出相应的导流临时建筑物的级别，再由导流临时建筑物的级别和导流建筑物类型（土石建筑物和混凝土或浆砌石建筑物），即可查得洪水重现期，据此作为设计的标准。

二、影响导流方案选择的主要因素

　　导流标准选定后，进行导流方案选择。影响导流方案选择的因素很多，而且关系比较复杂，其中主要有水文、地形、地质条件以及枢纽建筑物的布置形式、施工期限与进度安排、河道综合利用的要求等。现将这些因素分述如下。

　　1. 水文条件的影响

　　河流的水文特征，是决定水电站施工导流方案的首要因素。导流的分期、泄流方式的组合、导流建筑物的结构形式、布置、施工等各个方面，都直接受到水文特征的影响。例如对于水位变幅较大的山区河流，可能要考虑淹没基坑导流方式；对于枯水季节较短的河流，就有必要研究在洪水期进行施工的问题，等等。

2. 地形、地质及水文地质条件的影响

地形条件对施工导流方案、导流建筑物的布置、规划交通线路等均有密切关系。例如采用分期导流还是一次围堰拦断河床，导流建筑物是用明渠还是用隧洞，地形、地质及水文地质条件就起着决定作用。若束窄河流后，冲刷流速太大，河床防冲措施无把握，围堰护脚及防渗均不落实，可能就要考虑明渠或隧洞导流的方式了；若地质条件不宜采用隧洞导流，则明渠导流的方式就需优先研究。当难以确定最优导流方案时需要通过技术、经济、工期等方面的比较，最后得出结论。

3. 枢纽建筑物的形式及布置影响

枢纽建筑物的形式及布置与导流方案相互影响，因此在决定枢纽建筑物的形式及布置时，相应地要考虑导流方案；而在选择导流方案时，又应充分利用枢纽建筑物的特点，这样相辅相成，以求快速、优质、经济的统一效果。例如混凝土坝的坝身可以在施工期过水，导流就比较容易。用分期导流时，可以在高坝的坝体内设置底孔或在低坝的溢流坎顶导流，用一次断流时，则用隧洞明渠导流。土坝不能过水，需一次断流，只能用施工泄水道来导流。若在一个枯水期无法将坝体建筑到拦洪水位以上，还需要设置临时溢洪道或增设隧洞、涵管等在汛期泄洪。

主体工程中某些部分的布置，常可结合导流来考虑，使永久性建筑物与临时性建筑物相结合，达到一物多用的目的。例如许多枢纽泄洪隧洞的水平段常兼做导流隧洞；石头河水库工程将泄洪洞用作导流之用；陈村水电站的泄水底孔，在施工期兼做导流之用；富春江水电站的鱼道建造在溢流坝与电站厂房之间的导流墙内，在施工期起着纵向围堰的作用等。

4. 施工进度、施工方法的影响

施工进度和导流方案密切相关。通常要根据导流方案安排控制性进度计划。但各项工程的施工方法和施工进度又相互影响，同时施工方法和施工进度又直接影响到各导流时段任务的合理性和可能性。例如导流泄水道建成后才能进行截流，拦断原河床，迫使河水经导流泄水道下泄。截流拦洪是大坝施工的关键。封孔是水库开始蓄水大坝开始挡水的日期，这时不仅大坝应达到规定的高度，而且其他有关工程（如基础灌浆、坝体纵缝灌浆、泄水孔闸门安装、溢流道等）的进度，都应满足封孔蓄水的需要；发电是电站投入运转的日期，在发电之前，应完成有关土建、机电工程的建造安装，保证按时发电。

截流、拦洪、封孔、发电是导流方案的四个重要控制点，它们控制了整个施工期的进度安排。

5. 施工期间河流综合利用的影响

在施工期间为了满足航运、筏运、渔业、给水、灌溉或水电站运行等的要求，而使施工导流的安排复杂化。仅以通航为例，河床被束窄后要满足通航要求，这决定了第一期工程所围护的范围以及第一期工程必须包括通航建筑物的施工，否则第二期工程施工时的通航问题就无法解决。其他如底孔封堵蓄水时，要由泄水道泄水，以满足下游给水、灌溉、航运或水电站正常运行的要求。这些，都需要在制订施工导流方案时周密考虑。

综上所述，在选择导流方案时，必须充分了解并分析具体情况，考虑几种可能方案，对各项主要问题（如施工进度、导流分期、导流建筑物形式尺寸和布置、截流、拦洪、封孔、蓄水等）进行安排，提出技术经济指标（如导流建筑物的工程量、工期、主体工程的施工强度、导流费用、航运、截流条件等），经分析比较后选择一个技术可靠，经济合理的最优导流方案。

第三节 导流建筑物

一、围堰

要使水工建筑物能在干的基坑中顺利地进行施工，就要做一种临时性挡水建筑物来围住基坑，这种临时性挡水建筑物叫做围堰。

水利水电工程中常采用的围堰，按其所用材料分为：土石围堰、草土围堰、木笼围堰、混凝土围堰、袋装土围堰、胶凝砂砾石（CSG）围堰、钢板桩格型围堰等。按围堰与水流方向的相对位置可分为横向围堰和纵向围堰。按导流期间围堰是否允许过水，又可分为过水围堰及不过水围堰。不论何种形式的围堰都必须满足如下的基本要求：

（1）具有足够的稳定性、防渗性、抗冲性及强度，还要具有一定的超高。

（2）构造简单、方量小、造价低，修建、维护、拆除均方便。

（3）围堰的布置应力求使水流平顺，不致发生严重的冲刷和对基坑施工造成妨碍。

（4）围堰的接头和岸边的连接要可靠，不致因集中渗漏等原因而导致围堰的破坏。

（5）必要时，应设置抗御冰凌、船筏等抗冲击设施。

下面介绍水利水电工程施工中常用的几种围堰形式。

1. 土石围堰

土石围堰是水利水电工程施工中采用最广泛的一种型式。在岩基河床或有覆盖层的地基上均可使用。常用的土石围堰断面形式如图1-5-1所示。

若当地有足够数量的渗透系数小于 10^{-4}cm/s 的防渗料（如砂壤土）时，则土石围堰采用图1-5-1中的（a）、（b）形式。其中（a）斜墙式土石围堰，多用于基础透水性较小的地方；（b）斜墙带水平铺盖式围堰，适用于厚度不大的覆盖层基础上。

若当地没有足够数量的防渗料或覆盖层较厚时，土石围堰可采用图1-5-1中的（c）、（d）形式。

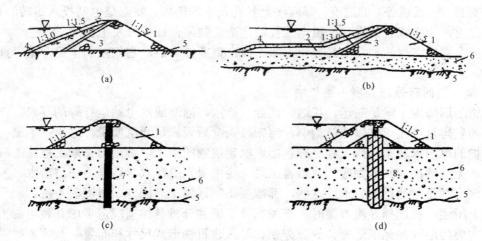

图1-5-1 土石围堰

（a）斜墙式；（b）斜墙带水平铺盖式；（c）垂直防渗式；（d）灌浆帷幕式

1—堆石体；2—黏土斜墙；3—反滤层；4—护面；5—隔水层；6—覆盖层；

7—垂直防渗墙；8—灌溉帷幕；9—黏土心墙

2. 草土围堰

草土围堰是一种草土混合结构,多用捆草法修建,其断面形式如图 1-5-2 所示。草土围堰结构简单、施工方便,又能就地取材,造价较低;具有一定防冲、防渗及适应沉陷变形的能力,故适用于软基河床。但草土围堰不能承受较大的水头,宜用于水深不大于 8m,流速不超过 5m/s 的条件;且禾草易于腐烂,使用期一般不超过两年;抗冲能力不够强,因此其适用条件还受到一定限制。

3. 混凝土围堰

混凝土围堰的抗冲、抗渗能力强,挡水水头高,断面尺寸较小,易于和永久性混凝土建筑物相连接。若用作纵向围堰,则第一、第二期可考虑共用,必要时还可过水,因此应用比较广泛。近些年来,我国乌江渡、凤滩、安康等工程都采用了拱形混凝土围堰,其一般断面如图 1-5-3 所示。这种围堰,由于利用了混凝土抗压强度较高的特点,与重力式混凝土围堰相比断面较小,节省混凝土方量。

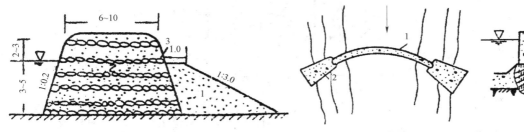

图 1-5-2 草土围堰断面(单位:m)　　　　图 1-5-3 拱型混凝土围堰
1—戗台;2—土料;3—草捆　　　　1—拱身;2—拱座;3—灌浆帷幕;4—覆盖层

我国 20 世纪 50 年代有些工程(如三门峡)为了减少混凝土方量,在纵向围堰不和坝体结合处,采用了空框式混凝土围堰,如图 1-5-4 所示。

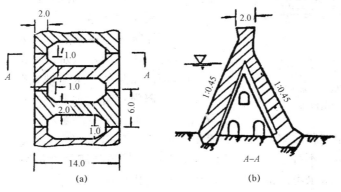

(a)　　　　　　　　(b)

图 1-5-4 混凝土空框式围堰
(a)平面;(b)A-A 剖面

4. 其他形式的围堰

除上述形式的围堰外,还有钢板桩围堰、木笼围堰、竹笼围堰、浆砌石围堰等。由于种种原因的限制,这些形式的围堰应用不太广泛,故下面仅就钢板围堰及木笼围堰做些介绍。

(1)钢板桩围堰。钢板桩围堰以格形围堰用得最多。因为它通常打成一格一格的形式,所以就形象地称为钢板桩格形围堰。钢板桩格型围堰按挡水高度不同，其平面形式分为圆筒形、扇形及花瓣形，如图1-5-5所示。

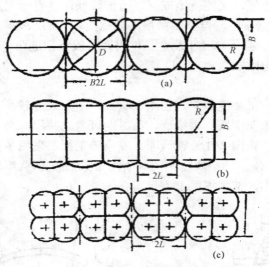

图1-5-5 钢板桩格型围堰平面型式

(a)圆筒形；(b)扇形；(c)花瓣形

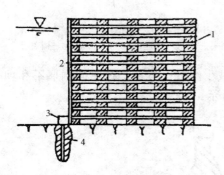

图1-5-6 木笼围堰

1—木笼；2—木板夹油毡；3—水下混凝土封底；
4—水泥灌浆帷幕

（2）木笼围堰。木笼围堰是用木料搭成一个个的"笼"，内填石头使之沉入河底，连接各个"笼"而形成一道整体围堰，如图1-5-6所示。单个木笼的平面尺寸各工程不尽相同，我国新安江工程用的是6×13.87m，但在深潭处有高达16m、宽16.37m的。一般工程中木笼的高宽比接近1:1。

二、施工泄水道

当河床被围堰截断后，河水就经过预先在河床以外筑好的临时或永久水道下泄，这种水道叫做施工泄水道。常见的泄水道型式有以下几种。

（1）隧洞：隧洞主要用于山区的岩质河岸，且两岸陡峻，河床狭窄的工程，如图1-5-7所示。我国山区水利枢纽工程较多，隧洞导流采用很广泛，隧洞一般造价较贵，施工也比较困难而且又费时间。所以不少水利工程在枢纽布置时，导流隧洞常常是结合泄洪、取水、放空水库以及发电的要求来考虑的，以期达到一洞多用。

（2）明渠：明渠是在河岸或河滩上开挖的渠道，在坝址上下各筑一道围堰后，河水经渠道下泄。这种导流方式在水流不大，两岸为土质（岩质也可以采用）而且岸坡平坦的平原河道上是最常见的导流方式，如图1-5-8所示。在规划时，应尽量利用有利条件，以取得经济合理的效果，如有河弯可以裁弯取直。我国水利建设实践中，平原地区建造水闸多用这种形式。在山区建坝时，有些工程因隧洞开挖困难或工期较长，也不得不放弃隧洞导流而采用明渠导流方案。

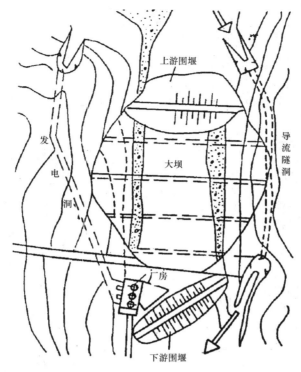

图 1-5-7　隧洞导流

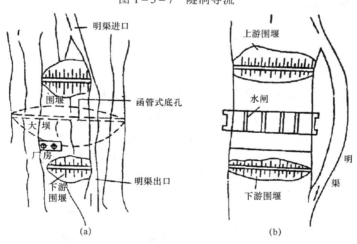

图 1-5-8　明渠导流

（a）扩宽河床形成出流明渠；（b）河岸上开挖明渠

（3）涵管：涵管导流在建造流量较小情况下的土坝和堆石坝时比较多见，目前已很少采用。涵管常布置在河滩枯水位以上，在枯水期不修围堰或只修小围堰而先将涵管筑好，然后再修上、下游全段围堰，将水流导入涵管下泄，如图 1-5-9 所示。涵管一般采用钢筋混凝土结构，所以它往往比隧洞更费水泥和钢材。在某些情况下，可在建筑物的基岩中开挖沟槽，必要时加以衬砌，然后封上混凝土或钢筋混凝土顶盖形成涵管，以达到经济可靠的效果。由于涵管穿过坝体，若与坝体结合不好，接触面易漏水，或因地基沉陷引起涵管的破坏，这些都将招致大坝失事，造成严重后果。所以，对坝体与涵管的接触面及涵管各段之间接缝、涵管的基础均应慎重处理。

（4）渡槽：当需要在狭窄的河床上修建一座中小型闸坝工程，而其水下部分可以在一个枯水期内建成时，由于流量较小，可以采用渡槽导流。渡槽导流适用于小型工程的枯水期导流，导流量通常不超过 $20\sim30m^3/s$，个别工程也有达 $100m^3/s$ 的，见图 1-5-10。

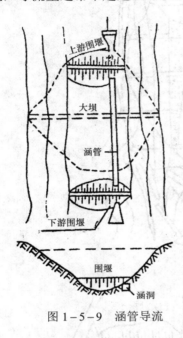

图 1-5-9 涵管导流

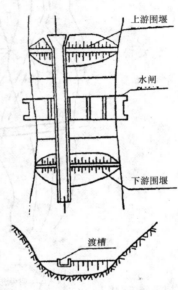

图 1-5-10 渡槽导流

三、导流建筑物的尺寸

导流建筑物的尺寸确定是一项十分复杂的工作，由于所要考虑的因素很多，所以在实际工作中一般通过对不同方案的技术经济比较来决定。

施工泄水道的进口底槛高程影响到上游围堰高度、截流的难易、施工通航过筏的条件以及施工的难易。一般来讲，底槛高程应尽量降低。因为这样河水容易经泄水道下泄，水流条件也可改善，对截流、施工、航运都有利，但却增大了上下游引水道开挖的工程量，而且全线都在河水位以下，将增加施工排水、开挖、出渣的困难。

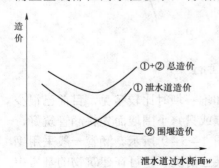

图 1-5-11 各种泄水道断面与
导流建筑物总造价曲线

施工泄水道的过水断面尺寸，主要根据所宣泄的施工流量大小来决定，同时也与上游围堰高度、大坝拦洪高程、泄水道的地质、施工航运以及施工条件等有关。对于一定的导流设计流量，施工泄水道的过水断面越小，上游壅水位就越高，上游围堰也就越高。反之，施工泄水道的尺寸加大，上游围堰的高度就可减小。因此，上游围堰与泄水道的工程造价是互相影响的。通常用下述方法来求出它们最经济的组合方案：先假定几个不同的泄水道断面，求出与设计流量相应的上游壅水位，然后计算其造价，绘成如图 1-5-11 所示的泄水道断面尺寸与围堰造价的关系曲线。两者之和即为导流建筑物的总造价曲线。总造价曲线的最低点所对应的泄水道断面尺寸和相应的围堰高度，就是最经济合理的组合方案。

第四节　施工导流的一般程序

施工导流的程序与建筑物的形式，导流方案的选择有关，下面以两种典型的坝型来说明施工导流的一般程序。

一、土坝的施工导流

土坝的施工一般都需采用围堰，施工导流一般可分为四期（见图 1-5-12）。

第 I 期：建造施工泄水道（隧洞、涵管或明渠），并在枯水期开始前建成，在这个时期内河水经原河床下泄。

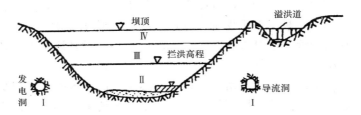

图 1-5-12　施工分期示意图

第 II 期：建造上下游围堰，截断河流（称为截流），建造大坝。河水改由施工泄水道下泄。由于土坝不能溢流，在洪水期里，建成的部分大坝必须能挡住洪水，否则就会被洪水漫顶而冲垮。因此，在洪水期之前，必须将大坝建筑到拦洪水位以上，以保证在汛期发生施工设计洪水时，大坝能起拦洪作用，不致因大坝漫顶而引起失事。

第 III 期：大坝在拦洪水位以上继续升高，河水仍经施工泄水道下泄。

第 IV 期：大坝建造到一定高程后，开始封堵施工泄水道（俗称封孔）进行蓄水，以便发挥水库的作用。同时还必须采取一定措施，例如利用永久性或临时性的泄水孔放水，以控制库内水位上升的速度。为保证大坝的安全，这种措施应持续到大坝建造到设计高程为止。

在上述的土坝施工中，第 II 期是大坝施工最关键的阶段。首先是截流，这是一项紧张而复杂的工作，特别在水流既深又急、软基河槽、流量及落差较大等困难条件下截流，更是一项艰巨而繁重的任务。截流工作的程序大致为：在施工泄水道接近完工时，即可用进占方式自两岸（或一岸）修筑戗堤作为围堰部分，形成流速较大的龙口，截断河床（俗称"合龙"）；合龙以后，龙口部位的戗堤虽已高出水面，但其本身依然漏水，因此需在堤的上游面抛防渗材料——"闭气"，这时河水即全部经施工泄水道下泄；在闭气的同时，将围堰加高培厚，使它能挡住当时可能出现的洪水，以保证围堰的安全。截流日期一般选在枯水期，因为枯水期的流量、落差较小，截流容易。但充分利用枯水期抢基坑工程又是施工必争的工期，因此不希望截流过多占用枯水期时间，如能在进入枯水季前，或刚进入枯水季节，截流就能进行完毕则最理想。所以两者相互矛盾，须在导流方案中综合平衡安排。其次是施工进度，大坝若不能在汛期之前达到拦洪水位，不仅危及大坝本身，更严重的是危及下游人民生命财产的安全。因此施工进度必须与导流措施相互配合，相互适应。

二、混凝土坝的施工导流

在施工导流问题上混凝土坝和土坝有很大的不同。因为土坝不能过水，而在未建成的混凝土坝的顶面——溢流坝或坝内预留的底孔却可以用来宣泄施工期的洪水。因此混凝土坝的导流比土坝容易，解决方式也灵活得多。混凝土坝施工导流方式有一次断流和分期导流两种。对于山区河流、河床狭窄或覆盖层很厚、水深较大的情况，常采用一次断流方式，河水从施工泄水道下泄。对河床较宽流量较大的情况，常采用分期导流方式。这两种导流方式的一般施工程序大致如下。

1．一次断流方式

第Ⅰ期：建造施工泄水道——隧洞，同时建造围堰，尽可能在枯水期开始时完工，以便及时截断河道水流，使河水从导流隧洞下泄。

第Ⅱ期：在断流围堰的保护下，开始大坝的基础工作，力争在一个枯水期将大坝浇筑至正常水位以上。如果这种进度无保证，就应当把围堰做成过水式——过水围堰；在汛期遇到超过围堰挡水设计流量的洪水时，让洪水漫过围堰通过基坑下泄。待洪水过后抽干基坑，继续进行大坝施工。

第Ⅲ期：在大坝浇筑到高出正常水位以后，继续升高，这时围堰已失去作用。如果坝体已浇筑到拦洪水位以上，就要用坝体拦洪。如果坝体还未达到拦洪高程，就应在几段坝块的顶部留缺口泄洪。

第Ⅳ期：坝体高出拦洪水位以后，继续升高。在大坝浇到足够的高度以后，封闭导流孔，水库开始蓄水。

2．分期围堰导流

分期围堰导流就是用围堰将河床分段围护起来施工，它一般用于平原河道或河谷较宽的山区河流，如图1-5-13所示。

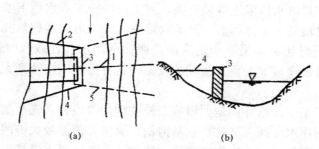

图1-5-13　分期导流示意图
(a) 平面图；(b) 剖面图
1—坝轴线；2—上横堰；3—纵向围堰；4—下横堰；5—第二期围堰轴线

所谓分期，就是从时间上将导流划分先后。所谓分段，就是从空间上用围堰将永久建筑物分为若干段。一般情况，大多分两期两段，有时因河床特宽，航运不允许中断，也有分多期、多段的。分期导流建造混凝土坝的施工程序，大致和上述相同。它的特点是：第一期不是建造导流隧洞，而是建造第一期围堰把部分河床围起来，河水经过被束窄的另一部分河床下泄。在第一期分区围堰的保护下，建造包括底孔或溢流坝在内的部分坝体。然后建造第二期围堰，截断水流，让河水经第一期坝体内预留的底孔或坝顶溢流下泄，在第二期围堰保护下，浇筑第二期坝体。在围堰挡水末期，大坝应浇筑在正常水位以上。

以后的进程和一次断流中的第三、四期大致相同，不再赘述。需要提出的是：当考虑在未建成的混凝土坝坝顶过水时，必须事先对大坝坝顶过水的水力条件（对坝体和地基的冲刷等）进行充分的分析研究，提出相应的措施，以保证大坝在施工期间的安全。

第二篇
《水工建筑物》学习指导

第一章 基础知识

一、学习要点

此部分内容除介绍了我国的水资源与水环境、水利工程建设的成就以外，还着重从水利枢纽、水工建筑物的定义、分类，以及水工建筑物的工作特点，我国水利水电建设走可持续发展之路等方面进行了阐述。学生通过学习应当掌握以下几个方面要点。

1. 水利工程

对自然界的地表水和地下水进行控制和调配，以达到除害兴利目的而兴建的各项工程，总称为水利工程。水利工程按其承担的任务可分为防洪工程、农田水利工程、水力发电工程、城市供水及排水工程、航道及港口工程、环境水利工程等。一项工程同时兼有几种任务的，称为综合利用水利工程。

2. 水利枢纽

为了满足防洪要求，获得灌溉、发电、供水等方面的效益，需要在河流的适宜地段修建不同类型的建筑物，用来控制和分配水流，这些建筑物统称为水工建筑物，而不同类型水工建筑物组成的综合体称为水利枢纽。

一个水利枢纽的功能可以是单一的，如防洪、发电、灌溉、引水等，但多数是兼有几种功能的，称为综合利用水利枢纽。例如：陕西省二龙山水库枢纽兼有灌溉、防洪、发电、养殖等功能的综合利用的水利枢纽。该枢纽由浆砌石重力坝，发电引水隧洞，灌溉放水管涵，泄洪排沙底孔及电站厂房等水工建筑物组成。

3. 水工建筑物的类型

按照水工建筑物在水利枢纽中所起的作用，可以分为以下几种类型。

（1）挡水建筑物，在水利枢纽中用以拦截江河、形成水库或雍高水位，属主要建筑物。

（2）泄水建筑物，在水利枢纽中用以宣泄多余水量、排放泥沙和冰凌，或者为人防、检修而放空水库、渠道等。它对整个水利枢纽免受洪水灾害，对工程的安全及正常运行起到保证作用，是水利枢纽中的"太平门"。

（3）输水建筑物，主要指输送水体的建筑物，如灌溉和城镇供水的输水渠系建筑物、管网等。

（4）取水或进水建筑物，主要指输水建筑物的首部建筑物，例如从河道取水，从水库取水等取水口。

（5）整治建筑物，主要指河道治理工程、河岸、河床以及海岸等防护工程中的建筑物。

（6）专门建筑物。

4. 水利工程的特点

水利工程属于土建工程类，与工业与民用建筑、铁路、公路交通工程等属同一大类。与工业与民用建筑等一般土建工程相比，除工程量大、工期长、投资大等共同点以外，还具有一些独特的特点。

（1）工作条件复杂。水利工程不仅受各处相异的地形、地质、水文等条件的制约，而且在整个过程中是在承受水的作用下进行工作。例如水的压力、水的溶蚀作用，水的冲刷力等均恶化了水利工程工作条件和施工条件，使水利工程的兴建及运行复杂化。

（2）水利工程施工难度大。水利工程一般是在河道上修建，在施工中必须解决原河道水流的正常下泄问题，即施工导流问题；受河道洪水的限制，往往工期非常紧迫，必须在某一时段完成某些工作量，否则将会造成重大损失或前功尽弃；施工技术复杂，施工难度大，交通运输不便也构成施工中的一个特点。

（3）水利工程的效益高，但对环境的影响也大。一个水利工程，尤其是一个大型水利枢纽工程的成功，对国民经济的发展，对人民生活水平的提高会起到举足轻重的作用，但是如果不成功，或万一造成失事，其对国民经济的影响和人民生命财产的危害也是不可估计的。同时水利枢纽的兴建将会对枢纽附近、上游、下游的自然环境也产生不同程度的影响。

（4）失事后果严重。作为蓄水工程主体的坝或江河的堤防，一旦失事或决口，将会给下游人民的生命财产和国家建设带来重大的损失。如1975年8月河南"75·8"特大洪水致使板桥、石漫滩等水库溃坝，下游1100万亩农田受淹，京广铁路中断，死亡达9万人，损失惨重；1993年8月青海沟后水库溃坝，使下游农田受淹，房屋倒塌，死亡320余人。

5.当前水利水电建设的水平

（1）目前世界上已建成的装机最大的水电站我国三峡水电站，设计装机达2250万kW。我国的水电站单机容量由几万千瓦，发展到李家峡水电站单机容量40万kW，二滩水电站单机容量55万kW，三峡水电站单机容量70万kW，溪洛渡水电站单机容量77万千瓦，向家坝水电站单机容量达80万kW，为世界单机容量最大的水轮发电机组。

（2）世界最高的土石坝是塔吉克斯坦（前苏联）的"罗贡"土坝，最大坝高335m；我国已建成最高的土石坝为糯扎渡心墙堆石坝，最大坝高261.5m。

（3）世界最高的拱坝是雅砻江锦屏一级水电站混凝土双曲拱坝，坝高305m；澜沧江小湾水电站混凝土双曲拱坝坝高292m；金沙江溪洛渡水电站混凝土双曲拱坝坝高285.5m，为世界泄洪量最大的拱坝

（4）我国在面板堆石坝、碾压式混凝土重力坝的建设方面，近几年也取得了长足的发展，如我国的"天生桥"面板堆石坝、最大坝高178m，龙滩碾压式混凝土重力坝一期最大坝高192m，后期达216.5m，均居世界前列。

6.我国水利水电建设走可持续发展之路

（1）全面规划、统筹兼顾、标本兼治、综合治理。截至2015年，已形成大江大河的防洪体系，达到国家规定的防洪标准，保障社会经济的安全运行，遇超标洪水，确保重要城市和重点地区的安全，避免发生严重影响社会稳定和经济运行的局面。到21世纪中叶，解决大江、大河、大湖洪水威胁，建立高标准的防洪减灾保障体系。

水电建设要突出重点，发展梯级水电站，建立黄河上游、长江上游（包括清江）、红水河、澜沧江、湘西、金沙江、大渡河、雅砻江、乌江、黄河中游干流、东北和闽、浙、赣十二大水电基地。在我国东部地区加快抽水蓄能电站建设，力争在21世纪初形成一定规模，以解决电网系统调峰问题日益突出的矛盾。

（2）节流优先，治污为本，开源节流并重，开发保护并举，建设节水型社会。对于水

资源供需平衡，必须考虑水资源承载能力，要从过去以需定供转变为在加强需水管理、提高用水效率的基础上，保证供水。为此，南方要严格控制污染；西北要遏制盲目开荒；黄、淮、海与辽河流域要实施跨流域调水以及西南要结合发电与防洪加快工程建设。

（3）建设水资源"南水北调"和"西电东送"工程。从南方多水的长江流域及西南诸河引水到干旱缺水的京、津、华北及西北地区；以水电为主的西南能源基地建成后，云、贵、川三省的水电总装机容量可达 1.4 亿～1.6 亿 kW，根据电力供需平衡测算，可向东南部诸省送电，满足这些地区的用电需求。南水北调工程和西电东送工程是均衡区域间水资源、水能资源的战略性工程，协调区域间发展，是我国可持续发展的一个重要原则。

（4）加强生态环境建设，合理安排生态环境用水。针对生态环境建设中存在的问题需要做到：提高对生态环境建设长期性与艰巨性的认识；高度重视植被建设，积极推进退耕还林、还草，退田还湖；坚持以合理利用水土资源为核心，进行综合治理与开发，兼顾生态效益与经济效益；坚持可持续发展原则，合理安排生态需水以及加强法制建设，依法治理和保护生态环境。

（5）加强水资源统一管理，形成水资源合理配置的格局。我国水资源人均占有量少，时空分布变化大，水土资源不相匹配，生态环境相对脆弱，必须加强统一管理。

我国在水电装机、坝高、库容、泄洪、地下洞室的跨度，地基处理等方面都取得了引人注目的成就，但还有许多水力资源急待开发，建设中的难题需要解决，这就要求我们刻苦学习，永攀高峰，为我国的水利水电事业做贡献。

需要特别指出的是，我们应当重视新技术、新工艺、新材料、新方法等对促进水利水电发展进步的巨大作用。如：用修建土石坝的碾压法修建混凝土坝而使碾压混凝土坝风靡世界；由于大功率振动碾出现，促进了面板堆石坝迅猛发展；TBM 施工技术的应用，为长深埋大隧洞和特大型地下工程的顺利完成显现出可喜的前景等。

二、复习思考题

1. 举例说明水利工程在国民经济中起到哪些重要的作用。
2. 什么叫水资源？我国的水资源的分布特点是什么？
3. 与其他的土木工程相比，水利工程有哪些特点？水利工程按所承担的任务分为哪几类？
4. 什么叫水利枢纽？举例说明水利枢纽的功能及所包括的主要水工建筑物。
5. 按在水利枢纽中所起的作用，水工建筑物可以分为哪些类型？
6. 举例说明水利工程一旦失事，将会对社会、人民造成什么样的危害。
7. 我国水利建设的主要目标是什么？
8. 我国在水利建设中的主要成就表现在什么地方？
9. 我国水利水电建设如何走可持续发展之路？

第二章　水工建筑物设计综述

一、学习要点

本章重点讲解了水利工程的设计任务和特点，水利水电枢纽分等和水工建筑物分级，水工建筑物设计的工作步骤，水工建筑物的安全性、可靠度分析、抗震分析、设计规范体系、施工过程的状况分析等内容。

1. 水利技术工作

水利工作包含：① 勘测；② 规划；③ 工程设计；④ 工程施工；⑤ 工程管理；⑥ 科技开发等。

2. 水利工程设计特点

水利工程设计与机械、电气工程设计等相似，除具有共同点之外，水利工程设计工作也有其自身的特点。

（1）个性突出。

（2）工程规模一般较大，风险也大。

（3）重视规程、规范的指导作用。

（4）在施工过程中，不可能以避让的方式摆脱外界的影响。

我们在学习基础科学知识时所掌握的方法，是由已知的条件推论必然的结果，是研究客观规律的科学研究方法。而设计方法的主要特点则是逆向思考，开始就明确了预期的结果，然后寻找能达到预期结果的措施，因此，设计是一个反向演绎的方法。

3. 水利水电枢纽分等和水工建筑物分级

（1）将水利水电工程根据其工程规模、效益和国民经济中的重要性分为五等。

（2）水利水电工程中的永久性水工建筑物是指工程运行期间使用的建筑物。根据其所属工程等别及其在工程中的作用和重要性划分为五级。永久性建筑物又可分为主要建筑物和次要建筑物

主要建筑物：失事后将造成下游灾害或严重影响工程效益的建筑物，如坝、电站厂房及泵站等。

次要建筑物：失事后不致造成下游灾害或对工程效益影响不大，并易于修复的建筑物，如挡土墙、导流墙及护岸等。

（3）水利水电工程中的临时性水工建筑物是指工程施工期间使用的建筑物，如：导流建筑物、施工围堰等。根据其所属工程等别及其在工程中的作用和重要性划分为三级。

4. 水工建筑物的结构安全级别

水工建筑物的结构安全级别，根据建筑物的重要性及破坏可能产生后果的严重性与水工建筑物的级别对应划分为三级。

5. 水工建筑物的安全性

（1）安全储备。为了保证建筑物安全，在规划、设计阶段必须仔细分析，保证其在蓄

水能力、泄水能力、结构强度及稳定性等方面均有一定的安全储备。安全储备的表达形式有：单一安全系数法和分项系数极限状态设计法。当前是两法并行使用，一些部门、单位仍沿用单一安全系数法，而另一些部门、单位则采用分项系数极限状态设计法。

（2）极限状态。当整个结构（包括地基）或结构的一部分超过某一特定状态，结构不能满足设计规定的某种功能要求时，称此特定状态为该功能的极限状态。

GB 50199—2013《水利水电工程结构可靠度设计统一标准》规定，按下列两类极限状态设计：① 承载能力极限状态。② 正常使用极限状态。

结构的功能状态一般可用功能函数来表示，即

$$Z = g(x_1, x_2, \cdots, x_n, c) \tag{2-2-1}$$

式中　$x_i (i = 1, 2, \cdots, n)$ ——基本变量，包括影响结构的各种作业（荷载），也包括结构本身的抗力，如材料性能等；

　　　　c ——功能限值，如梁的挠度、许可裂缝宽度等。

对最简单的情况，上式可以写成

$$Z = R - S \tag{2-2-2}$$

式中　R ——结构抗力；

　　　　S ——作用对结构产生的作用效应。

当功能函数等于 0 时，结构处于极限状态。因此，称 $Z = g(x_1, x_2, \cdots, x_n, c) = 0$ 为极限状态方程。在简单情况时，即 $R - S = 0$。

设计中要求结构能达到或超过承载能力极限状态方程，即 $R - S \geqslant 0$，此时结构是安全的。

（3）设计准则。

1）单一安全系数法。单一安全系数法要求 $S \leqslant R/K$，此处，K 为安全系数，R 为结构抗力的取用值，S 为作用效应的取用值。设计的结构经过验算，如果 R/S 大于或等于规范给定的安全系数 K，即认为结构符合安全要求。此法形式简便，现有水工设计规范大都沿用此法。

2）分项系数极限状态设计法。承载能力极限状态的设计式一般可表达为

$$\gamma_0 \psi S(F_d, a_K) \leqslant \frac{1}{\gamma_d} R(f_d, a_K) \tag{2-2-3}$$

式中　a_K ——结构的几何参数（一般为随机变量或取常量）的标准值；

　　$S(F_d, a_K)$ ——作用效应，是 F_d 及 a_K 的函数；

　　$R(f_d, a_K)$ ——结构抗力，是 f_d 及 a_K 的函数。

对正常使用状态，设计状况系数、作用分项系数及材料性能分项系数皆取 1.0，设计式的一般形式为

$$\gamma_0 S(F_K, f_K, a_K) \leqslant c / \gamma_d \tag{2-2-4}$$

式中　c ——功能的限值。

目前我国已对水工混凝土、钢筋混凝土结构及重力坝规范（电力行业标准《混凝土重力坝设计规范》（DL 5108—1999）提出了分项系数的建议。

6. 水工建筑物的抗震设防

水工建筑物按其重要性及场地地震基本烈度将其工程抗震设防等级划分为甲、乙、丙、丁级。

对于抗震设防等级为甲类的水工建筑物应用动力法计算；乙、丙类的水工建筑物可用动力法或拟静力法计算；丁类的水工建筑物则应用拟静力法计算或着重采取抗震措施。

二、复习思考题

1. 要做好水利工程的设计，水利技术人员应做到哪几点？
2. 在水利工程的兴建过程中，水利技术员的主要工作任务有哪些？
3. 《水工建筑物》课程的主要任务是什么？
4. 水利工程的设计有哪些步骤？
5. 水利工程的设计特点有哪些？
6. 水利工程的设计类型有哪些？
7. 水利工程建设的程序有哪几个主要阶段？
8. 水利工程为什么要分等？水工建筑物为什么要分级？
9. 按照规范规定，水利工程可以根据什么指标分成几个等别？
10. 水工建筑物分级的依据是什么？可分成几个级别？
11. 什么叫永久性建筑物？什么叫临时性建筑物？在设计上如何区别对待？
12. 什么叫主要建筑物？什么叫次要建筑物？
13. 对个别建筑物提高级别或降低级别的依据有哪些？
14. 水工建筑物的设计中考虑的作用力有哪些？如何计算？
15. 什么叫永久性作用荷载？什么叫可变性作用荷载？什么叫偶然性作用？

第三章 岩基上的重力坝

一、学习要点

本章首先以岩基上的非溢流坝为主，并结合溢流坝，分别介绍了：① 作用在重力坝上的荷载；② 重力坝的剖面拟定，坝顶、坝坡及坝内部廊道的构造；③ 重力坝剖面的稳定验算；④ 重力坝剖面的应力计算；⑤ 重力坝的分缝、材料选用和地基处理等有关内容。

本章还介绍了：① 溢流重力坝的剖面设计；② 溢流重力坝的下游消能形式及消能、防护措施的设计等；③ 在重力坝坝身设深式泄水孔的设计问题；④ 浆砌石重力坝、宽缝重力坝、空腹重力坝以及碾压式重力坝等坝型的剖面设计问题。

岩基上的重力坝是比较重要的一章，主要内容分述如下。

1. 作用在重力坝上的荷载

作用在重力坝上的荷载，按照其性质可以分为基本荷载和特殊荷载两大类。其中基本荷载包括：

（1）坝体及安装在坝体上永久建筑物的自重；

（2）正常蓄水位或设计洪水位时的静水压力；

（3）相应于正常蓄水位或设计洪水位时的扬压力；

（4）泥沙压力；

（5）相应于正常蓄高水位或设计洪水位时的浪压力；

（6）冰压力；

（7）土压力；

（8）相应于设计洪水位时的动水压力；

（9）其他出现概率较多的荷载。

作用在坝体上的特殊荷载包括：

（1）校核洪水位时的静水压力；

（2）相应于校核洪水位时的扬压力；

（3）相应于校核洪水位时的浪压力；

（4）相应于校核洪水位时的动水压力；

（5）地震作用，包括地震惯性力、地震动水压力及地震动土压力；

（6）其他出现概率很少的荷载。

同样，荷载组合也可分为基本组合和特殊组合两种情况。基本组合属设计情况或正常情况，由同时出现的基本荷载组成。特殊组合属校核情况或非常情况，由同时出现的基本荷载和一种或几种特殊荷载组成。

其中基本组合可以分为：

（1）正常蓄水位设计情况；

（2）设计洪水位即宣泄设计洪水的设计情况；

（3）冰冻情况。

特殊组合可以分为：

（1）校核洪水位即宣泄校核洪水的情况；

（2）地震情况即正常蓄水位情况下遭遇地震的校核情况。

2. 重力坝的稳定验算

从理论上说，重力坝的失稳形式可以有：① 滑动破坏；② 浮动破坏；③ 倾倒破坏。由于规范规定一般坝体不产生主拉应力，因此重力坝的浮动破坏和倾倒破坏就不可能发生。坝体沿坝基的抗滑稳定性及坝体连同部分坝基岩体沿某一夹层的抗滑稳定性必须经过验算予以论证。

以一个坝段或取单宽作为计算单元，计算公式有抗剪强度公式和抗剪断公式。

（1）抗剪强度公式。将坝体与基岩间看成是一个接触面，而不是胶结面。当接触面呈水平时，其抗滑稳定安全系数 K_s 为

$$K_s = f(\sum W - U) / \sum P \qquad (2-3-1)$$

式中　$\sum W$——接触面以上的总铅直力；

　　　$\sum P$——接触面以上的总水平力；

　　　U——作用在接触面上的扬压力；

　　　f——接触面间的摩擦系数。

当接触面倾向上游时，其抗滑稳定安全系数 K_s 为

$$K_s = \frac{f(\sum W \cos\beta - U + \sum P \sin\beta)}{\sum P \cos\beta - \sum W \sin\beta} \qquad (2-3-2)$$

式中　β——接触面与水平面间的夹角。

（2）抗剪断公式。利用抗剪断公式时，认为坝体混凝土与基岩接触良好，接触面面积为 A，直接采用接触面上的抗剪断参数 f' 和 c' 计算抗滑稳定安全系数。此处，f' 为抗剪断摩擦系数，c' 为抗剪断凝聚力。

$$K_s' = \frac{f'(\sum W - U) + c'A}{\sum P} \qquad (2-3-3)$$

抗剪强度公式，形式简单，对摩擦系数 f 的选择，多年来积累了丰富的经验，在国内外应用广泛。但该公式忽略了坝体与基岩间的胶结作用，不能完全反映坝的实际工作状态。抗剪断公式直接采用接触面上的抗剪断强度参数，物理概念明确，比较符合坝的实际工作情况，已日益为各国所采用。

3. 重力坝的应力计算

重力坝应力分析的方法可以归纳为以下几种：

物理模型方法，即结构模型实验方法。

理论计算方法——材料力学方法；

　　　　　　　——弹性理论的解析方法；

　　　　　　　——弹性理论的差分方法；

——弹性理论的有限元方法。

本章主要介绍了材料力学方法和有限元方法计算重力坝应力的步骤和方法。

用材料力学法计算重力坝应力是基于下述三个假定的基础上进行的：

（1）坝体材料为均质、连续且各向同性的弹性体。

（2）计算的坝段被认为是固结于地基上变截面的悬臂梁；且不考虑地基变形对坝体应力的影响；横缝不传力，各坝段之间互不影响；计算坝段按平面问题处理。

（3）假定坝体水平截面上的铅直正应力按直线分布，即 $\sigma_y = a + bx$。

根据上述假定，重力坝坝体应力计算可以归纳为以下几步：

（1）计算作用在坝体上的荷载及其对截面形心产生的力矩、铅直力；

（2）采用材料力学公式计算坝体的边缘应力 σ_{yu}，σ_{yd}，τ_u，τ_d，σ_{xu}，σ_{xd} 等。

（3）重力坝坝体应力的求解可以采用的计算公式为：

$$\sigma_y = a + bx \tag{2-3-4}$$

$$\tau = a_1 + b_1 x + c_1 x^2 \tag{2-3-5}$$

$$\sigma_x = a_2 + b_2 x + c_2 x^2 + d_2 x^3 \tag{2-3-6}$$

式中的待定常数 a、b；a_1、b_1、c_1；a_2、b_2、c_2、d_2 可利用平衡方程及坝体的边缘应力值作为边界条件求出，然后代入坝体应力表达式中，即可求得该截面上任意一点的应力值。

（4）当按选定的计算方法（材料力学法或有限元法）求出重力坝的应力以后，即可比照规范的规定选择筑坝材料的标号或者分析判断坝体、坝基的强度安全性。

《混凝土重力坝设计规范》（NB/T 35026—2014）对用有限元法进行坝体应力计算时给出了应力的控制标准。

4. 重力坝的剖面拟订

重力坝剖面设计的基本原则是：① 满足稳定、强度的要求，保证大坝的运行安全；② 工程量最小，最经济；③ 便于施工；④ 运用管理方便。

重力坝实用剖面的拟订，应首先确定下述几个数据与参数：① 坝顶高程；② 坝顶宽度及坝顶的形式；③ 上、下游坝坡等。如果拟订溢流重力坝剖面，通常要选定溢流面的曲线等。最终剖面通过优化设计确定。

5. 重力坝的极限状态设计法

承载能力极限状态是指坝体沿坝基面或地基中软弱结构面滑动和坝趾因超过筑坝材料抗压强度而破坏的临界状态；正常使用极限状态是指坝踵不出现拉应力。

（1）承载能力极限状态设计式

承载能力极限状态设计式为

$$\gamma_0 \psi S(F_d, a_k) \leqslant \frac{1}{\gamma_d} R(f_d, a_k) \tag{2-3-7}$$

式中　　$S(\cdot)$ ——作用效应函数；

　　　　$R(\cdot)$ ——抗力函数；

　　　　γ_0 ——结构重要性系数；

　　　　ψ ——设计状况系数；

　　　　F_d ——作用的设计值；

a_k ——几何参数；

f_d ——材料性能的设计值；

γ_d ——结构系数。

（2）正常使用极限状态设计式

正常使用极限状态设计式为

$$\gamma_0 S(F_k, f_k, a_k) \leqslant \frac{c}{\gamma_d} \qquad (2-3-8)$$

式中　F_k ——作用的标准值；

f_k ——材料性能的标准值；

c ——结构功能的极限值。

6. 泄水重力坝的布置及孔口设计

泄水重力坝既是挡水建筑物又是泄水建筑物，其泄水方式有坝顶溢流和坝身泄水孔泄水。在水利枢纽中，泄水重力坝可承担泄洪、向下游输水、排沙、放空水库和施工导流等任务。

泄水重力坝的布置应结合枢纽布置全面考虑，避免与其他水工建筑物相互干扰，其下泄水流不致淘刷坝基与其他建筑物的地基及岸坡。

溢流重力坝是重力坝枢纽中最重要的泄水建筑物，用于将规划库容所不能容纳的绝大部分洪水经由坝顶泄向下游，以保证大坝安全。对于宽阔河道，泄水重力坝应布置在河道主河槽，以利于顺畅泄流、水流消能、下泄水流归槽与下游水流妥善衔接以及减少土石方开挖等。对于狭窄河道，泄水重力坝常与水电站厂房在布置上发生矛盾，解决矛盾的办法常是加大泄水重力坝的泄流单宽流量以缩短泄流前沿长度或采用泄水重力坝与电站厂房重叠布置。

（1）单宽流量的确定。通过调洪演算，可以得出枢纽的总下泄流量 $Q_总$（坝顶溢流、泄水孔及其他建筑物下泄流量的总和），通过溢流孔口的下泄流量应为

$$Q_溢 = Q_总 - \alpha Q_0 \qquad (2-3-9)$$

式中　Q_0 ——经过电站和泄水孔等下泄的流量；

α ——系数，正常运用时取 0.75～0.9，校核运用时取 1.0。

设 L 为溢流段净宽（不包括闸墩的厚度），则通过溢流孔口的单宽流量为：

$$q = Q_溢 / L \qquad (2-3-10)$$

对一般软弱岩石常取 $q = 30 \sim 50 \text{m}^3/(\text{s} \cdot \text{m})$ 左右；对地质条件好、下游尾水较深和采用消能效果好的消能工。

（2）孔口尺寸。设有闸门的溢流坝，需用闸墩将溢流段分隔为若干个等宽的孔口。若孔口宽度为 b，则孔口数 $n = L/b$，一般选用略大于计算值的整数。令闸墩厚度为 d，则溢流前沿总长 L_0 应为

$$L_0 = nb + (n-1)d \qquad (2-3-11)$$

由调洪演算可求出设计洪水位及相应的下泄流量 $Q_溢$，当采用开敞溢流时，可利用下式计算堰顶水头 H_0。

$$Q_溢=nb\varepsilon m\sqrt{2g}H_0^{3/2}$$

式中　ε——闸墩侧收缩系数，与墩头形式有关；

　　　m——流量系数，与堰顶形式有关；

　　　g——重力加速度，m/s^2。

设计洪水位减去H_0即为堰顶高程。

当采用大孔口泄流时，可用下式计算。

$$Q_溢=nbam\sqrt{2g(H_0-\alpha a)} \qquad (2-3-12)$$

式中　a——闸门开启高度，m；

　　　α——孔口垂直收缩系数，与比值a/H有关。

7. 溢流重力坝的坝下消能

溢流重力坝的溢流曲线设计原则是：

（1）有较高的流量系数；

（2）有较好的体形，使水流平顺，不产生破坏性的空蚀现象。

目前工程上采用较多的有WES曲线和克—奥曲线。

由于挡水建筑物的作用，使水流在大坝的上下游形成了较大的集中落差，当溢流重力坝泄流时，具有高能量的水股将会对下游河床及其他建筑物形成冲刷，为了防止发生破坏性的冲刷，就有必要在坝下进行消能，使下泄水流与下游河床水流平顺地衔接。

坝下消能的设计原则是：

（1）尽量将下泄水流的动能消耗于水流内部的摩擦中。

（2）不要产生危及大坝及其他建筑物安全的冲刷。

（3）下泄水流经过消能后尽量平稳，平顺地与下游水流衔接。

（4）结构尽量简单，便于施工，便于检修。

（5）工程量要小，尽量经济。

溢流坝坝下消能工程的主要形式有：

（1）底流式消能。采用消力池、消力坎等形式，使水流产生水跃，通过水股漩滚，摩擦消耗能量，将急流转变为缓流的消能方式。

（2）挑流式消能。通过挑坎导向的作用，利用水流的动能将水流抛向远离坝趾的河床中。水流在空中经过掺气、摩擦，在不危及枢纽各建筑物安全的河床形成冲坑，在消能后与下游水流衔接。

（3）面流消能。为防止高速水流对河床的冲刷，采用小挑角的方式，将下泄水流挑向下游河水表面，使主流不接触河床，达到减小冲刷的目的。

（4）消力戽消能。当溢流坝下游水深较大，为了节约投资，取消护坦而采用的一种消能形式。

消力戽首先将高速水流束缚在戽内产生旋滚、摩擦，消耗部分能量，然后再将水流挑到表面，减轻对下游河床的冲刷程度。

（5）其他新型消能工程。其他新型消能工程有宽尾墩、台阶式溢流坝面、T形墩等。

8. 重力坝的材料及构造

重力坝的建筑材料主要是混凝土，中、小型工程有的也用浆砌石。对水工混凝土，除强度外，还应按其所处部位和工作条件，在抗渗、抗冻、抗冲刷、抗侵蚀、低热、抗裂等性能方面提出不同的要求。

坝体各部位的工作条件不同，对混凝土强度、抗渗、抗冻、抗冲刷、抗裂等性能的要求也不同。为了节约与合理使用水泥，通常将坝体按不同部位和不同工作条件分区，采用不同强度等级的混凝土。为了便于施工，坝体混凝土采用的强度等级种类应尽量减少，并与枢纽中其他建筑物的混凝土强度等级一致。同一浇筑块中的强度等级不得超过两种，相邻区的强度等级不得超过两级，以免引起应力集中或产生温度裂缝。

重力坝的构造设计涉及以下几个方面。

（1）重力坝的廊道系统，包括灌浆廊道，交通观察廊道以及坝基排水廊道等。

（2）重力坝的分缝，包括临时施工缝、永久缝及永久缝上的止水设施等。

（3）坝体混凝土分区，对于高度较高、体积较大的混凝土重力坝，可以根据坝体各部位的应力大小和工作条件不同，选择不同标号的混凝土，以达到减小投资和合理运用水泥的目的。

9. 重力坝的地基处理

重力坝是坐落在地基上的大体积挡水建筑物，地基基础的安全运行是坝体安全的前提，因此在重力坝的设计中，地基处理是一项十分重要的设计内容。

（1）地基开挖。重力坝，尤其是比较高的重力坝，最好坐落在岩基上，以确保运行中的安全。重力坝对岩基的新鲜程度，随着坝的高度不同要求也不尽相同。坝高超过 100m 时，可建在新鲜、微风化或弱风化下部基岩上；坝高在 50～100m 时，可建在微风化至弱风化上部基岩上；坝高小于 50m 时，可建在弱风化中部至上部基岩上；两岸岸坡较高部位的坝段其利用基岩的标准可适当放宽。

（2）地基加固。为了提高坝基的整体性，提高坝基的抗压强度等，对地基中裂隙发育、软弱夹层以及断层破碎带等应当进行加固处理。

固结灌浆是处理岩基中裂隙的主要手段之一，它是通过向岩石裂隙灌注水泥浆，从而使被裂隙切割的岩石重新胶接在一起的方法来实现的。固结灌浆孔应当主要布置在应力值较大的坝踵和坝趾处；灌浆孔一般按梅花形布置，孔、排距为 3～4m，孔深 5～8m。为了使灌浆的效果更佳，钻孔应尽量与裂隙面垂直。

当地基存在软弱夹层，断层破碎带等不利的地质构造时，由于夹层、破碎带的强度低，弹性模量小，可能在荷载作用下产生不均匀沉陷以及发生渗透破坏，工程上常采用混凝土塞、开挖平洞回填混凝土、设置齿槽及混凝土抗滑桩等措施予以处理。

（3）帷幕灌浆。为了防止渗漏，减小水量损失，防止地基产生化学管涌和机械管涌，对地基一般要采取防渗措施。对于岩石地基，工程上常采用帷幕灌浆以防渗，即在地基中钻孔，灌入水泥浆、封闭渗水的通道——裂隙，在坝下形成一道阻水的隔墙，连同坝体一起，达到阻水的目的。

帷幕灌浆的深度取决于坝基透水层的深度即相对不透水层的埋深以及渗透水头的大小。一般情况如果坝基的透水层埋深不大，帷幕孔应插入到不透水层中，如果很深，则可以按照允许的坝基渗透坡降来确定帷幕的深度。

帷幕灌浆孔的孔距可以用逐步加密的办法来确定，一般情况下可取 1.5～4.0m，排距可以比孔距略小。

（4）坝基排水。为了进一步降低坝基面的渗透水压力，减小扬压力，通常在帷幕后面即防渗帷幕的下游侧设置主排水孔一道，有时在坝基面还可设置其它排水孔若干道。

主排水孔深大约为帷幕深度的 2/5～3/5 倍，孔距 2～3m；坝基排水孔孔距 3～5m，孔深一般为 6～12m。

10. 碾压式混凝土重力坝

碾压式混凝土重力坝是采用土石坝的施工方法筑成的混凝土重力坝，但在坝基及上、下游坝面的一定宽度内仍应采用常规的浇筑混凝土的筑坝方法。

碾压混凝土筑坝技术优点是施工工艺简单，节约水泥，节省模板，适应大型机械化的施工方法。碾压混凝土重力坝与常态混凝土重力坝相比较可明显降低工程造价，缩短施工工期。

11. 其他形式的重力坝

（1）浆砌石重力坝。浆砌石重力坝与混凝土重力坝的区别仅在于坝体材料是用水泥砂浆或者小石子混凝土砌块石或砌料石筑成。浆砌石重力坝的剖面拟定，稳定验算，应力计算以及坝基处理等均与混凝土重力坝完全相同。但是由于浆砌石的防渗性能较差，在设计这类坝型时应特别注意坝体的防渗措施及溢流面的防冲、平整等措施。

（2）宽缝重力坝。宽缝重力坝是在实体重力坝的基础上，将永久的横缝中下部扩宽、形成缝间的空腔而命名，仍属于重力坝的范畴。

宽缝重力坝与实体重力坝相比，可以有效地降低扬压力，有利于坝体的稳定。因此在同等条件下宽缝重力坝比实体重力坝节省材料。但是由于坝内存在空腔，使施工变得复杂，施工模板用量增加，其造价是否一定比实体重力坝低必须经过比较方可定论。

（3）空腹重力坝。空腹重力坝是在实体重力坝的基础上将应力比较小的坝体腹部挖空而形成。通过坝踵和坝趾的支腿将荷载传给地基。空腹重力坝可以有效地降低扬压力，而且还可以将电站布置在坝体空腹内，但是空腹重力坝的计算工作量较大，设计麻烦，施工复杂。是否可以节约投资应进行经济比较。

12. 支墩坝

支墩坝是由一系列维持坝体稳定的支墩和起到挡水作用的面板所组成的组合体叫作支墩坝。

支墩坝属于轻型坝的范畴，其显著的特点是：

（1）支墩坝各构件的厚度相对较小，可以充分发挥材料的抗压性能。

（2）由于上述原因，一般情况支墩坝可以比重力坝节约大量的材料。

（3）由于构件的厚度较薄，有利于混凝土在施工中的散热。

（4）支墩坝对地基的要求相对较高。

（5）支墩的侧向稳定性能较差，当发生垂直河流方向的地震时，支墩的抗倾稳定性必须分析论证。

目前工程上常见的支墩坝有：

（1）平板坝。平板坝的挡水部分为钢筋混凝土平面板，板的两端简支于支墩上。支墩形式有单支墩及双支墩。在支墩的支承下，形成一个挡水建筑物。

（2）大头坝。大头坝的挡水部分和支承部分没有分成明显的两部分结构，也无需专门设置挡水板，大头坝只是将支墩的头部向两侧扩大，扩大的部分在结构上呈悬臂状态，头与头之间相互贴紧，并用止水相互连接，有的支墩也扩大尾部，相互连接形成一个封闭的挡水结构。

（3）连拱坝。连拱坝的挡水面板不是平面挡水板，而是采用固结于支墩上的一个接一个的拱筒，形成连拱形面板的挡水坝。

大头坝剖面的拟定：

（1）大头坝头部形状的选择、确定。常用的有平头式，圆弧式及折线式的头部形状。

（2）大头坝支墩形式的选择与确定。常见的有开敞式单支墩，开敞式双支墩、封闭式单支墩和封闭式双支墩。

（3）大头跨度。大头跨度类似于重力坝的坝段长度。

大头跨度的大小与坝的高低、支墩形式等有关。一般情况采用双支墩的大头跨度要大于单支墩的情况，同样的支墩形式则坝比较高的其大头跨度的尺寸也较大。

（4）大头坝的上、下游坝坡 n、m 的确定。大头坝的上、下游坝坡取决于坝体的稳定和应力情况。一般情况 n、m 大致为 $1:0.4\sim1:0.6$，其上游坡度比重力坝要来的缓。

大头坝设计中的有关问题如下。

（1）大头坝的稳定计算应当以一个坝段为单位进行计算，即以大头的跨度为单位进行。

（2）大头坝的应力计算应分别计算头部悬臂部分的应力和支墩的应力。这里的头部悬臂的应力是指头部向两侧悬出部分的应力，即顺水流方向铅垂截面上的应力。而支墩应力则指连同大头在内的水平截面上的应力情况。

（3）大头坝可设计为表面溢流形式，但在确定支墩形式时应当选择全封闭的单支墩或双支墩的结构形式。

二、复习思考题

1. 重力坝的工作原理和特点分别是什么？

2. 重力坝通常可以分成哪些类型？

3. 什么是浮托力？什么是渗透压力？什么是扬压力？试绘出实体重力坝的坝基扬压力图，并指出折减系数 α 的取值范围。

4. 作用在重力坝上的荷载有哪些？各种荷载如何计算？

5. 确定重力坝的基本剖面时，应满足哪几个基本条件？

6. 重力坝的失稳破坏形式有哪些？在稳定验算中主要控制的是哪一种？为什么？

7. 在重力坝的抗滑稳定验算中，常用的计算公式有哪些？各计算公式的 f、c 值如何选择采用？不同的计算公式控制的安全系数是多少？

8. 当重力坝的稳定性不满足要求时，可以采取哪些措施增加稳定？阐述各种措施能达到增稳作用的原因。

9. 重力坝应力分析的目的是什么？主要分析哪些内容？

10. 控制重力坝在运行期间和施工期间的应力标准是什么？

11. 用材料力学法计算重力坝的应力有哪些基本假定？如何计算坝体的边缘应力和坝体应力？

12. 一般情况应计算哪些截面的坝体应力？应当计算哪些工况？

13. 混凝土重力坝有哪些分缝？哪些缝在坝体投入运行前必须进行灌浆处理？哪些缝

可以不灌浆？

14. 什么叫永久缝？什么叫临时缝？各起什么作用？

15. 重力坝的横缝有哪些形式？从重力坝受力上分析它们的不同之处。

16. 在重力坝的设计中应考虑哪些廊道？它们各起什么作用？如何布置各种廊道系统？

17. 溢流重力坝的剖面如何拟定？有哪些曲线可供选择？各有什么特点？

18. 溢流重力坝段的永久性横缝如何设置？各种设法有什么优缺点？

19. 溢流坝下进行消能的原因是什么？

20. 溢流坝下的消能形式主要有哪些？各种形式有何特点？

21. 溢流坝下设置护坦的目的是什么？护坦的厚度如何确定？应考虑哪些荷载？

22. 重力坝枢纽下游产生回流，折冲水流的原因是什么？有什么危害？如何克服这种水流的不利影响？

23. 重力坝的地基应当进行哪些方面的处理？各项处理的目的是什么？

24. 通常在重力坝的地基中设置一道防渗帷幕，其目的是什么？设计中如何确定帷幕的深度和厚度？

25. 碾压混凝土坝与常态混凝土坝相比，具有哪些优点？

26. 碾压混凝土坝在材料与构造等方面有哪些特点？

27. 什么叫宽缝重力坝？与实体重力坝相比宽缝重力坝有哪些优、缺点？

28. 什么叫空腹重力坝？空腹重力坝的优、缺点有哪些？

29. 与实体混凝土重力坝相比，浆砌石重力坝有哪些主要的优、缺点？

30. 浆砌石重力坝的坝体防渗一般如何处理？

31. 浆砌石重力坝对石块的要求是什么？

32. 目前工程上常用的支墩坝有哪几种？

33. 与实体重力坝相比，支墩坝有哪些优、缺点？

34. 大头坝中以支墩的形式和数量分，可以分为哪几种类型？

35. 大头坝以头部的形状来分，可分为哪几种类型？各种类型有什么优缺点？

36. 如何拟定大头坝的剖面，拟定大头坝剖面可以分为哪几个方面？如何选择？

37. 在拟定大头坝头部的尺寸时，如何控制折点处不应出现拉应力？

38. 与实体重力坝相比，大头坝的稳定计算有什么区别？为什么？

39. 大头坝的抗震验算应计算哪些情况？如何增加支墩的稳定性？

40. 大头坝的横缝、纵缝应如何设置？

三、重力坝作业练习题

1. 如图 2 - 3 - 1 所示，挑流消能工的反弧半径为 R，反弧最低点两侧弧段所对的圆心角分别为 α_1、α_2，反弧上的单宽泄流量为 q，流速为 v，求证：

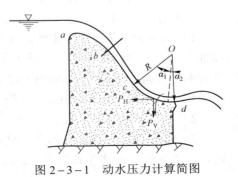

$$P_H = \frac{\gamma_0 q}{g} v(\cos\alpha_2 - \cos\alpha_1)$$

$$P_V = \frac{\gamma_0 q}{g} v(\sin\alpha_1 + \sin\alpha_2)$$

图 2 - 3 - 1 动水压力计算简图

2. 如图 2-3-2 所示的基本剖面，已知地基的摩擦系数 $f=0.68$，坝体混凝土容重 $\gamma_c = 24\text{kN/m}^3$，求最经济的 λ 值及相应的坝底宽度 B。

3. 混凝土重力坝剖面如图 2-3-3 所示。已知：

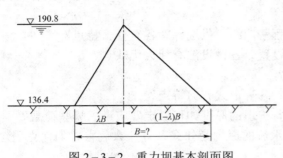

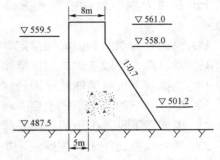

图 2-3-2　重力坝基本剖面图　　　　图 2-3-3　混凝土重力坝剖面

（1）筑坝材料混凝土的容重 $\gamma_c = 25\text{kN/m}^3$；

（2）混凝土坝与地基的摩擦系数分别为：纯摩擦系数 $f=0.70$，抗剪断指标 $f'=0.90$、$c'=0.25\text{MPa}$（25t/m^2）；

（3）混凝土重力坝的剖面尺寸及上、下游水位如图 2-3-3 中所示。

求该重力坝剖面的抗滑安全系数 K_s 及 K_s'。

4. 已知某重力坝上游边坡为 n，上游坝踵的边缘铅直正应力 σ_{yu}，求该点边缘水平正应力 σ_{xu} 的表达式。

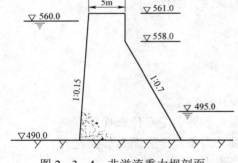

图 2-3-4　非溢流重力坝剖面

5. 如图 2-3-4 所示的非溢流重力坝剖面，已知筑坝材料容重 $\gamma_c = 24\text{kN/m}^3$，$\tau = a_1 + b_1 x + c_1 x^2$，求解高程为 ▽495m 截面上剪应力表达式中的待定系数值，并写出剪应力 τ 的解析式。（注：不考虑坝体排水的作用）

6. 已知某溢流重力坝采用挑流式消能工，总泄流量为 $4320\text{m}^3/\text{s}$，相应的库水位为 ▽1078.0m，下游河床水位为 ▽1012.0m，下游水深为 5m；经计算这种情况下的挑距为 120m，挑流鼻坎处的净宽为 72m，试从冲坑对挑流鼻坎基础的冲刷程度判断该消能工的设计是否合理？

7. 混凝土重力坝剖面设计

（1）基本资料

1）坝基为砂岩：河床床面高程 ▽172m，基岩高程 ▽168m，坝基开挖高程为 ▽166m。高程 ▽150m～▽170m 之间的透水率为 $q>5\text{Lu}$，高程 150m 以下岩体的透水率为 $q<3\text{Lu}$；基岩的允许抗压强度为 3.5MPa（35kg/cm^2），基岩与混凝土之间的摩擦系数分别为 $f=0.65$，$f'=0.93$，$c'=0.25\text{MPa}$（25t/m^2）；坝址区的地震烈度为 7 度。

2）本枢纽为 Ⅱ 等工程。

3）水库为正常蓄水位和设计洪水位时，50 年重现期的最大风速为 18m/s，校核洪水位时，最大风速的多年平均值为 12m/s。

4）正常蓄水位时水库水面的最大吹程为 4.0km；水位抬高或降低 1m，相应吹程加大或减少 2m。

5）水库正常蓄水位 ▽220.0m，相应的下游水位为 ▽173.0m。

6）水库设计洪水位 ▽220.0m，相应的下游洪水位为 ▽176.0m。

7）水库校核洪水位 ▽221.1m，相应下游洪水位为 ▽178.1m。

8）水库泥沙淤积高程为 ▽180m，泥沙的浮容重 $\gamma' = 8kN/m^3$（$0.8t/m^3$），内摩擦角为 18 度。

9）溢流坝的堰顶高程为 ▽212.0m。

（2）作业要求

1）按稳定，强度条件拟定基本剖面；求解最经济的 λ 值及相应的底宽 B。

2）参照基本剖面和一般的范围拟订非溢流重力坝的剖面。

3）分别按抗剪强度公式和抗剪断公式计算剖面的抗滑稳定安全系数 K_c 和 K_c'。

4）计算非溢流坝剖面坝底截面的上游边缘和下游边缘的应力。

5）计算非溢流坝剖面坝底截面的坝体应力（按简化的重力法计算）。

6）设计非溢流重力坝的坝顶、坝内廊道以及坝体排水的构造。

7）对该重力坝的坝基防渗、坝基排水及坝基的固结灌浆进行设计。

8）在非溢流坝的基础上拟定溢流重力坝的剖面，并进行稳定验算。

9）绘制非溢流坝的剖面设计图。

四、支墩坝作业练习题

完成大头坝剖面的拟定和计算：

1. 基本资料

（1）正常蓄水位 ▽486.70m；

（2）开挖处理后的坝基高程 ▽389.70m；

（3）地基纯摩擦系数 $f = 0.65$；

（4）筑坝材料混凝土的容重 $\gamma_c = 24kN/m^3$。

2. 作业要求

（1）按稳定和应力条件拟定大头坝的基本剖面。

（2）如果选为单支墩大头坝，拟订头部的形状和尺寸。

（3）如果选为双支墩大头坝，拟订头部的形状和尺寸。

（4）对大头坝断面进行稳定验算。

第四章 拱 坝

一、学习要点

拱坝与重力坝的作用相同，都是挡水建筑物。但是在结构上又不同于重力坝，拱坝是一个固接与岩基的空间壳体结构，在平面上是呈弓向上游的拱形，两端固结于两岸的岩石上，在铅垂面上为底端固结于坝地基上的悬臂曲梁，其水平荷载由平面上的拱和立面上的悬臂梁共同承担。因此，拱坝是一个三面固结而一端自由的超静定结构。由于拱坝的整体结构作用，在坝高相同的情况下，拱坝的厚度比重力坝的厚度要薄得多，是一种优越而经济的坝型。

拱坝是工程实践中采用最广的坝型之一。因此，通过本章的学习，应当掌握拱坝的工作特点、分类、布置方法、坝体应力计算以及坝肩稳定验算等基本内容。

1. 拱坝的特点

（1）拱坝对坝址区地形、地质条件的要求高于重力坝。工程上通常采用坝址区河谷的宽高比来描述河谷的形状，这里的"宽高比"是指坝顶高程处的河谷宽度即顶拱的弦长（L）与坝高（H）的比值。不同的宽高比，适应的拱坝的形式也不相同，通常为：

当 $L/H < 1.5$ 时，适宜修建薄拱坝，拱的作用比较明显，也是主要的；

当 $L/H = 1.5 \sim 3.0$ 时，适宜修建中厚拱坝；

当 $L/H = 3.0 \sim 4.5$ 时，多修建重力拱坝，拱的作用就不是那么明显，梁的作用加大；

当 $L/H > 4.5$ 以后，河谷呈宽浅形式，拱的作用将会很小，主要荷载由梁来承担，再修建拱坝就不一定经济。一般认为以修建重力坝或拱形重力坝较为合适。

（2）拱坝的分类。拱坝可以按拱冠梁的底厚（T）和拱冠梁的高度（H）比值即"厚高比"对拱坝进行分类：

当 $T/H < 0.2$ 时，称为薄拱坝；

当 $T/H = 0.2 \sim 0.35$ 时，属中厚拱坝；

当 $T/H > 0.35$ 时，属重力拱坝。

（3）拱坝的最优中心角 $2\varphi_A$。拱坝的中心角是进行拱坝布置的关键参数之一。它不仅关系到坝体的应力状态，同时也影响到拱坝的工程量大小。就单纯从坝体的这两个条件来说，拱坝的中心角越大，坝体的应力状态越好，相应拱坝的厚度可以减薄；但是，由于中心角的加大，在相同河谷宽度的前提下，拱的弧线长度却在增加，其工程量不一定最小。因此，以单位高度拱圈的工程量最小为目标，建立拱圈的体积与中心角之间的函数关系，由圆筒法可解得拱坝的最优中心角 $2\varphi_A$ 为 $133°\ 34'$。

（4）拱坝的荷载。作用在拱坝上的荷载与重力坝的最大区别在于温度作用。温度作用在拱坝的计算中占有举足轻重的地位，进行拱坝设计必须予以考虑。其他荷载与重力坝基本相同。

2. 拱坝布置中的几个主要参数

（1）中心角。拱坝的最优中心角为 133°34′，但是由于地形条件的限制，坝肩稳定的要求，工程实践中真正取到 133°34′的拱坝很少，除非遇到特别适宜布置拱坝的理想的"喇叭口"地形。一般情况拱坝的中心角大致在 90°～110°的范围内选取；当地形条件许可时，可以选到 110°～120°。

（2）拱端与拱座基岩线的夹角。根据力在地基内的传播情况，为了避免拱端地基中应力扩散到基岩线以外，使坝肩发生局部破坏，拱端拱轴线的切线与岩基等高线的夹角应不小于 30°，以保证拱端的轴向力及剪力包络在拱座的岩体以内。

（3）顶拱厚度 T_C 的确定。拱坝顶层拱圈的厚度 T_C 一般按照经验公式，必要刚度及最小尺寸予以控制。

根据经验公式

$$T_C = 0.014\ 5(2R_{轴} + H) \quad (\text{m}) \qquad (2-4-1)$$

或

$$T_C = 0.012(H + L_1) \quad (\text{m}) \qquad (2-4-2)$$

式中　$R_{轴}$——顶层拱圈轴线的半径（m）；

　　　H——最大坝高即拱冠梁的高度（m）；

　　　L_1——顶层拱圈的弦长（m）。

按拱圈的刚度要求

$$T_C \geqslant S/60 \quad (\text{m}) \qquad (2-4-3)$$

式中　S——顶层拱圈的弧线长度（m）。

按施工、管理、检修等方面的要求，顶拱的最小厚度 T_C 一般不小于 3m。

（4）底拱或拱冠梁底厚的确定。拱坝的底拱即拱冠梁的底部厚度一般采用经验公式选定，经验公式分别为

$$T_B = \frac{K(L_1 + L_{n-1})H}{[\sigma]} \qquad (2-4-4)$$

式中　K——系数，一般取 $K = 0.35$；

　L_1, L_{n-1}——分别为顶拱及倒数第二层拱圈的弦长（m）；

　　　$[\sigma]$——拱坝的允许压应力（t/m²）；

　　　H——最大坝高即拱冠梁的高度（m）。

$$T_B = \sqrt[3]{0.001\ 2HL_1L_2(H/122)^{H/122}} \qquad (2-4-5)$$

式中的 L_2 为坝底以上 0.15H 处的拱圈弦长（m），其余符号同前。

（5）拱坝布置中的倒悬度控制。对于分块施工的拱坝，在封拱以前是起不到拱的作用的，施工中的拱坝呈现为一根一根的悬臂曲梁。如果上层坝面突出下层坝面，拱坝在立面上弯曲突向上游（或下游）即呈倒悬，如倒悬度过大，在坝块自重的作用下有可能使某一截面的上游侧或下游侧受拉，造成施工中的倾倒失稳或产生裂缝。因此拱坝的布置应注意倒悬度的控制，保障施工中的安全。

3. 拱坝的温度荷载

拱坝承受的荷载包括自重、静水压力、动水压力、扬压力、泥沙压力、冰压力、浪压力、温度作用以及地震作用等，基本上与重力坝相同。温度作用是拱坝设计中的一项主要荷载，当坝体温度低于封拱温度时，坝轴线收缩，使坝体向下游变位，由此产生的弯矩和剪力的方向与水压力作用所产生的相同，但轴力方向相反。当坝体温度高于封拱温度时，坝轴线伸长，使坝体向上游变位，由此产生的弯矩和剪力的方向与水压力产生的相反，但轴力方向则相同。因此，在一般情况下，温降对坝体应力不利；温升将使拱端推力加大，对坝肩岩体稳定不利。

4. 拱坝的应力计算

（1）拱坝的应力计算的方法。

1）杆件法即结构力学法。杆件法又可以进一步分为圆筒法、纯拱法和拱梁法。其中圆筒法和纯拱法可以归纳为"单向杆件"法，即认为拱坝所受的荷载完全由水平向的杆件——拱来承担，竖向的悬臂梁作用不予考虑。而拱梁法则可归纳为"双向杆件"，认为拱坝的结构作用不仅有水平向的拱，同时也有竖向的悬臂梁共同承担荷载。

拱梁法计算拱坝应力时，拱和梁各承担多少荷载是求解的关键，因此，解决拱梁的荷载分配问题是采用拱梁法计算拱坝应力的主要内容。用拱冠处的一条悬臂梁代表竖向杆件系统，用梁与拱的交点即拱冠处的变位相等条件分配荷载的解法被称为"拱冠梁"法；而以许多条悬臂梁与若干个拱圈，仍然用拱梁交点处的变位相等为条件来完成拱梁的荷载分配，被称为"拱梁"法，也叫"多拱梁"法。

2）壳体理论法。

3）有限元法。

4）结构模型实验法，也称物理模型法。

（2）地基变位。拱坝属超静定结构，如果采用结构力学法计算拱坝应力时，其水平向杆件——拱就是一个三次超静定的拱圈。因此拱端的支座位移即地基变位对拱坝应力的影响是不容忽视的，计算中应予以考虑。

拱坝的地基变位通常用伏格特（F.Vogt）公式进行计算。

（3）纯拱法计算拱坝应力。纯拱法认为作用在拱坝上的水平荷载完全由水平向杆件——拱来承担，竖向杆件——悬臂梁的作用在这里不考虑。经过计算，如果每一层拱圈的稳定和应力均能满足规定的要求，则可以认为整个拱坝是安全的。纯拱法将水平向杆件拱圈认为是固结在弹性地基上的弹性固端拱，在水平向荷载作用下解出拱圈的内力，然后算出其应力值。

依此类推，解出每一条拱圈的内力、应力，整个拱坝的应力计算就完成了。

（4）拱梁法计算拱坝应力。拱梁法计算拱坝应力是认为作用在拱坝上的水平荷载由两个方向的杆件即拱和悬臂梁共同承担。如果可以解出梁上作用的荷载和拱上作用的荷载，那么拱坝的应力计算就变成纯拱的计算和悬臂梁的计算问题了。只要两个方向上的杆件都是安全的，则拱坝是可以安全运行的。

拱冠梁法是拱梁法的一个简化、一个特例。拱冠梁法采用一根竖向杆件即拱冠处的悬臂梁与各层拱圈在拱冠处的变位（一般按径向变位）协调，来解决拱、梁的荷载分配问题。设在第 i 层拱高程处梁承担的荷载为 x_i，该处的总荷载为 p_i，那么拱承担的均布荷载必定

为 $(p_i - x_i)$。

如何求解 x_i？

1）试载法。试载法也称为逐步逼近法。就是首先假定一个 x_i，将 x_i 作用在梁的第 i 层拱高程上，$(p_i - x_i)$ 作用在第 i 层拱圈上；然后分别计算在 x_i 的作用下梁的第 i 点产生的变位 Δ_i，及在 $(p_i - x_i)$ 作用下拱冠产生的变位 δ_i；如果恰好 $\Delta_i = \delta_i$，则说明假定的 x_i 合适，而后分别按梁和拱计算各自的内力和应力；如果 $\Delta_i \neq \delta_i$，则说明假定的 x_i 不合适，荷载分配的不对，必须重新假定 x_i，如此反复计算，直至 $\Delta_i = \delta_i$ 为止。

当梁的变位 Δ_i 与拱冠的变位 δ_i 相等时的，x_i 就是梁所承担的荷载，$(p_i - x_i)$ 是拱承担的荷载。

2）解变位连续方程法。以静定的悬臂梁为构件，设作用在拱冠梁上第 i 点高程处的水平向荷载为 x_i，竖向荷载为 g_i^w，用结构力学法计算第 i 点的变位 Δ_i，再以弹性地基上的固端拱为杆件，计算在 $(p_i - x_i)$ 及温度荷载作用下拱冠处的变位值 δ_i；由于在变位计算中均带有未知数 x_i，因此无论 Δ_i 还是 δ_i，均是 x_i 的函数。

由于拱坝是一个整体，因此第 i 层拱圈在拱冠与拱冠梁交点处的变位一定相等，即

$$\Delta_i = \delta_i \qquad\qquad (2-4-6)$$

列出拱梁的变位连续方程：

$$\sum_{j=1}^{n} \alpha_{ij} x_j + \Delta_i^w = (p_i - x_i)\delta_i + \Delta A_i \qquad (i = 1, 2, \cdots n) \qquad (2-4-7)$$

式中　　p_i——第 i 层拱圈高程处总的水平向荷载强度，包括水平水压力及水平向泥沙压力；

n——划分拱圈的层数；

x_i——拱冠梁在 i 层拱圈高程处所承担的荷载；

α_{ij}——拱冠梁上由于 j 点的荷载在 i 点所产生的径向变位，由于 j 点的荷载为单位荷载，因此 α_{ij} 称为梁的单位变位；

δ_i——第 i 层拱圈在单位荷载作用下拱冠产生的径向变位，称为拱的单位变位；

Δ_i^w——拱冠梁 i 点在竖向荷载作用下产生的水平径向变位；

ΔA_i——第 i 层拱圈由于温度荷载在拱冠处产生的水平径向变位。

拱坝坝肩的稳定是影响拱坝安全运行的非常重要的因素之一。由于拱坝属超静定结构，坝肩产生位移必然导致坝体应力的恶化，进而使坝体本身产生破坏。

拱坝坝肩稳定分析的方法有刚体极限平衡法、有限元法和地质力学模型实验方法。以刚体极限平衡法为主。将滑动岩体视为刚体，岩体本身的变形及其之间的相对位移不计。

根据极限平衡的计算结果，判断坝肩是否稳定，安全系数 K 应为：

（1）只考虑岩体间的摩擦系数 f，不计黏聚力 c 值，对 3 级建筑物，则要求

基本组合　　　　　　　　　　　　$K \geqslant 1.3$；

特殊组合（非地震）　　　　　　　$K \geqslant 1.1$。

（2）计算中不仅考虑了岩体间的摩擦系数 f，而且也计入了岩体间的黏聚力 c，那么

基本组合　　　　　　　　　　　　$K \geqslant 3.0 \sim 3.5$；

特殊组合（非地震）　　　　　　　$K \geqslant 2.5 \sim 3.0$。

5. 拱坝的泄流

拱坝的泄流除重力拱坝与重力坝基本相同，可以采用坝面溢流之外，薄拱坝和一般拱坝的泄流通常有以下几种形式：

（1）自由跌流式；

（2）坝顶处的鼻坎挑流式；

（3）滑雪道式；

（4）坝身开孔，孔流泄洪。

由于扬压力对拱坝的稳定不像重力坝那么敏感，拱坝的坝下消能多采用二道坝的形式。即在坝下抬高水位，形成水垫，构成坝下消力塘。也有利用拱坝泄水向心集中的特点，使两侧射流对冲消能。对利用对冲消能的拱坝，要注意必须对称开启泄水孔。

6. 拱坝的分缝

拱坝是整体结构，为便于施工期间混凝土散热和降低收缩应力，防止混凝土产生裂缝，需要分段浇筑，各段之间设有收缩缝，在坝体混凝土冷却到年平均气温左右、混凝土充分收缩后，再用水泥浆封填，以保证坝的整体性。收缩缝有横缝和纵缝两类。

二、复习思考题

1. 与实体重力坝相比，拱坝在形式，工作原理和工程量等方面有哪些特点？

2. 按拱冠梁的厚高比，拱坝可以分为哪几种类型？各适合于什么样的地形条件修建？

3. 拱坝的中心角大小对拱的应力有什么影响？

4. 拱坝布置时，如何确定拱冠梁和拱的形状和尺寸？

5. 拱坝设计中应计及哪些荷载？哪些荷载与重力坝不同？为什么？

6. 计算拱坝应力的纯拱法、拱梁法、有限元法，它们的根本区别是什么？

7. 固端拱与弹性固端拱在概念上有什么区别？计算拱坝应力的纯拱法是指哪一种拱？

8. 拱梁法，拱冠梁法是根据什么原理解决什么主要问题？

9. 了解拱冠梁法的变位连续方程，并能解释各符号的物理意义。

10. 拱坝的泄流方式有哪些？各适用什么条件？

11. 拱坝的坝下消能与重力坝的坝下消能有什么相同之处，有什么不同之处？

12. 拱坝的地基处理通常采取哪些措施？

13. 在什么情况下拱坝需要设重力墩？如何设计重力墩？

14. 温度升高或降低时，对拱冠及拱端的应力情况将会发生什么样的影响？以图示出。

15. 当控制拱坝坝体应力时，应当怎样考虑温度作用（温升或温降）？当计算坝肩稳定时，怎样考虑温度作用？

16. 分析拱坝坝肩的岩体稳定有哪些方法？如果经分析坝肩不够稳定，采取什么措施可以改善坝肩的稳定性？

三、作业练习题

1. 已知荷载 P_i，圆弧半径 R_i 和材料许可应力 $[\sigma]$；利用圆筒公式求解拱圈厚度 T_i 的表达式为 $T_i = \dfrac{P_i R_i}{[\sigma]}$；试推求拱坝的最优中心角 $2\varphi_A = 133°\,34'$。

2. 完成拱坝的平面布置

（1）基本资料

1）坝址以上控制流域面积 10km²。

2）设计洪水流量（$P=5\%$），$Q=82.2m^3/s$；

校核洪水流量（$P=0.5\%$），$Q=143.0m^3/s$。

3）坝址区地基为黑云母闪长片麻岩。坝址区的可利用基岩等高线图及沿坝轴线的剖面图如图 2-4-1、图 2-4-2 所示。

4）水库的特征水位：

正常蓄水位　▽615.0m；

设计洪水位　▽617.45m；

校核洪水位　▽618.40m。

5）拱坝的特征高程：

经开挖处理后的坝底高程　▽575.0m；

溢流坝坝顶（堰顶）高程　▽615.0m；

非溢流坝坝顶高程　▽619.0m。

6）溢流坝段设三孔，每孔宽 4m；溢流坝上设交通桥（便桥），不设闸门。

7）筑坝材料：

该拱坝采用浆砌石筑坝，容重 $\gamma=23.4kN/m^3$（2.34t/m³）；

材料弹性模量 $E_C=1.0\times10^5kg/cm^2=1.0\times10^4MPa$，材料线胀系数 $\alpha=0.8\times10^{-5}$。

（2）作业要求

1）在可利用基岩等高线图上完成拱坝的平面布置；拱圈的层数不少于 5 层。

2）确定拱冠梁剖面，并绘出剖面图。

3）选择、确定拱坝的泄流方式及堰面的溢流曲线。

4）用纯拱法或拱冠梁法计算拱坝的应力。

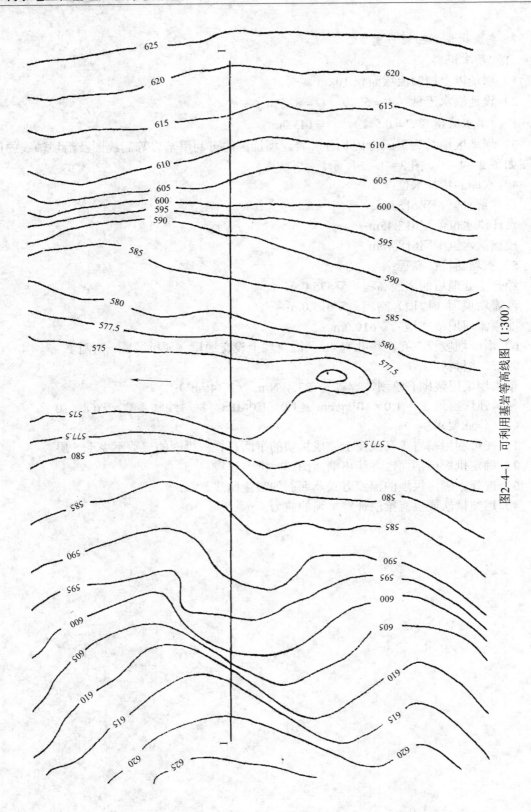

图2-4-1 可利用基岩等高线图 (1:300)

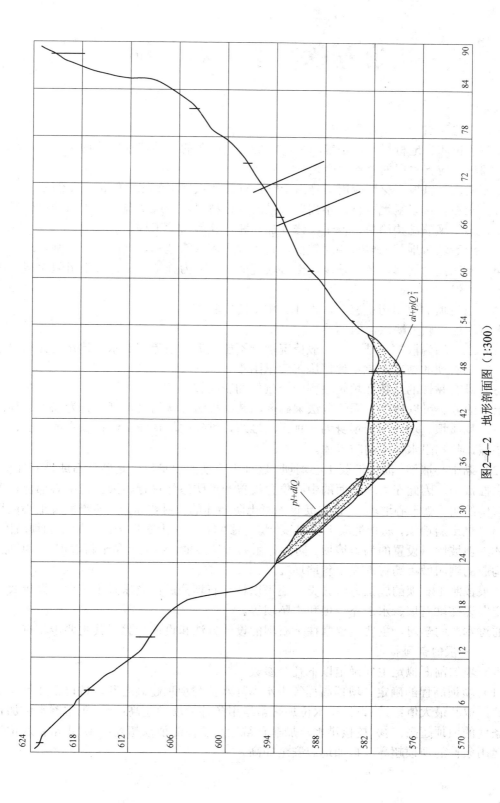

图2-4-2 地形剖面图（1:300）

第五章 土 石 坝

一、学习要点

土石坝也叫当地材料坝，是应用最广、历史最悠久的一种挡水建筑物，也是《水工建筑物》课程中应当掌握的重点内容之一。

土石坝之所以被广泛地应用，是由于它具有其他坝型不能比拟的优点，例如：

（1）土石坝可以就地取材，不需要大量的外运材料，一般情况下，土石坝比较经济。

（2）土石坝的结构简单，便于维修、加高和扩建等后续工程。

（3）土石坝对地基的要求相对较低，它既能适应岩石地基，又能适应软基。

（4）施工技术简单，工序较少，土石坝既适合于人力施工，又适合于组织大型机械化施工。

（5）土石坝的筑坝历史悠久，设计、施工的经验丰富。

土石坝也有许多缺点，例如：

（1）土石坝为散粒体结构，一般情况坝身不能过流，泄流、放水等建筑物必须另设。

（2）土石坝的施工导流不便，施工度汛困难。

（3）具有黏性的土料在填筑过程中受气候的影响较大。

土坝的分类可以按照不同的方法来命名，其中按防渗体的设置可以分为以下几种：

（1）均质坝。均质坝的坝身为一种土料堆筑，堆筑的坝体既是维持稳定的坝身，又是防止渗漏，起到阻水作用的防渗体。

（2）黏土心墙坝、沥青混凝土心墙坝。这种土石坝的坝身可以是砂卵石或堆石体构成，其透水性极强，因此在大坝剖面的中心位置设置一道防渗体进行防渗。在中心部位设置黏土防渗体的叫"黏土心墙坝"，设置沥青混凝土防渗体的。则被称为"沥青混凝土心墙坝"。

（3）黏土斜墙坝，沥青混凝土斜墙坝。将防渗体布置在土石坝剖面上游侧的坝坡附近，防渗体沿坝坡倾斜设置的为斜墙坝。防渗体由黏土筑成的，称为"黏土斜墙坝"，由沥青混凝土构成的则叫做"沥青混凝土斜墙坝"。

如果按照土石坝的施工方法分类，还可以将土石坝分成：碾压式土石坝、抛填式堆石坝、定向爆破堆石坝、水力充填坝和水坠坝等。

通过本章的学习，主要是要掌握土石坝的设计方法和设计步骤。其主要步骤有：

1. 土石坝的剖面拟定

土石坝的剖面拟定主要确定以下几个参数。

（1）坝顶高程的确定。坝顶高程等于水库静水位与坝顶超高之和，按以下4种运用条件计算，取其最大值：① 设计洪水位加正常运用条件的坝顶超高；② 正常蓄水位加正常运用条件的坝顶超高；③ 校核洪水位加非正常运用条件的坝顶超高；④ 正常蓄水位加非正常运用条件的坝顶超高，再加地震安全加高。

坝顶高程 d 的计算公式

$$d = R + e + A \qquad\qquad (2-5-1)$$

式中　R——波浪在坝坡上的设计爬高（m）；

　　　e——风浪引起的坝前水位壅高（m）；

　　　A——安全加高（m）。

对于特殊重要的工程，可取 d 大于此计算值。

（2）坝顶宽度的确定。土坝坝顶的宽度取决于土坝坝顶的用途、构造措施以及土坝的高度。在没有其他特殊用途要求时，高坝顶宽可选为 10～15m，中、低坝可选为 5～10m。

（3）土坝的上、下游坝坡及马道。土坝的上、下游坝坡是决定土坝边坡是否稳定的关键参数。坡度的取值大小决定坝型、坝高、筑坝材料及坝基的土性指标等；坝越高或土的力学指标 c，φ 值越低，需要的边坡愈缓；相反，土坝的边坡可以陡一些。通常碾压式土坝的边坡平均值大约为 1∶1.3～1∶3.5 左右。

一般情况，土坝的上游边坡要缓于下游边坡，主要是由于当库水位下降，坝内的渗水反过来向水库渗流，引起向上游的渗透水压力。

马道，也叫戗台，是土坝设计中必须布置的。在土坝的边坡上设置马道不仅可以起到不同高程上的交通作用，作为检修坝坡时使用；而且可以在马道上设置排水沟，汇集上部坡面上的雨水，避免坝坡水对坝面的冲刷破坏；同时也有利于边坡的稳定。一般情况下马道宽 1.5～2.0m，每隔 10～30m 高差设置一道。

2. 土石坝的渗流分析

（1）目的。掌握坝体内的渗流要素，例如土石坝的单宽渗流流量 q、坝体的渗透流速 V 及渗透坡降 J 等，目的之一是判断发生渗透破坏的可能性；其二是进行渗流分析，确定土石坝断面的浸润线位置，以便进行坝坡的稳定验算；其三则是估算渗透水流的总量。

（2）土坝渗流分析的方法。土坝的渗流分析方法通常采用的有四种：

1）物理模型即通过模拟实验的方法测得浸润线位置及渗流场中各个要素；

2）图解法即通过绘制流网的方法，根据网格求解各点的渗流要素；

3）解析法即通过水力学法或流体力学法进行计算。水力学法计算是以达西定理为基础，解出流场内的平均渗流要素。一般来说，用水力学算得的渗流结果基本可以满足设计要求，因此该方法在工程设计中被广泛应用。

4）有限元法可以求解复杂的边界条件和坝体、坝基为非均质、各向异性等不同的情况，所以在工程设计中逐渐得到广泛应用

渗流计算根据地基的透水性，土坝的剖面形式，以及坝体排水设施形式，选用不同的计算公式，求出单宽渗透流量 q 以后，将 q 代入到相应的浸润线方程中，利用描点的方法绘出浸润线。

3. 土石坝的稳定分析

土坝的稳定分析是对所拟定的土坝剖面在可能各种组合情况下是否能安全进行的检验。经过稳定验算，在各种组合情况下都可以保证其最小安全系数达到规范的要求，则说明该土坝剖面可以正常运行；反之说明土坝剖面有失去稳定的可能性，必须重新拟定剖面，重新进行稳定验算，直至达到规范要求为止。

土坝的失稳破坏与重力坝不同，土坝不会沿坝基面产生整体滑动。一般是上游或下游

坝坡沿某一曲线形或某一折线形滑动面滑下，即滑坡破坏。对筑坝材料为非黏性土料的，即 c 值等于零的土料，通常沿某一折线产生滑动。对地基中存在软弱夹层的，也有可能产生曲、直线形的复合形滑动面。必须根据坝体、地基的具体情况选择计算公式。

对黏性土料筑成的土坝剖面，其安全系数

$$K_C = \frac{抗滑力矩}{滑动力矩} = \frac{M_r}{M_s} \geqslant [K_C] \tag{2-5-2}$$

式中　　M_r，M_s——分别代表滑动土的抗滑力矩和滑动力矩；

　　　　　　$[K_C]$——规范规定的最小安全系数。

4. 土石坝的构造

（1）土石坝的坝顶构造。土石坝的坝顶构造包括坝顶材料，坝体排水，以及坝体防浪墙等部分。坝顶上游侧宜设防浪墙，墙顶高于坝顶 1.0～1.2m；为了排除雨水，坝顶面应向上、下游侧或下游侧倾斜，作成 2%～3% 的坡度。

（2）土石坝的护坡。土石坝与重力坝、拱坝等坝型不同，土石坝为散粒体组成，坝坡在水的作用（包括库水波浪及降雨在坡面形成的流水）、风的作用以及生物的某些破坏作用下，有可能在运行中使坝坡产生破坏，因此土石坝的上、下游坝坡一般都专门设置护坡。

土石坝护坡的主要类型有砌石护坡、堆石护坡，干砌混凝土块以及草皮护坡、碎石护坡等。上游护坡的常用形式为干砌石、浆砌石和堆石；下游一般采用简化形式的护坡，通常采用干砌石、碎石和砾石护坡。

对土石坝的下游坡一般为全坡面保护，对上游坡原则上从坝顶至死水位以下波浪作用不足以淘刷坝体材料的部位，实际上，多采用较轻的护坡做到坝底。

（3）土石坝的排水和反滤层。排水是土石坝设计中的一项重要内容，它包括坝面排水，避免坡面形成的冲刷破坏；也包括坝基排水，减小坝基的渗水压力，避免产生渗透破坏；最重要的是坝体排水，它可以降低浸润线的位置，有利于土石坝下游坡的稳定。

土石坝坝体排水的主要类型有：

1）贴坡排水：它可以防止产生渗透破坏，同时可以避免下游水流对坝坡的淘刷，但不能降低坝内浸润线，是保护坝脚安全的工程措施之一。

2）褥垫排水：它可以有效地降低坝内浸润线的位置，对坝下游坡的稳定特别有利。但是这种形式的排水对下游水流淘刷坝脚起不到保护作用，因此它适用于下游无水的情况。

3）棱体排水：棱体排水既可以降低坝内的浸润线，又可以防止下游水流对坝脚的淘刷，因此被广泛地采用，但是这种形式的排水石料用量大、费用高。

4）各种排水的组合形式，即两种或三种形式的组合。

5）其他形式的排水。

反滤层的作用是滤土排水，防止土工建筑物在渗流逸出处遭受管涌、流土等渗流变形的破坏以及不同土层界面处的接触冲刷。对下游侧具有承压水的土层，还可起压重的作用。过渡层主要对其两侧土料的变形起协调作用。

5. 土石坝的裂缝类型和处理措施

裂缝是土石坝常见的一种现象，有些裂缝会影响坝体的安全运行，导致土石坝的破坏，而有些裂缝则可能无关紧要，是难以避免的一种现象。

（1）根据裂缝产生的原因，变形裂缝按其形态可以分为以下几类：

① 纵向裂缝：走向大体上与坝轴线平行，多数发生在坝顶和坝坡中部。

② 横向裂缝：走向与坝轴线近乎垂直，多发生在两岸坝肩附近。

③ 内部裂缝：主要由坝基和坝体的不均匀沉降引起，很可能发展成为集中的渗流通道，危害性很大。

（2）裂缝的防治措施：

① 改善坝体结构或平面布置；

② 重视坝基处理；

③ 适当选用坝身土料；

④ 采用适宜的施工措施和运行方式。

（3）裂缝的处理措施：

① 对表面裂缝，先用砂土填塞，再用低塑性黏土封填、夯实；深度不大的裂缝，可将裂缝部位的土体挖除。

② 对深部裂缝，可进行灌浆处理，但要防止水力劈裂；对高的薄心墙及斜墙坝不宜采用高压灌浆。

③ 对严重裂缝，可在坝内做混凝土防渗墙，但施工周期长，造价高，在蓄水情况下施工，有一定的风险，要慎用。

6. 土石坝的地基处理

土石坝的地基处理主要是防渗处理，工程上常采用的形式有：

（1）垂直防渗设施，包括黏性土截水槽、混凝土防渗墙、灌浆帷幕等。

（2）上游水平防渗铺盖。

（3）下游排水设施，包括水平排水层、排水沟、减压井、透水盖重等。

由于土石坝的沉降与变形的过程较长，施工中应做好土石坝与地基，土石坝与两岸，土石坝与其他建筑物之间连接的设计与施工。

二、复习思考题

1. 土坝为什么能够得到广泛的采用和发展？它的主要优缺点有哪些？

2. 土坝可以按哪些情况分成哪些类型？

3. 如何初步拟订土坝的剖面？坝顶高程怎样确定？

4. 根据在运行中所引起的作用，土坝的坝体主要由哪几个部分组成？

5. 在相同情况下，土坝的上游坝坡与下游坝坡相比，哪一边要缓一些？为什么？

6. 对土坝剖面进行渗流计算的目的是什么？有哪些方法可以采用？

7. 土坝发生渗透的类型有哪几种？什么叫管涌？什么叫流土？它们有什么不同之处？

8. 怎样确定管涌、流土的允许水力坡降？防止土坝发生渗透破坏的措施有哪些？

9. 土坝坝坡失稳破坏的形式有哪几种？各种破坏形式与地基特性有何关系？

10. 用滑弧法计算坝坡稳定的基本假定是什么？如何找出最小安全系数？

11. 土坝的各个组成部分对土料的要求有什么不同？具体要求是什么？是何原因？

12. 如何确定土坝的压实标准？施工中的压实合格率如何掌握？

13. 土坝为什么要设置护坡？护坡的类型有哪些？上、下游护坡的范围如何确定？

14. 土坝设置排水的主要目的是什么？在土坝设计中，应考虑在哪几个方面设排水？

15. 土坝的坝体排水有哪些类型？各适用什么条件？各种排水有什么优缺点？

16. 反滤层的作用是什么？按其工作条件可划分哪两种类型？

17. 土坝与地基，土坝与两岸，土坝与其他建筑物的连接应怎样设计？为什么？

18. 土坝的裂缝主要有哪些类型？如何评价各种裂缝对坝体的危害性？

19. 针对产生裂缝的原因，防止和控制土石坝裂缝有哪些措施？各使用条件分别是什么？

20. 地震对土坝可能产生哪些破坏？设计施工中如何采取抗震措施？

21. 土坝的砂卵石地基的处理目的是什么？可采取哪些措施处理？坝基存在软弱夹泥层如何处理？它要达到什么目的？

22. 堆石坝与均质土坝相比，有什么特点？

23. 非碾压式土石坝有哪些类型？各种类型适应什么情况？

24. 在土坝枢纽设计中，如何选择土石坝的坝型？

三、作业练习题

1. 如图 2-5-1 所示的土坝剖面，设计洪水位▽435.10m，校核洪水位▽436.20m，该枢纽工程为Ⅲ等，土坝剖面的上游坝坡采用干砌块石保护，坝轴线法线方向的吹程在设计、校核情况下分别为 3.1km 和 3.15km，坝址区的多年平均最大风速为 11.2m/s，求该土坝剖面的坝顶高程。

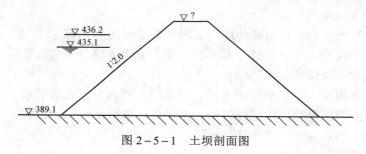

图 2-5-1 土坝剖面图

2. 已知最大坝高为 32m 的均质土坝，其中死水位水深为 10m，下游最大水深为 5m，用经验数据或经验公式拟定该工程的实用剖面，它包括：

（1）坝顶宽度；

（2）上游坝坡及下游坝坡；

（3）马道及坝坡排水设施；

（4）坝体排水及护坡设计。

3. 已知不透水地基上均质坝的浸润线方程为

$$x = \frac{k}{2q}(H^2 - Y^2)$$

求证：如图 2-5-2 所示的坝基及坝体剖面，其地基的透水层厚度为 T，地基的渗透系数为 K_T 时的浸润线方程为

$$\frac{2q}{K}x = H_1^2 + \frac{2K_T T}{K}H_1 - Y^2 - \frac{2K_T T}{K}Y^2$$

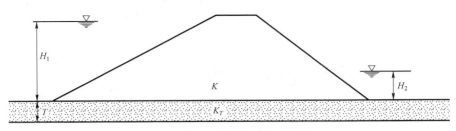

图 2 – 5 – 2　坝基及坝体剖面

4. 如图 2 – 5 – 3 所示的均质坝剖面，坝基不透水，坝体材料的渗透系数 $K = 3.1 \times 10^{-4}$ cm/s，坝体排水为贴坡排水，试绘出浸润线的位置并求出单宽渗透流量 q。

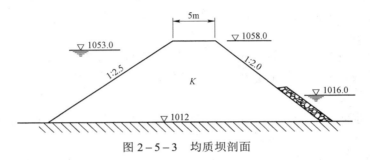

图 2 – 5 – 3　均质坝剖面

5. 已知某枢纽工程为Ⅲ等，大坝为壤土均质土坝。根据经验，料场土的最优含水量为 16%，土的比重为 27.1kN/m³。完成大坝土料的设计，求出该均质坝的设计干容重 γ_d。

第六章　水　　闸

一、学习要点

水闸是一种既能挡水蓄水、又能泄流放水，起到双重作用的低水头水工建筑物。水闸是由闸室和闸门组合而成。闸门关闭，可以挡水，起到蓄水抬高水位的作用，而闸门开启，则可以放水，起到泄流降低上游洪水位的作用。

1. 水闸的类型

按照水闸所担负的任务及修建水闸的目的，水闸可以分为：

（1）节制闸或拦河闸，一般建在河道上或渠系的干渠上，起到抬高上游水位或者控制下泄水流流量的作用。

（2）进水闸也叫取水闸，一般建在河道的岸边，水库岸边以及湖泊的岸边，用以引水灌溉，发电等，并控制引水流量，称渠首闸。

（3）排水闸，建于江湖沿岸，当堤外水位高于堤内江湖水位时，开闸向江湖内排水；当江湖内水位抬高，关闭闸门，以防洪水倒灌。

（4）分洪闸，一般建于江河的某一侧部位，当江河内的洪水流量过大，对下游两岸具有一定威胁时，可以开启分洪闸，将部分洪水泄入某一洼地内，湖泊中，以削减洪峰，保证江河的度汛安全。

（5）挡潮闸，常建于江河的入海口地段，当涨潮时，海水高于江水，防止海水倒灌，则关闭闸门；在落潮的情况下，则开启闸门、江河水流泄入海内。

2. 水闸的组成

（1）闸室。闸室包括闸门、底板、闸墩、工作桥、交通桥等部分。闸室是水闸的主要部分，控制水流、连接两岸等作用均由闸室承担。

（2）上游连接段。上游连接段包括上游防冲槽、铺盖、上游翼墙，上游护岸护坡等部分。上游连接段的主要任务有防渗，防止行进水流对两岸、河床的冲刷以及引导水流平顺地进入闸室。

（3）下游连接段。下游连接段包括护坦、海漫、下游防冲槽、下游翼墙及下游护岸护坡等部分。其主要作用是消能，防冲并使过闸水流平顺地与下游水面衔接。

3. 水闸的设计特点及设计要求

通常在河流的中、下游平原区修建水闸工程的较多，因此它的基础可能是基岩，也可能是软基。对于软基上的挡水、泄水建筑物，沉陷、冲刷破坏及渗透破坏是其运行中最明显的特点，因此设计中应特别注意：

（1）闸室的结构形式必须与地基特性相适应，避免闸室发生失稳破坏及不均匀沉陷破坏。

（2）做好下游消能设计，避免对河床及两岸造成冲刷破坏。

（3）做好上、下游的连接及地基的防渗处理，避免地基及两岸发生渗透破坏。

4. 水闸孔口设计

水闸孔口设计主要的任务是：

（1）选择闸孔的堰型，计算闸孔的泄流能力。

（2）根据水闸的泄流能力，上游水位的控制以及冲刷、冲沙、建筑物的任务、规模、造价等因素选定闸底板的高程。

（3）根据地形、单孔泄流能力等确定水闸的总宽度。

（4）根据水力计算，确定闸下的水流衔接方式，消力池的深度、长度等基本尺寸。

5. 闸下的防冲措施

由于水闸的挡水作用，在水闸的上下游形成了水位差，因此当水闸泄流时，尤其对软基河床有可能造成破坏性的冲刷。工程上常采用的防冲措施有：

（1）护坦。护坦的形式，护坦的作用以及护坦的设计、构造等与溢流坝下游基本相似。

（2）海漫。在经过护坦上的消能以后，仍有部分余能的水流如果直接放入原河床，可能导致河床的冲刷破坏。因此，应设置一段海漫，它是护坦到河床之间的一个过渡性保护河床的措施。

海漫一般有干砌石海漫、浆砌石海漫、混凝土板及钢筋混凝土板海漫等。海漫应具有适应河床变形的柔性，且坚固、耐冲。

（3）防冲槽。防冲槽是水闸下游防冲的最后一道措施。它是为防止水流淘刷海漫的床基，造成海漫的破坏，在海漫的末端设置的抛石槽或齿墙式防冲槽。防冲槽的底部必须深于可能的冲刷深度，以切断冲刷坑的上延。

6. 闸基的防渗设计

防渗是做好水闸设计的关键因素之一。

（1）闸基的防渗长度及相应的地下轮廓线。防渗长度的确定可以采用莱因法，也可以采用勃莱法。勃莱法认为无论渗径是水平的还是垂直的，其效果是相同的；而莱因法则认为承压水在地基中渗流的过程中，垂直渗径的效果要优于水平渗径，且从定量上认为垂直渗径的作用是水平渗径的 3 倍。

水闸地下轮廓的形状可以根据不同的地质情况及不同的渗径长度确定。对地基较好，不易产生渗透破坏的，可以布置成水平向的；而地基极易发生渗透破坏，需要的渗径较大时，则可以采用水平及垂直两个方向防渗的地下轮廓。

（2）渗透计算。闸基渗透计算的目的在于求解作用在闸底板上的渗透压力、渗透坡降以及通过地基的渗透流量。常用的计算方法有：流网法、阻力系数法和直线法。其中直线法又可以分为勃莱法和莱茵法。

（3）防渗工程措施。在水闸的防渗设计中，常采用的工程措施有铺盖、板桩、齿墙等。铺盖设于闸室的上游，用不透水，具有一定柔性的材料筑成，以便达到延长水平渗径，减小作用在闸室上的渗透压力及闸室中渗透坡降的作用。铺盖一般采用黏土、黏壤土，有时也用混凝土，钢筋混凝土或沥青混凝土筑成，与当地的基础变形情况及材料情况有关。

板桩属垂直防渗措施。当闸基下的透水层不深时，采用板桩截断透水层也是水闸闸基防渗的有效措施。板桩可以采用木板桩、钢筋混凝土板桩以及钢板桩等。

齿墙一般设在闸底板的上下游两端，其主要目的是增加水闸的稳定性，同时延长了垂直向的渗径。齿墙较浅，一般深度为 0.5～1.5m，与闸室底板的材料相同，且与闸底板浇为一个整体。

7. 闸室的稳定及应力计算

（1）闸室的稳定验算包括闸基深层地基的稳定验算和沿底板与地基基础面的抗滑稳定验算。如果闸门布置在闸室的上游端，还应当验算闸室的抗浮稳定情况。

闸室的稳定验算方法与重力坝基本相同，根据不同的地基，不同的闸基轮廓形式，采用不同的计算方法和相应的控制安全系数。

闸室的稳定计算应当以一个闸室单元来进行。

（2）闸室的应力验算应当分别计算闸墩的强度，闸底板的强度及胸墙的强度。

1）闸墩的强度计算还包括对平面闸门门槽的应力计算和对弧形门支座的应力计算。

2）闸室底板的强度计算与闸室的布置有关，对于整体式的平底板，一般可以采用倒置梁法即认为地基反力作用在底板上，将底板看作支承在闸墩上的梁，求出其内力、应力，还可以采用弹性地基梁法进行计算。

3）胸墙强度计算可以按板式或板梁式进行。

8. 水闸与两岸的连接

（1）水闸通常建立在河流的中下游，河岸多为软基，因此水闸与两岸的连接形式多为挡土墙式的构筑物。水闸的挡土墙多采用重力式挡土墙，悬臂式挡土墙或扶壁式挡土墙。

（2）闸室与上下游的连接形式多采用翼墙的形式，为了保证水流的平顺，上游翼墙的收缩角不大于 18°，下游翼墙的扩散角一般不大于 12°。翼墙的形式可以是扭曲面翼墙，反翼墙、圆弧翼墙等。

9. 水闸的地基

（1）对软黏土地基，一般可以采用：① 预压加固处理；② 换土垫层处理；③ 桩基加固处理；④ 振冲或强夯加固处理。

（2）对松砂地基，一般可以采用：① 爆炸加密处理；② 振冲或振捣加密处理。

二、复习思考题

1. 水闸在水利枢纽中起的作用是什么？如何分类？
2. 与其他挡水建筑物相比，水闸有哪些特点？
3. 水闸的孔口形式有哪些？常用哪些堰型？各有什么特点？
4. 如何设计水闸的净宽和水闸的总宽？
5. 水闸消能防冲的特点是什么？通常采用哪些措施进行消能？
6. 水闸护坦的厚度如何确定？设计时应当考虑哪些荷载？
7. 在水闸的运行中，海漫起到的作用是什么？工程上常用的形式有哪些？
8. 确定水闸闸基防渗长度的方法有哪些？各方法有什么特点？
9. 直线比例法计算闸基渗透压力的基本原理是什么？
10. 改进阻力系数法计算闸基渗透压力的基本原理是什么？
11. 对闸基进行渗透计算的目的是什么？有哪些分析计算方法？

12. 在闸底板的设计中，整体式底板和分离式底板各有什么优缺点？各适用于什么条件？

13. 水闸的稳定验算应计及哪些荷载？如何组合？应计算哪些不同部分的失稳情况？

14. 如何确定闸墩的长、宽、高三个方向上的尺寸？

15. 如何进行闸室抗滑稳定验算和地基稳定验算？

16. 当闸室沿地基表面抗滑稳定不满足规范要求时，可以采取哪些增稳措施？

17. 当流线通过不同渗透系数的土层时，渗流线的转折角如何变化？

18. 闸墩的强度计算应计算闸墩的哪些部位？具体计算什么应力？为什么？

19. 整体式平底板的闸底板强度计算方法有哪些？它们的基本特征是什么？如何确定它们的计算简图及作用在计算简图上的荷载？

20. 阻滑板和铺盖在水闸的抗滑稳定方面各起什么作用？它们在阻滑上有何相同之处和不同之处？

21. 处理软黏土的工程措施有哪些？

22. 其他形式的水闸有哪些类型？各自的特点是什么？

三、作业练习题

1. 某水闸需要设置海漫，已知海漫末端的最大单宽流量 $q=15m^3/(s\cdot m)$，末端处的水深为 1.5m，海漫的纵坡为 1:20，河床为细砾结构，试分析水闸下游海漫末端的冲刷深度以及处理方法。

2. 如图 2-6-1 所示的水闸，上游水位▽88.9m，闸室底板总长 18.6m，底板高程▽79.8m，其余尺寸见图。用直线法求出作用在闸底板上的扬压力 U，并绘出扬压力分布图。

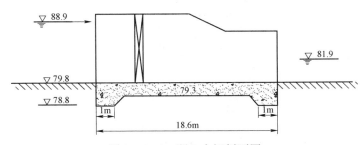

图 2-6-1　题 2 水闸剖面图

3. 如图 2-6-2 所示的混凝土水闸，图中尺寸单位为 m，水闸地基为粗沙，闸底板与地基间的摩擦系数 $f=0.43$，求该水闸的平面抗滑安全系数及平均渗透坡降，并分析水闸的安全性。

4. 如图 2-6-3 所示混凝土水闸，混凝土容重 $\gamma_c=24kN/m^3$（2.4t/m³）；水闸底板为整体式平底板，二孔为一体，试绘出计算闸板强度的计算简图（倒置梁法），并标出作用在简图上的荷载。

5. 如图 2-6-3 所示的水闸，当过流泄水时，闸室内的水位为▽366.5m，求检修情况时闸墩的侧向稳定性及闸墩底部两侧的应力值（注：当检修时考虑一孔停水检修，邻孔过水泄流，且检修门位于闸室两端）。

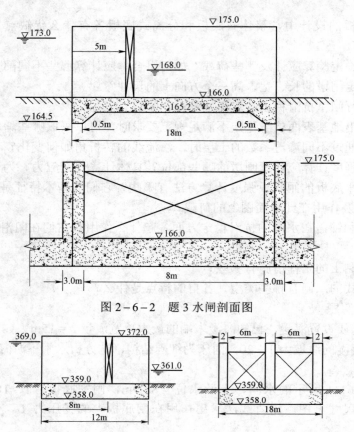

图 2-6-2　题 3 水闸剖面图

图 2-6-3　题 4、5 水闸剖面图

第七章 岸边溢洪道

一、学习要点

岸边溢洪道，也称河岸溢洪道。它是宣泄库内多余洪水，防止洪水漫坝，保障大坝安全的一种永久性主要建筑物。在水库枢纽设计中，岸边溢洪道与大坝、引水建筑物等主要建筑物具有同等地位，应给予足够的重视。

溢洪道的主要形式有：

（1）正槽溢洪道，溢流堰轴线与泄槽轴线接近正交，过堰水流流向与泄槽轴线方向一致，水流过堰后直行进入下游泄槽段。

（2）侧槽溢洪道，侧槽溢洪道的水流经过溢流堰泄入与堰大致平行的侧槽后，在槽内转向约 90°，经泄槽或泄水隧洞流向下游。就水流流态而言，侧槽溢洪道的水流条件劣于正槽溢洪道。但在没有合适的地形条件修建正槽溢洪道时，侧槽溢洪道也是工程常用的一种泄洪形式。

（3）井式溢洪道，由环形溢流堰、喇叭口、渐变段、竖井段、拐弯段、泄水隧洞段及出口消能段组成的泄洪设施。

（4）虹吸式溢洪道，一般由进口段、虹吸管、发生或停止虹吸的辅助设施、泄槽以及下游消能设施等部分组成。

设计溢洪道的基本要求是：具有足够的泄流能力，能宣泄设计、校核情况下的洪水流量；各组成部分在泄流过程中能够保持正常运行，确保其自身的安全；设计好上、下游的水流衔接，保证进流能力，防止下游的冲刷。

正槽溢洪道一般由引渠段、控制段、泄槽段、消能段、尾水渠段等组成。

1. 引渠段

引渠段是连接水库与控制段的连接段。为了提高溢洪道的泄流能力，减小引渠段内的水头损失，通常引渠内控制的水流流速较小，呈缓流流态。

设计布置引渠段的基本方针为"短、直、慢"。所谓"短"，指引渠段的长度尽量短，在可能的情况下，控制段靠近水库；所谓"直"，将引渠段的轴线尽量布置成直线，以避免产生横向比降，控制段内的水流不平顺，影响过流能力；"慢"则指引渠内的流速尽量小，其目的都是减小堰前的能量损失，加大泄流能力。

2. 控制段

也称溢流堰段。控制段是溢洪道的咽喉部分，溢洪道的泄流能力能不能达到预期的目标就决定于这一部分。

在岸边溢洪道的控制段内，采用的溢流堰堰型有宽顶堰、低实用堰、驼峰堰、折线形堰等。

当堰顶不设胸墙，呈开敞式泄流时，其泄流能力用堰流公式计算。

$$Q = mL\sqrt{2g}H_0^{3/2} \tag{2-7-1}$$

式中　Q——泄流流量（m^3/s）；

　　　m——流量系数，根据设计的堰型选择；

　　　L——溢流堰的前沿长度（m）；

　　　g——重力加速度 $9.81m/s^2$；

　　　H_0——包括行进流速在内的堰上水头（m）。

如果堰顶上设有胸墙，或者以闸门开度控制泄水流量，则采用孔流公式计算。

$$Q = \mu\omega\sqrt{2g}H_0^{1/2} \tag{2-7-2}$$

式中　μ——孔流流量系数；

　　　ω——孔流的过水断面面积（m^2）；

　　　其余符号同前。

3. 泄槽段

泄槽是溢流堰与下游消能工的连接部分，一般情况，岸边溢洪道的溢流堰都较低，当溢洪道的上、下游水位高差较大时，为了减小工程量、降低造价，通常将溢洪道的主体部分——泄槽段设计成陡坡，水流为急流状态。鉴于这种情况，泄槽段的体形设计至关重要，它们包括：

（1）为了减小开挖，首部常设计成收缩的形式。

（2）为了减小对下游的冲刷，末端常设计成扩散的形式。

（3）为了避免负压、空蚀的产生，底坡变化处应设计成曲线连接。

（4）由于急流离心力的作用，如泄槽段内平面设有弯道，应进行弯道的设计等。

由于泄槽段内的流速较大，存在冲刷破坏的可能性，通常对泄槽的槽底，两侧进行衬砌加固。为了衬砌本身的稳定安全，一般在衬砌的背面设置纵、横向排水系统。

在泄槽段侧墙的衬砌中，工程上采用较多的衬砌形式有重力式，即挡土墙式；扶壁式；悬臂式等。

4. 出口消能段

溢洪道的出口消能与重力坝的坝下消能基本相同，只是溢洪道的出口距大坝较远，干扰可能较小，因此采用挑流消能工的较多。当采用挑流消能时，应计算冲坑对溢洪道消能工基础的冲刷影响。

二、复习思考题

1. 水库枢纽为什么要设溢洪道？在哪些枢纽中需要设置岸边溢洪道？

2. 岸边溢洪道有哪些类型？它们各适用的条件是什么？

3. 以正槽溢洪道为例，说明溢洪道由哪些组成部分？各部分起的作用是什么？

4. 如何选择溢洪道的线路？

5. 溢洪道的侧墙高度如何确定？

6. 与重力坝坝下的消能工相比，溢洪道的消能工有什么相同之处？有什么不同之处？

7. 在溢洪道泄槽段的底坡设计中，当前后两段的底坡坡度出现 $i_1 > i_2$ 或 $i_1 < i_2$ 时，应如何连接？为什么？上述两种不同的变坡以何者为好？

8. 溢洪道的各段在设计时，对衬砌应如何要求？为什么？

9. 在溢洪道的泄槽段中，遇到转弯，应怎样设计？

10. 如何确定引渠段和泄槽段的侧墙高度？

11. 非常溢洪道有哪些类型？设计非常溢洪道时应注意什么问题？

三、作业练习题

1. 如图 2-7-1 所示的溢洪道挑流消能设施，鼻坎挑角 $\theta = 25°$，挑坎处的流速 $v = 18 \text{m/s}$，挑坎上的单宽流量 $q = 35 \text{m}^3/\text{s}$，下游水位比挑坎顶低 2.8m，下游水深 $h = 3.1 \text{m}$，该处河床为破碎的岩石即砂卵石覆盖层。求鼻坎上水舌的挑距 L、挑坎下的最大冲坑深度 t；拟定出鼻坎基础的衬砌深度（此坎顶下砌深度）。

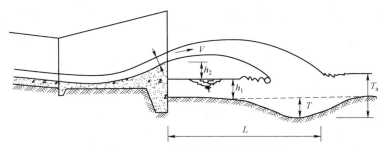

图 2-7-1 溢洪道挑流消能设施

2. 某溢洪道的进口，控制段总宽为 50m，由于地形、造价上的原因，拟布置一定长度的收缩段。已知泄槽段的宽度为 30m，溢流堰下的流速为 12m/s，堰下水深为 2.2m，求收缩段的最小长度需要多长？

3. 某工程必须修建侧槽溢洪道，已知库内设计洪水位▽608.6m，堰顶高程▽607.1m，设计泄洪流量为 58m³/s，该处为岩基，侧槽的糙率 $n = 0.035$。

求：（1）所需侧槽的长度。

（2）侧槽的形式及其断面尺寸。

第八章 水 工 隧 洞

一、学习要点

水工隧洞是水利枢纽工程尤其是土坝枢纽中不可缺少的水工建筑物之一。对于需要从深层取水、放水、泄水的水利枢纽工程，在条件许可的情况下，水工隧洞是优先考虑的方案之一。

在枢纽工程中，水工隧洞与坝、溢洪道等建筑物相同，属永久性主要建筑物。在水工隧洞的设计中，其级别与大坝和溢洪道一致。

1. 水工隧洞在枢纽中的作用

（1）可以作为主要的或辅助的泄洪设施，宣泄设计、校核洪水；

（2）用以引水发电、灌溉、供水、航运和生态输水等；

（3）冲淤排沙，延长水库的寿命；

（4）放空水库，以利检修或人防；

（5）施工期间的施工导流。

2. 水工隧洞的工作特点

水工隧洞位于地下，其作用水头一般较大，与岸边溢洪道相比，水工隧洞的工作特点如下。

（1）由于水工隧洞的作用水头大，因此水工隧洞的流速一般较高，出口的单宽流量及单宽能量也较大。

（2）进口位置低，闸门上作用的水压力较大。因此，对闸门门体的结构、启闭、止水等相对要求较高。

（3）高水头的无压泄水隧洞对隧洞的体形要求较严格，以免发生空蚀破坏。

（4）高水头的压力隧洞，要求承担较大的内水压力，要求衬砌有足够的强度，以免内水外渗影响围岩的稳定及恶化周围的水文地质条件。

（5）水工隧洞属地下结构，开挖后破坏了原岩岩体的平衡，将会产生山岩压力。

（6）水工隧洞属地下的封闭性过水建筑物，运行中需要有通气设施。

（7）水工隧洞的断面尺寸相对较小，长度相对较长，施工中的工序多，干扰大，工作面少。

3. 水工隧洞的分类

（1）从水工隧洞在水利枢纽中起的作用，可以将水工隧洞分为：① 泄洪或溢洪隧洞；② 引水发电或尾水隧洞；③ 排沙隧洞；④ 放空水库隧洞；⑤ 施工导流隧洞；⑥ 灌溉和供水隧洞。

（2）从隧洞内的水流情况，可将水工隧洞分为：① 有压隧洞，即洞内充满了水，隧洞断面全部为过水断面；② 明流洞也叫无压隧洞，即洞内存在自由水面，洞内的过水断面小于水工隧洞的断面面积。

4．水工隧洞的布置（线路选择）

水工隧洞的布置，主要是确定以下几个问题。

（1）综合考虑选定水工隧洞的布置。

（2）水工隧洞的进口，包括进口的形式，进口高程，进口位置，以及闸门在隧洞中的位置、形式。

（3）洞身纵坡及洞身断面形状和尺寸。

（4）水工隧洞的出口位置、出口高程、出口形式及消能工形式等。

（5）布置时还应考虑占地、植被破坏和恢复、施工污染、运行期地下水位变化等对环境的影响和水土保持的要求。

水工隧洞是一个纵向尺寸很大而横向尺寸相对较小的地下建筑物。因此，线路选择的好坏是水工隧洞成败的关键因素之一。一般来说，水工隧洞的选线应从以下几个条件考虑。

（1）地形、地质条件。

（2）洞线在平面上力求短直，同时考虑洞内的水流流态条件。

（3）隧洞应有一定的埋藏深度。

（4）隧洞的纵坡，应根据运用要求、上下游衔接、施工和检修等因素综合分析比较后确定。

（5）长隧洞利用地形地质条件，改善施工条件，加快施工进度。

5．水工隧洞衬砌形式及目的

衬砌形式的选择取决于隧洞的类型、隧洞的规模及围岩的地质情况，一般情况可以归纳为以下几种：

（1）平整衬砌。平整衬砌也叫抹平衬砌或护面衬砌，只适用地质条件很好，规模也不大的水工隧洞。衬砌仅用于减小糙率，不承担荷载。

（2）单层衬砌。单层衬砌主要适用于中等地质条件、断面较大、水头及流速较高的水工隧洞。衬砌除起到减小糙率之外，还要承担山岩压力，内外水压力等荷载。

（3）组合式衬砌。压力洞的组合式衬砌有内层为钢板、钢筋网喷浆，外层为混凝土或钢筋混凝土的组合形式；无压隧洞的组合式衬砌形式有：顶拱、边墙和底板按混凝土、钢筋混凝土、浆砌石、喷锚等不同形式的组合。

（4）预应力衬砌。

（5）锚喷支护。

按照一般情况，水工隧洞的衬砌可以起到以下几点作用：

（1）限制围岩变形，保证围岩稳定。

（2）承受围岩压力、内水压力等荷载。

（3）防止渗漏，防止冲蚀破坏。

（4）减小洞内的糙率，加大隧洞的过流能力。

6．水工隧洞的断面形式

水工隧洞的断面形式由断面的几何形状命名。根据隧洞的形式、用途、地质条件确定。

对于有压隧洞，从最佳过水断面及在内、外压力作用下的结构条件出发，一般采用圆形断面。

对于无压隧洞，工程上常用的有：

（1）上圆下方的城门洞形断面，也叫圆拱直墙形，主要适用于岩层中开挖的无压隧洞，没有侧向山岩压力或者侧向山岩压力很小的情况。

（2）马蹄形断面，主要适用于软基地层中的隧洞，以及其他围岩地质差的情况。软基地层中开挖洞室不仅有垂直向山岩压力，侧向山岩压力，还有向上的隆起力。因此隧洞的各边做成曲线形的型式。

（3）圆形断面。

7. 水工隧洞的衬砌计算

水工隧洞的衬砌计算也称结构计算，主要目的是核算衬砌在各种可能的荷载作用下的强度，即应力情况，用以判断该隧洞在运行中是否能够确保安全。在进行隧洞衬砌计算之前，必须首先确定作用在隧洞衬砌上的荷载。

（1）作用在衬砌上的荷载：

1）围岩压力，也称山岩压力。包括垂直向的山岩压力，如果存在也包括侧向山岩压力和隆起力。

2）内水压力，如果是压力洞包括均匀内水压力和非均匀内水压力。

3）外水压力。

4）衬砌自重。

5）温度作用。

6）地震力及施工中的灌浆压力等。

（2）水工隧洞的荷载组合。衬砌计算时应根据荷载特点及同时作用的可能性，按出现最不利的情况进行组合。正常运用情况属基本组合，用以设计衬砌的厚度、材料标号和配筋量，其他情况用作校核。

1）正常运行情况：计入的荷载有山岩压力、衬砌自重、弹性抗力、宣泄设计洪水时的内水压力及可靠的外水压力。

2）施工情况或检修情况：计入的荷载有山岩压力、衬砌自重、弹性抗力、最大可能的外水压力或者灌浆压力。

3）非常运用情况：计入的荷载有围岩压力、衬砌自重、宣泄校核洪水时的内水压力及外水压力。

（3）圆形压力隧洞衬砌计算的步骤。

1）拟定衬砌厚度 h

$$h \geqslant r_i \left[\sqrt{A \frac{[\sigma_{hl}] + P}{[\sigma_{hl}] - P}} - 1 \right] \qquad (2-8-1)$$

式中　　r_i ——圆形压力洞衬砌的内半径（m）；

　　$[\sigma_{hl}]$ ——衬砌材料的许可应力（kPa）；

　　P ——圆形压力洞的均匀内水压力强度（kPa）；

　　A ——弹性特征因数，如果不计弹性抗力，则 $A=1$。

$$A = \frac{E - K_0(1+\mu)}{E + K_0(1+\mu)(1-2\mu)} \qquad (2-8-2)$$

式中　　E——衬砌材料的弹性模量（kPa）；

　　　　K_0——围岩的单位弹性抗力系数（kN/cm³）；

　　　　μ——衬砌材料的泊桑比。

2）计算作用在衬砌上的荷载。

3）按弹性理论公式，计算在均匀内水压力作用下衬砌的边缘应力 σ_i、σ_e

$$\sigma_i = \frac{t^2 + A}{t^2 - A}P \qquad (2-8-3)$$

$$\sigma_e = \frac{1 + A}{t^2 - A}P \qquad (2-8-4)$$

式中　　σ_i，σ_e——衬砌内、外边缘应力（kPa）；

　　　　t——衬砌外半径内半径的比值，$t = r_e / r_i$；

　　　　r_e——衬砌的外半径（m）。

其余符合同前。

4）按结构力学公式分别计算在山岩压力，衬砌自重、非均匀内水压力，灌浆压力等荷载作用下衬砌的内力值。

5）根据不同的组合情况，分别计算衬砌在各种组合荷载作用下的边缘应力值

$$\sigma_{内} = \sigma_i + \frac{\sum M}{W} - \frac{\sum N}{F} \qquad (2-8-5)$$

$$\sigma_{外} = \sigma_e + \frac{\sum M}{W} - \frac{\sum N}{F} \qquad (2-8-6)$$

式中　　$\sigma_{内}$，$\sigma_{外}$——隧洞衬砌的内边缘和外边缘的应力值，以拉应力为正；

　　　　$\sum M$——除均匀内水压力以外，其他应计入的各项荷载所产生的弯距（以内缘受拉为正）（kN·m）；

　　　　$\sum N$——除均匀内水压力以外，其他应计入的各项荷载所产生的轴向力（以压为正）（kN）；

　　　　F，W——计算衬砌截面的截面面积、抗弯刚度（m²，m³）。

6）以包括均匀内水压力在内，应计入的所有荷载所产生的总内力进行配筋计算。

7）选择钢筋，绘出衬砌断面图。

8．喷锚支护

喷锚支护也叫锚喷支护，是对围岩进行喷混凝土支护和打锚杆支护的总称。

根据洞室围岩的稳定情况，可以单独使用喷混凝土支护或单独使用锚杆支护，也可以联合使用。当围岩十分破碎，掉块严重时，还可以使用喷混凝土，打锚杆加挂网的安全措施。

9．应力计算

对于无压隧洞、进口控制建筑物、渐变段等封闭的超静定结构，采用结构力学的方法可解出结构的内力，然后计算应力。

二、复习思考题

1．按用途和洞内水流情况分，水工隧洞可以分为哪些类型？

2. 水工隧洞的进口布置与溢洪道的进口相比，有些什么特点？

3. 如何布置水工隧洞的纵断面？

4. 什么叫工作闸门？什么叫检修闸门？什么叫事故闸门？它们在运行方式上有什么不同？

5. 深式泄水闸隧洞中的工作闸门可以是平板闸门，也可以是弧形闸门，检修闸门是否同样可以选择平面门和弧形闸门？为什么？

6. 水工隧洞中的工作闸门一般可以布置在隧洞的什么位置？各适用什么样的条件？

7. 选择水工隧洞线路时，应考虑什么样的条件？达到什么样的要求？

8. 隧洞的首部结构即进口控制建筑物有哪些形式？各有什么优缺点？适合什么样的情况？

9. 水工隧洞的通气孔在运行中和检修时各起什么作用？如何确定通气孔的面积？

10. 什么叫压力隧洞？什么叫无压隧洞？

11. 压力隧洞的断面形式有哪些？最常用的是哪一种？为什么？

12. 无压隧洞的断面形式有哪些？各种形式适用于什么样的条件？

13. 水工隧洞的衬砌形式有哪些？各适用于什么条件？

14. 对水工隧洞进行衬砌的目的是什么？作用在衬砌上的荷载有哪些？如何组合？

15. 什么叫组合式衬砌？在什么条件下采用组合式衬砌？

16. 设计无压隧洞时，对水面线以上的净空一般有什么要求？为什么？

17. 泄水隧洞布置掺气槽的作用是什么？一般应在什么位置布置？

18. 当采用发电洞和泄洪洞合一布置的方案时，在水流条件上容易发生什么问题？在设计上如何克服？

19. 什么叫围岩压力？在什么情况下会产生水平向围岩压力？如何计算围岩压力的大小？

20. 什么叫弹性抗力？弹性抗力的考虑与否和什么因素有关？弹性抗力的大小与什么因素有关？

21. 圆形压力隧洞衬砌的结构计算中，在均匀内水压力作用下求解应力的基本方法是什么？在其他荷载作用下的求解方法是什么？

22. 圆形压力隧洞设计时，初步拟定衬砌厚度的方法是什么？如何推导出来的？

23. 地质条件很好的地层中设计圆形压力隧洞，在山岩压力及衬砌自重作用下的弹性抗力如何分布？绘出弹性抗力分布图。

24. 分离式底板结构形式的圆拱直墙形和马蹄形隧洞的弹性抗力如何分布？（考虑弹性抗力的地层情况）

25. 什么叫喷锚？一般可以怎样使用？

26. 喷锚支护的基本原理是什么？在什么样的洞段可以使用喷锚？在什么时间实施喷锚措施效果最佳？

三、作业练习题

1. 如图 2-8-1 所示的无压隧洞断面及洞内水深，判断（a）、（b）两个断面的设计是否符合规范的要求？

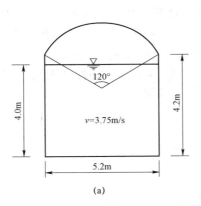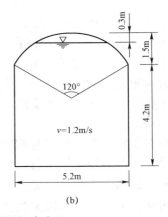

图 2-8-1　无压隧洞断面及洞内水深

2. 如图 2-8-2 所示的放水洞工程,工作闸门为弧形门设于出口,出口门框断面面积为 7.5m²,进口设喇叭口,平面检修门以及渐变段,洞身为圆形洞,直径 3m,隧洞总长 707.28m,其余数字见图示,求闸门全开时的泄流能力 Q。

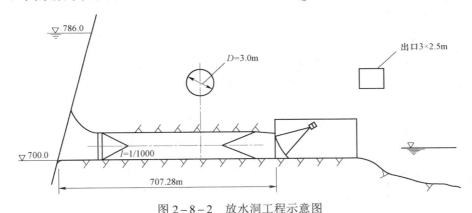

图 2-8-2　放水洞工程示意图

3. 已知圆形压力洞在均匀内水压力作用下,衬砌内边缘的应力计算式为

$$\sigma_i = \frac{t^2 + A}{t^2 - A}P$$

求证圆形压力洞衬砌的最小厚度为

$$h \geqslant r_i \left[\sqrt{A\frac{[\sigma_{hl}] + P}{[\sigma_{hl}] - P}} - 1 \right]$$

4. 完成圆形压力洞的断面设计。

A. 基本资料

(1) 水库正常蓄水位: ▽605.0m。

(2) 水库校核洪水位: ▽610.6m。

(3) 水工隧洞中心高程: ▽572.0m。

(4) 隧洞的内直径: D=3.5m。

（5）该隧洞拟采用钢筋混凝土单层衬砌，材料的泊桑比 $\mu = 1/6$；材料的弹性模量 $E_C = 1.8 \times 10^7 \text{kPa}$；容重 $\gamma_c = 25 \text{kN/m}^3$；材料极限抗拉强度 $\sigma_l = 1750 \text{kPa}$；钢的弹性模量 $E_g = 2.1 \times 10^7 \text{t/m}^2 = 2.1 \times 10^8 \text{kPa}$；钢的极限抗拉强度 $\sigma_g = 2.85 \times 10^5 \text{kPa}$。

（6）围岩容重 $\gamma_R = 27 \text{kN/m}^3$；围岩的牢固系数 $f_k = 3.5$，单位弹性抗力系数 $K_0 = 2 \text{kN/cm}^3$。

（7）该工程为 III 等工程，水工隧洞为永久性主要建筑物。

B. 作业要求

（1）计算在正常运行情况下衬砌的内力；

（2）计算在正常运用情况下衬砌水平直径处的内、外边缘应力 $\sigma_{内}$、$\sigma_{外}$；

（3）根据衬砌的内力配置钢筋；

（4）绘出包括配筋在内的隧洞衬砌断面图。

第九章 闸 门

闸门的设计在《钢结构》课程中讲述,《水工建筑物》课中着重于掌握闸门的类型、运用以及闸门的启闭系统等。

1. 闸门的类型及设计要求

按其工作性质可分为工作闸门、事故闸门和检修闸门。

按闸门关闭时门叶顶与水面的相对位置可分为露顶式闸门和潜孔式闸门。

按闸门门叶外观形状可分为平面闸门、弧形闸门、人字闸门、扇形闸门、圆筒闸门、浮箱闸门、叠梁门。

对闸门的设计要求是:

(1) 能满足运用上的各种要求;

(2) 泄流条件要好,不能产生空蚀振动及闸门振动等现象;

(3) 应有很好的止水设施,不能漏水;

(4) 启门力要小,操作灵活、方便;

(5) 闸门的各个零部件应满足运用、制造、安装以及检修方便等要求。

2. 平面闸门

平面闸门是工程上应用最广泛的一种闸门。它被普遍应用于工作闸门,事故闸门以及检修闸门。平面闸门的优点有:

(1) 结构简单,便于制造、安装和运输;

(2) 可以吊出孔口,便于检修和维护;

(3) 几孔闸门可以互换使用,运用方便;

(4) 布置上比较紧凑,启闭设备也比较简单。

平面闸门的缺点在于:

(1) 有门槽存在,对水流条件有不利影响;

(2) 与弧形闸门比,启门力相对较大;

(3) 不利于局部开启运行。

平面闸门常用的启闭设备是:卷扬式启闭机、螺杆式启闭机和液压式启闭机。

止水是闸门的重要组成部分,露顶闸门需要在底部和两侧设置止水,而深孔闸门则需要四面止水。

平面闸门的启闭力按下式计算。

(1) 闭门力 F_W

$$F_W = n_T(T_{Zd} + T_{ZS}) - n_G G + P_t \qquad (2-9-1)$$

式中 n_T ——摩阻力安全系数,一般取 1.2;

n_G ——自重修正系数，计算闭门力时取 0.9～1.0；

T_{Zd} ——支承摩阻力；

T_{ZS} ——止水摩阻力；

G ——闸门自重；

P_t ——水对闸门的上托力。

如果计算结果 $F_W < 0$，则表明向下的力大于向上的力，闸门可以靠自重关闭；反之，如果 $F_W > 0$，则说明闸门的自重不足以克服各种摩阻力使闸门关闭，必须对闸门配重或加压关闭。

（2）启门力 F_Q

$$F_Q = n_T(T_{Zd} + T_{ZS}) + P_X + n'_G G + G_i + W_S \qquad (2-9-2)$$

式中　n'_G ——自重修正系数，计算启门力时取 $n'_G = 1.0～1.1$；

P_X ——动水对闸门的下吸力；

G_i ——对闸门施加的配重，无配重的 $G_i = 0$；

W_S ——作用在闸门上的水柱压力；

其余符号同前。

3. 弧形闸门与深孔闸门

弧形闸门一般用于工作闸门，可以用于表孔，也可以用于潜孔。与平面闸门相比，弧形闸门的优点是启门力较小，启闭机的容量可以较小，弧形闸门不设门槽，对水流流态几乎没有干扰；但是，由于弧形闸门被铰接于固定的支铰上，闸门不能吊出孔口，维修不如平面闸门方便；也不能用作检修闸门。

深孔闸门承受的水压力较大，对止水的要求较高。一般用于深孔的闸门有平面闸门、弧形闸门、高压平面滑动阀门、其他阀门。

二、复习思考题

1. 闸门的主要组成部分有哪些？

2. 从闸门的工作性质可以将闸门分成哪些类型？其工作性质是什么？

3. 从闸门的结构可以将闸门分成哪几种？各种类型的运行方式是什么？

4. 什么叫露顶闸门？什么叫潜孔闸门？举例说明各适用于什么水工建筑物上。

5. 在闸门的设计中应注意哪些问题？

6. 直升式平面门有哪些优、缺点？

7. 平面闸门的启门力与闭门力是否相等？为什么？如何确定启门力和闭门力？

8. 工程上常用的启闭机主要有哪些类型？为什么？如何确定启门力和闭门力？

9. 与平面闸门相比，弧形闸门有哪些优、缺点？

10. 弧形闸门的支铰在布置上有什么要求？

11. 弧形闸门的启门力与闭门力如何确定？

12. 深孔闸门在设计上与露顶闸门有什么不同？

第十章 过坝建筑物、渠首及渠系建筑物和整治建筑物

一、学习要点

与前几章相比，本章包含的内容较杂而多。首先介绍了水利枢纽中的几项专门建筑物——通航建筑物、过木建筑物的类型、适用条件和设计要求。其次，本章又介绍了取水枢纽中：① 无坝取水枢纽的工作特点、位置选择及枢纽布置方式；② 有坝取水枢纽的布置及构造。另外，本章还介绍了渠系及渠系上的建筑物：① 渡槽的形式、构造、作用在渡槽上的荷载及稳定验算、槽身及槽架的结构设计等；② 倒虹吸管的布置、水力计算和结构设计；③ 涵洞的类型、布置；④ 跌水和陡坡的基本结构设计和布置等问题。此外，本章还简要介绍了整治建筑物。

1. 通航建筑物

（1）通航建筑物的类型。为克服河流中所形成的集中落差及对航运的阻碍，而采用通航建筑物。常用的通航建筑物有船闸和升船机两类。船闸是利用水力将船只浮送过挡水建筑物，其优点是运输量大，应用广泛；升船机是利用机械力将船只提出水面，送过挡水建筑物，其优点是耗水量少，一次提升高度大。

（2）船闸的组成及工作原理。船闸由闸室、闸首、输水系统和引航道等几部分组成。闸室是其主体部分，供船只过坝时停留、升起或降落的地方。上下游闸首是将闸室和上下游航道分开的挡水建筑物，并使闸室内的水位调整成与上游或下游水位齐平，以便船只通过，闸首设有工作闸门、检修闸门、输排水系统、阀门及启闭机系统。上下游引航道则是引导船只安全进、出船闸，并为等待过闸的船队（舶）提供临时的停泊场所。船闸的工作原理：当上行船只过闸时，首先由下游闸首内的排水系统将闸室内的水位泄放至同下游引航道内水位平齐 [图 2-10-1（a）]，然后打开下闸首闸门，船只驶入闸室 [图 2-10-1（b）]，关闭下闸首闸门，由上闸首内输水系统向闸室充水 [图 2-10-1（c）]，待闸室内水位与上游引航道内水位齐平时打开上游闸首闸门，船只离开闸室驶向上游引航道 [图 2-10-1（d）]。当下行船只过闸时，其工作过程与上行的情况恰好相反。

（3）船闸的类型及结构设计。按船闸克服集中落差的能力，一般分成单级和多级船闸。只有一级闸室的船闸称为单级船闸，当水头不超过 15~20m（在基岩上不超过 30m）时，宜采用这种方式。多级船闸有两个或两个以上的闸室，用在集中落差较大的河流上。另外，在平面布置上，根据通航的需要和可能，又分成单线和多线船闸。在一个枢纽内只有一条通航线路的船闸为单线船闸，在一个枢纽内有两条或两条以上通航线路的船闸为多线船闸。如我国葛洲坝水电站设有三条通航线路，三峡水利枢纽设有两条通航线路。

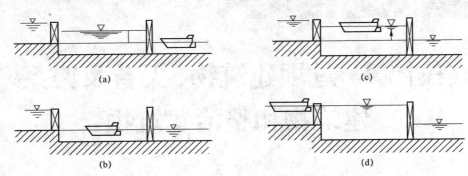

图 2-10-1　船闸的工作原理

船闸的结构设计包括闸室的有效长度 L_x，闸室的有效宽度 B_x，闸坎上最小水深 h_x，引航道的直线段长度 L 和过渡段长度 S、宽度 B、船闸各部位的高程、桥梁净空 h_b 等。

1）闸室的有效长度 L_x

$$L_x = l_c + l_f \qquad (2-10-1)$$

式中　l_c——船队（舶）的计算长度（m）；

　　　l_f——富裕长度，对顶推船队，$l_f \geqslant 2 + 0.06 l_c$（m）；对拖带船队，$l_f \geqslant 2 + 0.03 l_c$，（m）；对非机动船，$l_f \geqslant 2$（m）。

2）闸室的有效宽度 B_x

$$B_x = \sum b_c + b_f \qquad (2-10-2)$$

式中　$\sum b_c$——同闸次过闸船队（舶）并列停泊的总宽度（m）；

　　　b_f——富裕宽度，当 $\sum b_c \leqslant 10m$ 时，$b_f \geqslant 1.0m$；当 $\sum b_c > 10m$ 时，$b_f \geqslant 0.5 + 0.04 \sum b_c$，（m）。

3）闸坎上的最小水深 h_x

$$h_x > 1.5T \qquad (2-10-3)$$

式中　T——设计最大船队（舶）满载时的吃水深度。

4）引航道的直线段长度 L 和过渡段长 S

$$L = (3.5 \sim 4) L_1 \qquad (2-10-4)$$

$$S \geqslant 10 \Delta B \qquad (2-10-5)$$

式中　L_1——过闸船队（舶）计算长度；

　　　ΔB——引航道与航道的宽度差。

5）引航道宽度 B

B 为一侧（或两侧）等候过闸船队（舶）的总宽度与设计最大船队（舶）宽度之和加富裕宽度，富裕宽度可采用设计最大船队（舶）宽度的 1.5 倍。

6）船闸各部位的高程

上闸首顶高程 = 上游最高通航水位 + 浪高 + 安全超高；

上闸首底坎高程 = 上游最低通航水位 − h_x；

下闸首顶高程 = 下游最高通航水位 + 安全超高；

下闸首底坎高程 = 下游最低通航水位 − h_x；

闸室墙顶高程 = 上游最高通航水位 + 船舷木高 + 安全超高。

7）桥梁净空 h_b

$$h_b = h_c + a \qquad\qquad (2-10-6)$$

式中　h_c——最大船只空载时在最高通航水位以上部分的高度；

　　　a——安全超高。

（4）升船机的类型及工作原理。其工作原理是：将船只驶进有水（或无水）的承船箱内，利用水力或机械力沿着铅直或斜面方向升降承船箱，使船只过坝。

按承船厢载运船舶的方式可分为湿运和干运。船只浮在承船箱内运送叫湿运，船只放置在无水承船箱内运送叫干运。按承船厢的运动路线可分为垂直升船机和斜面升船机。垂直升船机按照升降设备，可分成：提升式、平衡重式、浮筒式等。斜面升船机按其结构形式可分成：翘板式斜面升船机、高低轮式斜面升船机等。

2．过木建筑物

过木建筑物的类型和工作特点。目前已建的过木建筑物大致有以下几种：伐道、漂木道、过木机和架空索道等。

（1）伐道由进口段、槽身段和出口段组成。为了适应水库水位变化，准确调解伐道流量，达到节省水量和安全过伐，进口段分为固定式、活动式和闸室式三种。伐道主要用来浮运编成排的木排过坝，过量大，使用方便，运费低。

（2）漂木道用于散漂原木。为节省水量，漂木道应该只引漂有原木的表层水流。因此，漂木道进口常采用各式活动闸门。常用的有扇形闸门，下沉式弧形门和下降式平板门。

（3）过木机式采用机械力将原木传送过坝。当通过高坝采用伐道及漂木道有困难或不经济时采用这种形式。过木机有纵向传送和横向传送两种。所谓纵向传送是指木材长度方向与传送方向一致，横向传送是指木材长度方向与传送方向垂直。

3．无坝取水枢纽

（1）渠首位置的选择。

1）根据弯道环流原理，取水口应选在稳固的弯道凹岸顶点以下一定距离，以引取表层较清的水流，防止或减少推移质泥沙进入渠道。

2）尽量选择短的干渠路线，避开陡坡深谷及塌方地段，以减少工程量。

3）对有分汊的河段，不宜将渠首设在汊道上，因为主流摆动不定，容易导致汊道淤塞，造成引水困难。必要时，应对河道进行整治，将主流控制在汊道上。

（2）无坝取水枢纽布置的形式。

1）利用弯道环流原理，将取水口建在弯道凹岸顶点下游一定距离，以引取表层较清的水，排走泥沙。一般由进水闸，导沙坎及沉沙池等组成。

2）在多泥沙河流上，为减少泥沙入渠，可采用引渠式取水。将进水闸设在岸边的引渠内，与取水口保持一定的距离，引渠兼作沉沙渠。在取水口处设置导沙坎，由冲沙闸冲洗渠内泥沙。

3）如河道流量较小或山区河流坡降较陡，为提高引水比，可采用导流堤式渠首。在取水口前修建不拦断河流的导流堤以壅高水位，用泄水闸泄流排沙。

（3）弯道环流原理。在弯曲的河段上，因弯道水流受离心力的作用，使凹岸水面壅高，凸岸水面降低，形成横向比降。因离心力的大小与水流纵向流速的二次方成正比，而河流的流速分布是表层大，底层小，故离心力沿水深的分布是逐渐减小的。由于水面差而产生的侧面压力沿水深为一常数，而方向与离心力相反。这两种作用力合力的方向就是水流运动的方向。这样，弯道表层水流由凸岸流向凹岸，底层水流则由凹岸流向凸岸，从而形成横向环流，整个水流呈螺旋状前进。

根据弯道环流作用，将取水口布置在凹岸，就可以引取表层较清的水流，而含有大量推移质泥沙的底流则远离取水口，流向凸岸。

（4）无坝取水枢纽中渠首的布置方式。无坝取水枢纽按取水口的多少，可分为一首制渠首及多首制渠首两种。其中一首制渠首按布置，又可分为位于弯道凹岸的渠首，引水渠式渠首和导流堤式渠首。

4. 有坝取水枢纽

（1）有坝取水枢纽的作用及组成。

1）当河道水位较低，不能保证引水流量时，起抬高水位的作用；

2）采用无坝取水总干渠开挖很长，土石方工程量及工程造价很大时，修建有坝取水可能较为经济；

3）在通航河流上，若取水量较大，影响正常航运时，建造拦河坝可以改善通航条件；

4）河流含沙量较大，需要在渠首采取有效的防沙措施，并要求一定的水头冲刷取水口前淤积的泥沙，有坝取水枢纽可能比较有利。

有坝取水枢纽由拦河闸或溢流坝、进水闸、冲沙闸等组成。

（2）渠首位置选择。

1）有坝引水的渠首一般选在用水区的上游，以减小坝高，对于农业灌溉引水，尽量使大部分农田实现自流灌溉；

2）在多泥沙河流上，渠首应选在河道凹岸，以便引取表层清水，防止或减少泥沙进入引水渠；

3）渠首应设在河岸坚固的地段，防止塌岸或减少护岸工程；

4）坝址应选在地质条件较好的地段，最好是岩石地基；

5）坝址处的河道不宜过宽，以减少工程量；

6）当河流有支流汇入时，渠首应选在支流入口的上游；

7）应综合考虑新建枢纽的工程效益及对其他工程的影响。

（3）在多泥沙河流上有坝取水枢纽常用的取水方式。

1）沉沙槽式。利用导水墙与进水闸翼墙在闸前形成的沉沙槽沉淀粗颗粒泥沙，丰水期开启冲沙闸，将泥沙排向下游。

2）人工弯道式。利用人工弯道产生的环流，以减少泥沙入渠。

3）冲沙廊道式。利用含沙量沿水深分布不均的特点，在进水闸底部设冲沙廊道，从上面引取表层较清的水，泥沙经由冲沙廊道排向下游。

4）底栏栅式。在溢流坝体内设置输水廊道，顶面有金属栏栅。过水时，部分水流由栏栅间隙落入廊道，然后进入廊道或输水隧洞。这种布置形式可防止大于栅条间隙的沙石进入廊道，适用于坡陡流急，水流挟有大量推移质的山区河流。

5. 渡槽

（1）渡槽的种类及组成。当渠道跨越山谷、河流、道路及与其他渠道交叉时，为连接渠道而设置的过水桥，称为渡槽。渡槽是渠系上的一种交叉建筑物。它由进口段、槽身、出口段及支撑结构等部分组成。根据渡槽支承结构形式不同，可将渡槽分成梁式、拱式和桁架拱式三大类。

（2）梁式渡槽的形式及构造。梁式渡槽的槽身直接支承于槽墩或槽架上，既起输水作用又起纵向梁的作用。梁式渡槽有简支梁、双悬臂梁式和单悬臂式三种。梁式渡槽槽身断面形式有矩形和 U 形两种。矩形槽身常是钢筋混凝土或预应力混凝土结构，U 形槽身还可以采用钢丝网水泥或预应力钢丝水泥结构。槽身横断面设计的主要参数是决定槽内水深 h 与槽横断面静宽 B 的比值 h/B，侧墙厚度 t 与侧墙高 H 的比值 t/H。为使渠道与槽身内水流平顺衔接，在渡槽进出口均需设置渐变段。渐变段常采用扭曲面式。

槽身的支承结构，按其材料和施工方式，可分为重力墩式和排架式。重力墩式又有实体式和空心式两种，可用砖石、混凝土预制块，或者混凝土现浇建造。排架式一般用钢筋混凝土建造，有单排架、双排架和 A 字形排架等多种形式。

渡槽的基础是关系到渡槽能否正常运行的关键部位，按其施工方法和结构形式，可分为刚性基础，独脚无筋基础、整体板式基础、井柱基础和沉井基础等。

（3）拱式渡槽的形式及构造。拱式渡槽是由槽身、拱上结构、主拱圈和槽墩组成。槽身荷载通过拱上结构传给主拱圈再由主拱圈传给墩台。主拱圈是拱式渡槽的关键部位，常见的主拱圈形式有板拱、肋拱和双曲拱等。主拱圈的设计主要取决于拱宽 b 与跨度 l 的比值，即宽跨比 b/l；矢高 f 与跨度 l 的比值，即矢跨比 f/l；和拱脚高度。由于主拱圈的内应力主要是压应力，而拉应力很小，故拱式渡槽的跨度可以做得很大，这是拱式渡槽的重要特点。

拱式渡槽的拱上结构，有实腹式和空腹式两种。实腹式用材多，重量大，一般只用于小跨度。空腹式结构较实腹式复杂，但重量轻，适用于大跨度。常用的形式有横墙腹式拱和排架式两种。拱式渡槽槽身已不是主要承重结构，为满足主拱圈的横向稳定，槽身的深宽比 h/B 要比梁式渡槽取得小一些。

拱式渡槽的槽墩和槽台多采用实体的重力式结构。其形式和构造与梁式渡槽的重力墩相似。但由于拱的传力特点，对墩帽的要求较梁式渡槽高。

（4）桁架式渡槽的形式及构造。桁架式渡槽由槽身、桁架拱、墩台和进出口建筑物组成。除桁架拱外，其余部分与拱式渡槽基本相同。

桁架拱是用横向连系将数榀桁架拱片连接而成的整体结构。桁架拱片由上、下弦杆和腹杆拼接而成的拱形桁架。上弦杆或下弦杆做成拱形，具有拱和桁架的双重特点。桁架拱结构，一般用钢筋混凝土建造，弦杆受压、腹杆受拉。桁架拱可分为上承式、下承式、中承式和复拱式等 4 种形式。桁架拱的设计仍然应当控制其宽跨比、矢跨比并加强横向连系，以保证桁架拱的稳定性。

（5）渡槽的布置。

1）基本资料。根据渠系规划的布置，定出通过渡槽的设计流量与最大流量；上下游渠道的断面尺寸，渠底高程和通过各级流量时的水深与水位；当跨越山谷时，还应给出规划位置的地形、地质、水文等资料；并根据渡槽规模的大小、重要性等确定设计标准。

2）布置原则。槽址应尽量选在地质良好,地形有利的地方,以便缩短槽长,减少工程量。跨越河谷时,槽址应位于河床稳定,水流顺直的地段,同时要满足通航的要求;渡槽进口渠道与槽身连接段,在平面布置上应与槽身成一直线,切忌急转弯。且出口段应尽可能修建在挖方上,以减少不均匀沉陷;为方便上游分水、事故停水和检修等目的,在渡槽的进口段或进口前适当位置设节制闸和泄洪闸,保证渡槽安全,应尽量少占耕地,少拆迁房屋;要争取靠近建筑材料源地,以便就地取材;为加快施工进度,应选择有较宽敞的施工现场,并尽可能采用装配式预制构件。

(6)渡槽的结构设计。

1）荷载。作用在渡槽上的荷载有结构自重,水压力、土压力、风压力、地震力、温度变化和混凝土收缩引起的附加力等。

2）稳定验算。渡槽的稳定验算包括槽身和整体两个方面。当槽中无水时,槽身在风荷载作用下有可能产生滑动和倾覆,因此,应验算槽身的抗滑稳定和抗倾覆稳定;当渡槽在满荷载作用下,验算地基面应力是否会超过其允许承载力,沉陷量是否在允许范围内,位于斜坡上的槽墩(架)是否会产生滑动等,故应分别验算槽的横向和纵向地基应力,不允许基础边缘出现过大的压应力和拉应力。

3）结构设计。对于槽身,应按纵向和横向分别计算各杆件的内力及其分布,并进行配筋和抗裂验算;重力墩由于其水平截面的面积和惯性矩较大,故墩身应力一般较低,通常只验算墩身与墩帽,墩身与基础结合面的应力。槽架一般都是超静定结构,因此,需要分别计算横槽向和顺槽向的内力。因排架支柱承受较大的轴向压力,还需进行单柱顺槽向的稳定验算;另外,对拱式渡槽的主拱圈即桁架拱式渡槽的桁架拱也应按最不利的荷载组合,进行内力计算。

6. 倒虹吸

(1)倒虹吸管的布置。倒虹吸管是当渠道与河流、谷地、道路、山沟以及其他渠道相交且高差不大时,为连接渠道而设置的压力管道,其形状如倒置的虹吸管。倒虹吸管管路布置时应注意以下几个问题:

1）管路布置要结合地形、地质、施工、水流条件、交通及河流、山沟的洪水情况等进行全面分析,管路应短直、减少转弯,进出口应避开高填方;

2）当跨越干谷时,管道可直接沿地面敷设。但为避免温度影响,通常将管身浅埋设于地下;

3）当两岸管道通过耕地时,管道的埋设深度应低于耕作层;

4）在冰冻地区,管顶部应布置在冰冻层以下;

5）若管道穿过河沟时,管道顶部应设在洪水冲刷线以下不小于0.5m;

6）当管道穿越公路时,管道顶部常埋设于路面以下1m;

7）当管道通过深谷时,可以在深槽部分修建桥梁,在桥上铺设管道。

(2)倒虹吸管的构造。倒虹吸管由进口、管身和出口组成。管身常做成斜管式和竖井式两种。

倒虹吸管的进口段包括进水口、闸门、拦污栅、启闭站、进口渐变段,有的工程还设有沉沙池。进水口常做成喇叭形以便与渐变段平顺衔接,减小水头损失;进口前一般设置闸门,便于倒虹吸管的清淤、检修等;拦污栅一般布置在闸门前,以拦挡飘浮物或避免人畜落入渠道时被吸入倒虹吸管内；为清污和启闭闸门，还应设置工作桥或启闭平台；渐变段常做成扭曲面或八字墙形，以便与上游渠道平顺连接；在多泥沙河流上，为防止粗颗粒推移质进入渠道，一般还应在渐变段与进水口之间设置沉沙池。出口段的布置形式与进口段基本相同。

管身的断面形式有矩形和圆形两种。矩形管多用于低水头的倒虹吸。常用的管身材料有浆砌石、混凝土、钢管、钢筋混凝土及预应力混凝土等，后两种应用较广。在管路边坡和转弯的地方应设置镇墩，以连接和固定两侧管道。镇墩的材料多为浆砌石或混凝土。管身与镇墩的连接有刚性连接，也有柔性连接。

（3）倒虹吸管的水力计算。倒虹吸管内的水流为压力流，可按下式进行计算。

$$Q = \mu\omega\sqrt{2gZ} \tag{2-10-7}$$

式中　Q ——通过倒虹吸管的流量（m³/s）；

　　　ω ——倒虹吸管的断面面积（m²）；

　　　Z ——倒虹吸管的上下游水位差（m）；

　　　μ ——流量系数。

倒虹管内的设计流速，一般采用 1.5～2.5m/s，最大不超过 3.5m/s。

（4）倒虹吸管管身的结构设计。

1）管身荷载。作用在倒虹吸管管身的荷载有管身自重、填土压力、地基反力、内水压力、外水压力、地面荷载及温度变化等。

2）荷载组合。埋在河槽部分的倒虹吸管，在运用期间，可能出现下列几种荷载组合。

① 管身正常输水，河道处于枯水位或断流时，作用在管身的荷载有管身自重、填土压力、内水压力及管内外温差等。

② 管内无水，河道处于洪水期，作用的荷载有管身自重、填土压力、外水压力及管内外温差。

③ 管内正常输水，管外无填土，河道无水时，管身承受的荷载有管身自重，内水压力及管内外温差。

另外，当管路处于交通道路下时，还应考虑地面交通车辆荷载对管身的压力。

3）管身结构计算。管身的结构计算包括管身的横向结构及纵向结构计算，以及抗渗、抗裂验算和配筋计算。

7. 涵洞

（1）涵洞的类型及组成。在渠道系统中，当渠道、道路等互相交叉时，在填方渠道或交通道路下，设置的输水或泄洪建筑物，称为涵洞。涵洞由进口段、洞身和出口段三部分组成。由于涵洞作用不同，洞内水流状态也不一样，可分成无压、有压和半有压三种。涵洞洞身的结构形式也因用途、工作特点及材料的不同，常用的有圆管涵、箱涵、盖板涵和拱涵等。

修建洞身的材料一般有混凝土、钢筋混凝土、砌石等。

（2）涵洞的布置。涵洞的线路应选择在地基承载能力大的地段，并考虑不均匀沉陷的影响，若遇松软地基，还应设置刚性基础；涵洞的走向一般与渠堤或道路正交，以缩短洞身长度，并与来水流向一致，使水流顺畅；在涵洞的形式和尺寸选择中应弄清涵洞顶部填土高度、底宽、填方工程的重要性和涵洞所在水道的流量及水位情况；涵洞的纵坡一般为1%～3%；为使水流能平顺地进出洞身，减小水头损失，并防止水流对洞口冲刷，常采用一字墙式、八字形斜墙式，反翼墙走廊式、八字墙伸出填土坡外等形式。

涵洞的结构计算可参考倒虹吸及坝下涵管的计算方法。

8. 跌水

凡水流自跌口流出后，呈自由抛射状态，最后落于下游消力池内的叫跌水。跌水是一种落差建筑物，它有单级跌水和多级跌水两种形式。单级跌水通常由进口连接段、跌水墙、跌水口、侧墙、消力池和出口连接段等部分组成。进口由衔接段和跌水口组成，其中跌水口是设计跌水的关键。常用的跌水口形式有矩形跌水口、梯形跌水口、抬堰式跌水口等，工程中常采用梯形跌水口。跌水墙和侧墙均是一种挡土墙结构。下游消力池一般有矩形和梯形两种，其尺寸一般由经验或模型实验决定。

多级跌水的构造与单级跌水相同。

9. 陡坡

凡水流自跌水口流出后，受陡槽约束而仍沿槽身下泄的叫陡坡。陡坡也是一种落差建筑物。陡坡由进口段、陡坡段、消能设施和出口段组成。进口段的设计与跌水相同。陡坡段以梯形断面较为经济，在平面布置上，底部可做成等宽的、逐渐扩散的和菱形的三种，其中以扩散式和菱形布置较为有利。在扩散式陡坡上还常利用人工加糙进行消能。消力池断面常采用梯形或梯形与矩形相结合的断面，消力池的设计主要决定池深和池长，一般由经验公式计算。出口常做成 1：2～1：3 的反坡。

二、复习思考题

1. 水利枢纽中主要有哪些过坝建筑物？
2. 哪些情况下应当在水利枢纽中设置通航建筑物？
3. 实践中常用的通航建筑物有哪些，各有何优缺点？
4. 试说明船闸的工作原理。
5. 试说明船闸的组成及其各部分的作用。
6. 怎样区分船闸的级数和线数？
7. 如何确定船闸闸室的长度、宽度和闸坎的水深？
8. 升船机有哪些类型，它们的工作原理是什么？
9. 在水利枢纽中，如何选择通航建筑物的形式，如何布置？
10. 为什么要设置过木建筑物？
11. 伐木道有哪些组成部分，各自的设计特点是什么？
12. 过木建筑物有哪些类型，它们有何特点？
13. 无坝取水枢纽适用什么情况，主要有哪些建筑物组成？
14. 如何选择无坝取水枢纽的位置？
15. 试述无坝取水枢纽中弯道环流的原理。
16. 无坝取水枢纽的渠首有哪些布置形式，各有何特点？
17. 在什么情况下应当修建有坝取水枢纽，与无坝取水枢纽相比，有哪些特点？
18. 如何选择有坝取水枢纽的渠首位置？
19. 在多泥沙河流上，有坝取水枢纽的渠首布置主要有哪些形式？

20. 试分析宝鸡峡引水枢纽中各建筑物的作用。

21. 渠系上的建筑物，哪些属于交叉建筑物，哪些属于落差建筑物？

22. 修建渡槽的目的是什么，它由哪些部分组成，可以分成哪几大类？

23. 梁式渡槽有哪几种形式，各有哪些特点？

24. 常用的梁式渡槽基础有哪几种形式？

25. 拱式渡槽与梁式渡槽相比，有什么特点？

26. 拱式渡槽的主拱圈有哪几种形式，设计时主要控制哪几种尺寸？

27. 桁架式渡槽有什么特点，桁架拱有哪几种主要形式？

28. 在进行渡槽的总体布置时，应注意哪些问题？

29. 渡槽槽身的断面有哪几种形式，各有什么特点？

30. 渡槽的稳定计算包括哪些内容？

31. 如何进行梁式渡槽槽身的纵向结构计算，如何绘制其计算简图？

32. 如何对梁式渡槽槽身各型式的横断面进行结构计算，试绘制其计算简图？

33. 什么叫倒虹吸，与渡槽相比有何特点？

34. 倒虹吸管管路布置时应注意哪些问题？

35. 倒虹吸管管路中为什么要设置镇墩，设计镇墩时应计算哪些荷载？

36. 设计倒虹吸管时应计算哪些荷载。如何进行荷载组合？

37. 常用的涵洞有哪几种形式，由哪几部分组成？

38. 布置涵洞时应注意哪些问题？

39. 如何选择渠系中的交叉建筑物？

40. 渠道在什么情况下需要设置跌水和陡坡？

41. 跌水由哪几部分组成，哪部分结构是设计跌水的关键，常用的跌水口有哪几种形式？

42. 落差建筑物中选择菱形陡坡有什么优点？

三、作业练习题

1. 某船闸计划一次最大可通过 3000t 级驳船两只，并要求过闸船队单排纵列。驳船的长度 80m，船体宽 14m，满载时吃水深度 3.2m，拖轮长 40m，试设计闸室的基本尺寸。

2. 某灌区根据规划要求，要在输水渠道中途修建一座跨越河流的渡槽。已知渠道的设计流量 $Q_设 = 5\text{m}^3/\text{s}$，加大流量 $Q_加 = 7\text{m}^3/\text{s}$，渡槽上、下游渠道为梯形断面，边坡系数 $m = 1.5$，糙率 $n = 0.025$，渠底宽 $b = 3.0\text{m}$，通过设计流量时水深 $h_设 = 1.65\text{m}$，$v_设 = 0.568\text{m/s}$，通过大流量时水深 $h_加 = 1.92\text{m}$，$v_加 = 0.62\text{m/s}$，渡槽长度 $l = 100\text{m}$，底坡 $i = 1/800$，槽身采用矩形断面，糙率系数 $n = 0.014$，并要求槽内流速 $v < 2\text{m/s}$，渡槽进口处渠底高程 $\nabla A = 230.0\text{m}$。

作业要求：

（1）确定渡槽断面尺寸；

（2）计算渡槽进口和槽身的水面降落，以及出口处的水面回升高度；

（3）确定渡槽进口处底板高程及出口处渠底高程。

3. 如图 2-10-2 所示，某倒虹吸管全长 196.5m，渠道设计流量 $Q_设 = 7.17\text{m}^3/\text{s}$，相应正常水深 $h_设 = 2.1\text{m}$，渠道加大流量 $Q_加 = 8.25\text{m}^3/\text{s}$，相应正常水深 $h_加 = 2.24\text{m}$，渠道最小流量 $Q_小 = 4\text{m}^3/\text{s}$，相应渠道正常水深 $h_小 = 1.51\text{m}$，渠道糙率 $n = 0.025$，底坡 $i = 1/5000$，边

坡 $m=1.5$，底宽 $b=2.4$m，上游渠底高程▽13.94m，沟底管线高程▽7.54m，下游渠顶与渠底高差 2.74m，第一转角 17°，第二转角 30°。

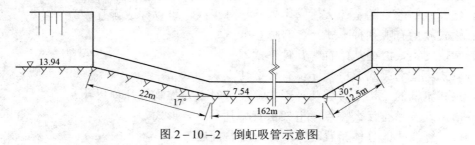

图 2-10-2　倒虹吸管示意图

作业要求：

（1）拟订倒虹吸管的管径及根数；

（2）通过水力计算，确定下游渠底高程；

（3）计算在通过最小流量的水头损失，并据之分析、选择应采用的合理进口布置形式；

（4）计算在通过加大流量时进口前渠道的水面壅高值，据之确定进口渠顶高程。

第十一章 水利工程设计

一、学习要点

为了充分合理地利用水利资源，对河流的开发首先应当按照综合利用的原则提出全流域的规划，在规划的前提下根据国民经济的需要和可能，决定兴建哪一级水利枢纽工程。

一个水利工程的兴建，一般要经过以下几个阶段的工作。

（1）调查、勘测工作。调查工作包括社会调查，经济调查等。

勘测工作包括：① 地形图测量；② 水文、气象资料收集；③ 水文地质与工程地质情况勘探；④ 天然建筑材料勘探等工作。

（2）项目建议书。项目建议书是国家基本建设程序中的一个重要阶段。主要论证工程项目建设的必要性，初步分析项目建设的可行性和合理性。项目建议书被批准后，将作为列入国家中、长期经济发展计划和开展可行性研究工作的依据。

（3）可行性研究阶段。可行性研究阶段的工作内容主要是：① 论证工程技术上的可能性；② 论证经济上的合理性；③ 开发次序上的迫切性。

可行性研究经过有关部门审查批准以后，方可列入国家计划，具有法律效力，才可以开展后续的工作。

（4）初步设计阶段。初步设计阶段的主要内容是：① 确定拟建工程的等别和主要建筑物的级别；② 选定各种特征水位；③ 选择坝（闸）址、输水路线、主要建筑物的形式、轮廓尺寸及枢纽布置；④ 确定装机容量，选择机组型号和其他机电设备；确定施工导流方案及主体工程的施工方法、施工总体布置及总进度、对外交通和施工设施；⑤ 提出建筑材料、劳动力和风、水、电的需要量；⑥ 编制工程预算；⑦ 论证对环境的影响及环境保护；⑧ 进行国民经济评价和财务评价。

（5）招标设计阶段。在编制招标设计文件之前，要解决好初步设计阶段未能妥善解决的问题。招标文件由合同文件和工程文件两部分组成。招标设计的合同文件包括投标者须知和合同条款、合同格式和投标书格式等；工程文件包括技术规范和图纸。要达到投标者能根据图纸、技术规范和工程量表确定投标报价。

（6）施工图设计阶段。施工图一般包括建筑物地基开挖图、地基处理图、建筑物结构图、钢筋混凝土结构的钢筋图、金属结构及机电设备的安装图等。在我国，施工图应有施工单位或业主委托的咨询公司负责。

施工图阶段的主要内容是：① 对建筑物进行结构设计和构造设计；② 进一步研究地基处理设计；③ 确定施工总体布置、施工方法及施工进度；④ 提出施工预算。

水利工程一般涉及面宽，影响大，造价高。因此通过本章的学习应掌握了解以下几项内容。

1. 水利工程特别是水库对环境的影响

水库枢纽修建以后，对大坝上游即库区的主要影响有：

（1）淹没影响。由于大坝修成后的壅水作用，使坝上游的河床水深加大，形成水库，因此在水库的回水范围以内均造成了淹没损失。

（2）滑坡、坍岸的发生。原来的天然含水状态下的岸坡，由于水位的壅高变成饱和的岸坡，当库水位降落，在渗透水压力作用下有可能使岸坡失去稳定，产生滑坡或者坍岸等不利现象。

（3）水库淤积。

（4）水温变化。

（5）水质变化。

（6）气象变化，小气候的形成。

（7）诱发地震。

（8）卫生条件的变化等。

（9）生态变化。

对下游的影响有：

（1）河床被冲刷。

（2）河道的流量发生变化。

（3）河道水温变化。

（4）河道的水质发生变化。

2. 水利枢纽布置

进行水利枢纽布置的第一步就是选择坝址。选择坝址是水利工程设计的重要内容。在进行该项工作时，应考虑以下几方面的问题。

（1）地质情况。

（2）地形情况。

（3）建筑材料情况，包括建筑材料储量及产地的远近，开采条件等情况。

（4）施工条件，包括施工导流、施工场地布置以及对外交通条件等。

（5）综合效益的发挥。

（6）在选择坝址和坝型时，还应考虑利用主体建筑物开挖料直接上的可能性与合理性。

进行枢纽布置应遵循的一般原则有：

（1）坝址，坝及其他主要建筑物的形式选择和枢纽布置要做到：施工方便，工期短，造价低。

（2）应满足各个建筑物在布置上的要求，保证其在任何工作条件下都能正常工作。

（3）在满足建筑物强度和稳定的条件下，降低枢纽总造价和年运行费用。

（4）枢纽中各建筑物布置紧凑，尽量将统一工种的建筑物布置在一起，以减少连接建筑物，且便于管理。

（5）尽量使一个建筑物发挥多种用途或临时建筑物和永久建筑物相结合，充分发挥综合效益。

（6）尽可能使枢纽中的部分建筑物早期投产，提前发挥效益（如提前蓄水、早期发电或灌溉）。

（7）外观形态与周围环境协调，在可能的情况下尽量美观的原则。

进行枢纽布置时，各种不同的水工建筑的基本要求是：

（1）挡水建筑物。除拱坝以外，挡水建筑物通常布置成直线形。这样不仅坝线较短、工程量较小，而且对建筑物的受力状态，与相邻建筑物的联结等较为有利。当受地形、地质条件限制，也可以布置成折线的形式。

（2）泄水建筑物。枢纽中的泄水建筑物包括溢流坝、岸边溢洪道、泄水孔及泄水隧洞等。

从水流条件出发，泄水建筑物的进口最好正对来流方向，出口正对下游河床的主流方向。从建筑物的结构安全考虑，泄水建筑物最好布置在岩基上，这样不仅可以保障建筑物的运行安全，也有利于下游消能问题的解决。

岸边溢洪道最好布置在高程较低的垭口处或者坝头岸坡上。综合分析坝址区的地形、地质情况，合理布置溢洪道的溢流堰，泄槽以及出口消能工等组成部分。

如果枢纽具有发电、航运等要求，泄水建筑物的出流应减小对正常发电和航运的干扰，以及避免对其他建筑物造成冲刷影响。

对高含沙河流，坝前淤积严重时，应采取有效的排沙措施。

（3）水电站建筑物。坝后式电站的厂房一般紧靠大坝，以减小引水管路的工程量及水头损失。

河床式电站由于泄水建筑物占据了主河槽，厂房多布置在岸边，应当注意泄水及泥沙淤积对电站尾水的影响。

引水式电站应根据地形、地质条件，利用落差，增加水头，比较选择电站厂房的位置。

（4）布置灌溉引水枢纽时应注意的问题是：

1）进水口应布置在灌区一侧。

2）为适应作物的生长需要，最好布置分层取水的进水形式。

3）取水口应选择在弯道下游段的凹岸一侧，以减小泥沙的引入量及避免进水口的淤积，对取水口的引水角，门前排沙及进水闸以后的沉沙、排沙等均需合理布置。

（5）过坝建筑物（略）。

二、复习思考题

1. 水利资源开发利用的原则是什么？
2. 一个水利枢纽一般经过哪几个阶段的工作方能建成？
3. 水利工程的设计一般分成哪几个阶段？
4. 水利枢纽的调查任务主要有哪几个方面？
5. 水利工程的初步设计阶段主要论证哪些东西？
6. 水库对库区造成的影响有哪些？
7. 库区的滑坡、坍岸产生的原因是什么？
8. 水库枢纽对下游的影响有哪些？
9. 在选择坝址、坝型时应当考虑的因素有哪些？
10. 水利枢纽布置主要是研究什么？
11. 水利枢纽布置的一般原则有哪些？
12. 泄水建筑物布置时应当注意什么问题？

13. 引水建筑物布置时应当注意哪些问题？

14. 挡水建筑物的选型及布置时主要考虑什么问题？

15. 水利枢纽设计方案的优劣如何来衡量？

16. 举例说明水利枢纽的布置，并说明各建筑物的选型及位置确定的原因。

第十二章 水工建筑物管理

一、学习要点

水工建筑物管理的主要任务是掌握各个建筑物的工作情况，随时消除隐患，确保工程安全，正常发挥工程的综合效益，延长使用年限，验证设计和施工安装等的质量。

工程管理的主要工作有：

（1）调度运用。制订调度运用方案，合理安排除害与兴利的关系，综合利用水资源，充分发挥工程效益，确保工程安全。

（2）检查与观测。对各建筑物进行全面、系统、经常的检查和观察，掌握工程的运行情况，发现问题及时处理。

（3）养护修理。对检查出的问题及时处理，确保工程正常运行，延长工程的使用寿命。

（4）水利管理自动化系统的运用。

（5）科学实验研究。

（6）积累、分析、应用技术资料、建立技术档案。

水工建筑物的安全监测是从设计开始就应进行的工作，设计阶段布置观测内容，观测点位，施工阶段埋设观测仪器，管理运行阶段进行观测。

水工建筑物的安全监测包括：

1. 现场检查

对建筑物表面情况进行观察，通过人的感觉器官观察表面现象，从而分析、预测可能存在的隐患。

2. 变形观测

（1）水工建筑物的变位观测。水工建筑物的变位包括水平向的及垂直向的变位。

水平位移可采用垂线法、引张线法、视准线法、激光准直法、三角网法等；测量水工建筑物在荷载作用下的水平位移情况。铅直向的位移可用精密视准法或精密连通管法测出水工建筑物的沉降值。

（2）土石坝的固结观测。土石坝的固结观测主要是为了掌握坝体的固结程度和孔隙水压力的分布及消散情况，以便合理安排施工进度，核算坝坡的稳定性。

3. 渗流观测

土石坝的渗流观测包括：

（1）浸润线观测。

（2）渗流量的观测。

（3）绕坝渗流观测。

（4）渗水透明度的观测，以判断坝体或坝基产生管涌破坏的可能性。

（5）坝体孔隙水压力观测。

混凝土建筑物的渗流观测包括：

（1）坝基扬压力的观测。

（2）渗透流量及绕坝渗流的观测。

（3）坝体渗透压力的观测。

4．应力、应变和温度观测

坝体的应力、应变观测主要包括：

（1）混凝土坝的坝体应力观测。

（2）土坝的坝体应力观测。

（3）与混凝土建筑物接触的土压力值的观测等。

坝体的温度观测主要指混凝土建筑物的温度变化情况。

5．水流观测

水流观测包括：

（1）地表水流观测，有流量、流向、流态等。

（2）高速水流作用下的水工建筑物振动情况观测。

（3）水流对建筑物的脉动压力观测。

（4）负压观测。

（5）过水断面上的压力观测。

（6）通气孔进气量的观测及泄水建筑物上空蚀量的观测等。

6．接缝、裂缝观测

观测方法是在测点处埋设金属标点或用测缝计进行，亦可埋设"三项标点"。

二、复习思考题

1．工程管理的意义是什么？应当从哪几个方面加强对水工建筑物的管理？

2．对水工建筑物进行安全观测的目的是什么？主要从哪些方面进行观测？

3．水工建筑物变位观测的观测点应当如何布设？

4．对土坝进行观察的目的是什么？可以分析出什么隐患？

5．对土坝的渗透观测如何进行？其意义是什么？

6．对水流观测的主要内容有哪些？如何布设观测点？

7．水工建筑物养护的基本要求是什么？

8．水工建筑物的养护工作包括哪几个方面？

9．如何对大坝安全进行评价？

10．处理水工混凝土裂缝的方法有哪些？

第三篇
《水电站》学习指导

第一章 基 础 知 识

一、主要内容

本课程的教学性质、教学任务、教学安排及教学要求，水电站基本概念，水力发电的基本原理及组成要素，水电工程的前沿发展现状及发展趋势。

目的：是使学生获得有关水电站的基本理论、基本知识与基本技能，训练和培养学生综合的思维方法及分析、解决问题的能力，为今后从事水电站工程的规划、建设、设计、运行和管理的打下基础。

水电站：在水力发电的过程中，为了实现电能的连续产生需要修建一系列水工建筑物，如进水、引水、厂房、排水等，安装水轮发电机组及其附属设备和变电站的总体称为水电站（水、机、电的综合体）。

水力发电的基本原理：在天然河流上，修建水工建筑物，集中水头，通过一定的流量将"载能水"输送到水轮机中，使水能→旋转机械能→带动发电机组发电→输电线路→用户，如图3－1－1所示。

图3－1－1 水力发电基本原理图

我国水能资源的现状：国家能源局在水电发展"十三五"规划（2016～2020 年），我国水能资源可开发装机容量约 6.6 亿 kW，年发电量约 3 万亿 kW·h，在常规能源资源剩余可开采总量中仅次于煤炭。

截至"十二五"末，我国水电装机容量和年发电量已突破 3 亿 kW 和 1 万亿 kW·h，分别占全国的 20.9%和 19.4%，水电工程技术居世界先进水平，形成了规划、设计、施工、装备制造、运行维护等全产业链整合能力。我国水能资源总量、投产装机容量和年发电量均居世界首位。

目前，全球常规水电装机容量约 10 亿 kW，年发电量约 4 万亿 kW·h，开发程度为26%（按发电量计算），欧洲、北美洲水电开发程度分别达 54%和 39%，南美洲、亚洲和非洲水电开发程度分别为 26%、20% 和 9%。发达国家水能资源开发程度总体较高，如瑞士达到 92%、法国 88%、意大利 86%、德国 74%、日本 73%、美国 67%。发展中国家水电开发程度普遍较低。我国水电开发程度为 37%（按发电量计算），与发达国家相比仍有较大差距，还有较广阔的发展前景。

我国的电力生产一直以火电为主，发电装机总量中火电占比一直在 70%以上，发电量中火电占比一直在 80%左右。近年来，随着风电、太阳能的发展，火电占比有所下降。

多年来，我国一直积极优化电源结构，核电、水电、风电、太阳能等新能源和可再生能源发电快速发展。

二、复习思考题

了解自己家乡或所在学校周围的大中型水电站。

第二章　水轮机的类型、构造及工作原理

一、主要内容

本章包括：水轮机的主要类型、水轮机的工作参数、水轮机的基本构造、水轮机的型号、水流在反击式水轮机转轮中的运动、水轮机的基本方程式、水轮机的效率及最优工况等有关水轮机类型、构造及工作原理方面的内容。

本章是水轮机部分的基础性内容，也是该部分的学习重点。主要内容分述如下：

1. 水轮机的主要类型

水轮机是将水能转换成旋转机械能的机器。按水能转换特征的不同，通常将水轮机分为反击式水轮机和冲击式水轮机两大类。反击式水轮机的水能转换特征为：水流总是以有压流的状态连续地充满整个转轮的过流部分；在转轮空间，水流始终受曲面形叶片的约束，从而由此实现水能到旋转机械能的转换。冲击式水轮机的水能转换特征为：转轮始终处于大气中；高速射流只作用于转轮的部分轮叶；主要利用压力钢管末端高速射流产生的动能驱使转轮旋转。反击式水轮机按水流相对于主轴的流动方向不同，又可分为：混流式水轮机、轴流式水轮机、斜流式水轮机及贯流式水轮机等四种。冲击式水轮机按射流冲击转轮的方式不同，又可分为：水斗式、斜击式及双击式等三种。

不同类型的水轮机有不同的适用条件。

2. 水轮机的工作参数

水轮机的工作参数包括水头、流量、转速、出力及效率等。

水轮机的水头也称工作水头、净水头，指单位重量水体通过水轮机时的能量减小值，常用 H 表示，单位为 m。常用水轮机的特征水头（最大水头 H_{max}、最小水头 H_{min}、平均水头 H_{av} 及设计水头 H_r）来表征水轮机的运行范围和工作特性。其中，设计水头 H_r 为水轮机发出额定出力时所需要的最小净水头。

水轮机的流量指单位时间内通过水轮机的水体体积，常用 Q 表示，单位 m³/s。水轮机的设计流量 Q_r 指在设计水头下，水轮机以额定转速、额定出力运行时所对应的过水流量。因此，设计流量 Q_r 是水轮机发出额定出力时所需要的最大流量。

水轮机的转速指水轮机转轮在单位时间内的旋转转数，常用 n 表示，单位 r/min。水轮机与发电机同轴连接，因此，水轮机转速必须与发电机的标准同步转速相等，水轮机（机组）的额定转速 n_r 即发电机的同步转速。

水轮机的出力（输出功率）N 指水轮机主轴传递给发电机的功率。水轮机的额定出力 N_r 指在设计水头、设计流量和额定转速下，水轮机主轴输出的功率。水轮机的效率 η 为水轮机的出力 N 与其输入功率 N_w 的比值。

3. 水轮机的基本构造

混流式水轮机由蜗壳、座环、导叶、转轮及尾水管等 5 个部件组成。蜗壳为形如蜗牛

的壳体；其作用是沿座环周围引导并均匀、对称地分配水流。座环由上环、下环及均匀分布于四周的若干支柱（固定导叶）组成，其上、下环的外缘与蜗壳的出水边固定连接；其作用是支承机组及蜗壳上部部分混凝土的重量，并将其传递给厂房基础。导水机构由导叶（活动导叶）及其操作机构组成，导叶沿圆周均布在座环与转轮之间的环形空间内，其上、下端用转轴与水轮机顶盖和底环相连，能绕本身轴线转动；其作用是形成及改变进入转轮室的水流速度矩，并按负荷要求调节进入水轮机的流量，甚至切断水流。转轮由上冠、叶片、下环、止漏环及泄水锥等 5 部分组成，叶片是沿圆周均布并固定于上冠和下环之间的若干扭曲面体，叶片数一般为 12～21 片；其作用是将水能转换成旋转机械能。立式机组尾水管常采用弯肘形，由锥管段、肘管段和扩散段三部分组成；其作用是将流出转轮的水流引导、排入下游，同时回收转轮出口未用的部分水能。

轴流式水轮机与混流式水轮机的主要区别在于转轮和转轮室。轴流式水轮机转轮结构特点：① 叶片沿轮毂四周径向均匀分布；② 叶片结构呈略有扭曲的翼形曲面，其内侧弧线短、曲度和厚度较大，外侧弧线长、较薄而平整；③ 叶片数一般为 4～8 片；④ 定桨式转轮的叶片固定在轮毂上；转桨式转轮的叶片可根据工况的改变而转动，以保持最优的安放角。轴流式水轮机转轮室的结构特点：① 内壁承受很大的脉动水压力，须采取特别的加强措施；② 叶片转动轴线以下的转轮室内表面常做成球形曲面以减小水流漏损。

4. 水轮机的型号

水轮机型号的编制规则为：水轮机型式（如混流式表示为"HL"）和转轮型号（用比转速表示）、主轴布置形式（如立轴表示为"L"）和引水室特征（如金属蜗壳表示为"J"）及转轮标称直径（cm）三部分组成，每一部分用横线"−"隔开。各种形式水轮机转轮标称直径 D_1 的意义均有相应的规定。反击式水轮机的转轮标称直径 D_1 应在规定的尺寸系列中选用。

5. 水流在反击式水轮机转轮中的运动

水流在反击式水轮机转轮中的运动特征为：非恒定的、沿圆周方向非轴对称的、复杂的三维空间流动。根据运动学理论，水轮机转轮中任一点的水流运动状况可用该点处水流质点运动的速度三角形来描述，水流在水轮机进、出口处的运动速度三角形是研究水轮机工作过程和进行转轮水力设计的最重要依据之一。但由于水流在转轮中运动的极端复杂性，这种依据的有效性须建立在若干假定的基础上。

研究表明，混流式水轮机转轮中水流运动特征为沿着某一喇叭形的空间曲面而做的螺旋形曲线运动，其流线为空间螺旋形曲线，其流面为喇叭形的空间曲面。轴流式水轮机转轮中水流运动特征为沿着某一圆柱形的空间曲面而做的螺旋形曲线运动，其流面为圆柱形的空间曲面；其流线为绕圆柱面的空间螺旋曲线。

基于上述假定和结论，可将反击式水轮机转轮中的任一质点的水流运动速度分解为：圆周分速度和轴面分速度的矢量和，而轴面分速度又可以进一步分解为径向分速度和轴向分速度的矢量和。

6. 水轮机的基本方程式

各种表达形式的水轮机的基本方程式均是根据动量矩定理推导得到的，它们给出了单位重量的水流的有效出力 N_e 与转轮进、出口运动参数之间的关系，同时也体现了水能转换为转轮旋转机械能的平衡关系。由此表明，水流对转轮做功的必要条件是水流通转轮时速度矩（或环量）发生变化；转轮的作用是控制出口水流速度矩的大小，实现水能的最有效转换。

7. 水轮机的效率及最优工况

水力损失为水流经过水轮机的过流部件时，由于摩擦、撞击、涡流、脱流等所产生的能量损失；水力损失是水轮机能量损失中的主要部分；计入水力损失后水轮机的有效水头与水轮机工作水头的比值定义为水力效率（η_H）。容积损失为在水轮机旋转部件与固定部件之间的流量漏损所产生的能量损失；计入容积损失后水轮机的有效流量与进入水轮机总流量的比值为容积效率（η_V）。机械损失为轴承及轴封处、转轮外表面与周围水体之间的摩擦所产生的能量损失，考虑机械损失后的水轮机出力与水流传给转轮的有效功率的比值定义为机械效率（η_m）。水轮机的总效率（η）为水力效率、容积效率及机械效率三者之积。

水轮机的最优工况指水轮机效率 η 最高的工况。根据水轮机出力 N 与效率 η 关系的分析，对效率大小起决定作用的是水力损失（撞击、涡流等）。因此，水轮机产生最优工况的基本条件为无撞击进口和法向出口。

二、复习思考题

1. 试从转轮空间中的水流运动特征、水流与转轮的相互作用方式等方面，说明反击式水轮机和冲击式水轮机的异同。

2. 混流式水轮机与轴流式水轮机的结构特征、性能及适用条件分别是什么？

3. 反击式水轮机的过流部件包括哪几个部件？试说明每个部件的作用和基本构造？

4. 各型水轮机转轮的标称直径 D_1 是如何确定的？

5. 水轮机的型号是如何表示的？

6. 研究速度三角形的目的是什么？混流式和轴流式水轮机的进、出口速度三角形有什么区别？

7. 水轮机基本方程式的假定是什么？是根据什么理论建立的？其物理意义是什么？

8. 水轮机的总效率是如何确定的？

9. 利用反击式水轮机的基本方程式说明提高水轮机效率应满足哪些条件？

10. 利用速度三角形说明什么是"无撞击进口"和"法向出口"。

11. 什么是水轮机的"最优工况"？水轮机的出力与其效率存在什么关系？

第三章　水轮机的蜗壳、尾水管及气蚀

一、主要内容

本章包括：蜗壳的形式及其主要参数选择、尾水管的作用、形式及其主要尺寸确定、水轮机的气蚀及气蚀系数、水轮机的吸出高度及安装高程等有关水轮机过流部件蜗壳及尾水管和水轮机气蚀问题方面的内容。

主要内容分述如下。

1. 蜗壳的形式及其主要参数选择

按材料不同，蜗壳分为金属蜗壳和混凝土蜗壳两类。金属蜗壳适用于水头大于 40m 的中、高水头水电站；一般采用焊接、铸焊和铸造三种方法制作；断面均做成圆形以改善其受力条件，在尾部又改做成椭圆形。混凝土蜗壳适用于水头小于 40m 的中、低水头水电站；其材料为钢筋混凝土，可加钢衬；断面常做成梯形，以便于施工及减小其径向尺寸。

蜗壳的包角 φ_0 指从蜗壳鼻端至蜗壳进口断面 0—0 之间的夹角。金属蜗壳一般采用 $\varphi_0=345°$。混凝土蜗壳通常采用 $\varphi_0=180°\sim270°$，其非蜗形流道处的固定导叶需特殊设计。蜗壳进口断面的平均流速 V_c 通常均根据水轮机设计水头 H_r 从有关的经验曲线图上查取；一般可取图中的中间值；对金属蜗壳和有钢板内衬的混凝土蜗壳，可取上限值；当布置上不受限制时也可取下限值，但 V_c 应不小于引水道中的流速。

通过水力计算，可确定蜗壳各个断面的几何形状和尺寸，并绘制其平面和断面单线图。

2. 尾水管的作用、形式及其主要尺寸确定

尾水管的作用可归结为：① 汇集并引导转轮出口水流排往下游；② 当 $H_2>0$ 时，利用这一高度水流所具有的位能（位置水头）；当 $H_2<0$ 时，无静力真空，尾水管会产生一定的正压以抵消过大的动力真空；③ 回收转轮出口水流的部分动能。

根据结构特点，尾水管常用的有：直锥形尾水管、弯锥形尾水管和弯肘形尾水管等三种型式。直锥形尾水管结构简单，性能最好（η_w 可达 80%～85%），但厂房下部开挖量大，一般用于小型水轮机。弯锥形尾水管多了一段圆形等直径的弯管，水力损失较大，其性能较差（η_w 约为 40%～60%），一般用于小型卧式水轮机。弯肘形尾水管不但可减小尾水管开挖深度，而且具有良好的水力性能（η_w 可达 75%～80%），一般大中型水轮机均采用此型式。

弯肘形尾水管尺寸的选用方法：① 实际水电站设计时，应采用厂家提供的尾水管图纸尺寸；② 在初步设计阶段，可初步选用定型化的尾水管资料。在不对尾水管的性能指标及运行稳定性产生严重影响的前提下，可对尾水管的尺寸或布置形式做将出口扩散段向上倾斜、平面上尾水管做不对称布置等局部变动。

3. 水轮机的气蚀及气蚀系数

气蚀指水轮机流道内流动水体中的微小气泡在其形成、发展、溃裂过程中对水轮机过

流部件表面所产生的物理化学侵蚀作用。导致水汽化的因素包括环境气压及水温等。气蚀对水轮机运行的影响主要表现在：① 破坏水轮机的过流部件；② 降低水轮机的出力和效率；③ 气蚀严重时可能导致机组不能安全稳定运行；④ 缩短了机组的检修周期，增加了机组检修的复杂性。常见的水轮机气蚀类型有：翼型气蚀、间隙气蚀、空腔气蚀及局部气蚀等 4 种。

水轮机气蚀性能的好坏通常由其翼型气蚀性能决定。一般用水轮机的气蚀系数 σ 作为衡量水轮机翼型气蚀性能的指标。σ 的物理意义为表示转轮中最易发生翼型气蚀的 K 点处的相对动力真空值；σ 值越大，水轮机愈易发生气蚀，即其气蚀性能愈差；σ 值与水轮机几何形状及运行工况有关；目前常用的确定 σ 值的方法是水轮机模型气蚀实验。研究表明，改善水轮机的气蚀性能与提高其过流能力和效率是相互矛盾的。水轮机气蚀的防护常用三个方面的措施：① 设计制造：采用合理的翼型，提高翼型曲线的加工精度和叶片表面的光洁度，选用耐蚀、耐磨性能较好的材料等。② 运行维护：拟定合理的水电站运行方式，在尾水管进口补气，采用防锈、耐磨材料等。③ 工程措施：选择合理的水轮机安装高程，设置沉沙、排沙设施等。

4. 水轮机的吸出高度及安装高程

水轮机的吸出高度 H_s 定义为避免水轮机发生翼型气蚀的水轮机装置位置与尾水位之间的铅直向高差量。按此定义，可推导得到 H_s 的计算式。但按此定义在实际计算时无法给出 H_s 的确切意义，故对不同形式水轮机的吸出高度 H_s 常做出相应的规定。

水轮机的安装高程 Z_s 对立轴反击式水轮机是指导叶中心的位置高程，对立轴水斗式水轮机是指喷嘴中心高程，对卧轴水轮机是指主轴中心线的位置高程。在水电站厂房设计中，Z_s 是一个控制性高程，是确定厂房各层高程的基础尺寸。

二、复习思考题

1. 试述金属蜗壳和混凝土蜗壳的结构特点、适用条件及优缺点。两种不同包角的蜗壳，若引用流量和利用水头均相同，哪一个蜗壳的平面尺寸大些？

2. 金属蜗壳和混凝土蜗壳的平面及断面单线图分别如何绘制？

3. 反击式水轮机尾水管为什么可以回收位能和部分动能？

4. 尾水管的形式和尺寸如何确定？如何绘制尾水管的单线图？

5. 尾水管进口处的静力真空和动力真空是由什么原因形成的？

6. 尾水管局部尺寸变动的原则、形式及其范围是什么？

7. 什么是水轮机的气蚀现象？其成因、类型和防止方法有哪些？

8. 气蚀系数的物理意义是什么？它与水轮机型式及水流工况有何关系？

9. 什么是水轮机的吸出高度？各种水轮机的实际吸出高度如何计算？

10. 对不同形式的水轮机，其安装高程应如何确定的？安装高程的选择对机组正常运行、厂房基建投资有何影响？

三、作业练习题

1. 绘制钢筋混凝土蜗壳的平面、断面单线图

（1）基本资料

某电站设计水头 $H_p = 10\text{m}$，通过机组的流量为 $10\text{m}^3/\text{s}$，机组额定转速为 214r/min，转轮直径 $D_1 = 160\text{cm}$，座环直径 $D_a = 2.7\text{m}$，导叶高度 $b_0 = 0.415D_1$，建议选用平顶（即 $n = 0$）

向下伸的蜗壳断面，包角 φ_c 和 γ 自拟。

（2）要求

用蜗壳内水流各点的速度矩即蜗壳内水流质点的切向流速与其半径的乘积等于常数 $(v_u r = K)$ 的方法，计算确定蜗壳的平面、断面尺寸，并在坐标纸上绘制蜗壳的平面、断面单线图。

（3）讨论

1）为什么低水头水电站常采用钢筋混凝土蜗壳？

2）平顶向下伸的蜗壳断面，在厂房布置方面有何优点？

2. 绘制金属蜗壳的平面、断面单线图

（1）基本资料

某混流式机组，设计水头 $H_P = 37m$，设计水头时的最大流量 $Q_0 = 155m^3/s$，座环外径 $D_a = 7m$，采用包角 $\varphi_c = 345°$。

（2）要求：同习题1。

（3）讨论

1）为什么中、高水头的水电站常采用金属蜗壳？

2）绘制蜗壳平面、断面单线图的目的是什么？

3）在 $\varphi = 0°$ 到 $\varphi = 100° \sim 120°$ 间计算结果与厂家图纸常稍有出入，这是为什么？

3. 绘制弯肘形尾水管单线图

（1）基本资料：机型 HL240 – LJ – 300

（2）要求：绘制弯肘形尾水管单线图

（3）讨论：绘制尾水管单线图与分层平面图的目的是什么？

第四章　水轮机的特性及选型

一、主要内容

本章包括：水轮机的相似原理及单位参数、水轮机的效率换算及单位参数修正、水轮机的比转速、水轮机的模型实验、水轮机的特性曲线及其绘制、水轮机的选型设计等有关水轮机特性及选型设计方面的内容。

水轮机的特性及选型是本课水轮机部分比较重要的一章，是前面各章内容的综合运用。现将主要内容分述如下。

1. 水轮机的相似原理及单位参数

水轮机的相似原理是研究相似水轮机（如模型水轮机和原型水轮机）运行参数之间存在的相似规律，并确立这些参数之间换算关系的理论。包括相似水轮机之间的相似条件和相似定律两方面的内容。相似条件是使两个水轮机保持流体力学相似的条件，包括几何相似、运动相似和动力相似等。尺寸不同但满足几何相似条件的一系列水轮机称之为水轮机系列或轮系。同一系列水轮机保持运动相似的工作状况称之为水轮机的相似工况。水轮机的相似定律指水轮机在相似工况下运行时，其各工作参数（如水头 H、流量 Q、转速 n 等）之间的固定关系称为水轮机的相似定律。

单位参数是将任一模型实验参数按相似定律换算成 $D_{1M} = 1.0\text{m}$ 和 $H_M = 1.0\text{m}$ 的标准条件下的参数。由相似定律可得单位转速 n_1'、单位流量 Q_1' 和单位出力 N_1' 的表达式。

2. 水轮机的效率换算及单位参数修正

模型水轮机与原型水轮机的效率是有差别的，通常原型水轮机的总效率高于模型水轮机的总效率。因此，需按一定方法将模型水轮机的效率换算为原型水轮机的效率。

由于单位参数 n_1'、Q_1' 表达式中未包含效率因子，而模型与原型水轮机的效率又存在差异，因此需对 n_1'、Q_1' 做适当的修正。

3. 比转速

由 n_1'、N_1' 的计算式，对同一系列水轮机，经过推导可以得到在相似工况下的一个常数 n_s，称作比转速。比转速 n_s 是一个反映水轮机综合性能的重要参数。由于 n_s 随工况而变，故通常采用设计工况或最优工况下的 n_s 作为水轮机分类的特征参数。水轮机发展的趋势是不断提高比转速，提高 n_s 的主要途径是增大转速 n 及流量 Q。

4. 水轮机的模型实验

水轮机的模型实验是按一定比例，将原型水轮机缩小成模型水轮机，然后通过实验测出模型水轮机在各种工况下的工作参数，再用相似公式换算出该轮系水轮机在各相似工况下的综合参数（如 n_1'、Q_1'、σ 及 η 等）。水轮机模型实验包括：能量实验、气蚀实验、飞逸特性实验及轴向水推力特性实验等。其中，能量实验的主要内容是确定模型水轮机在各种工况下的运行效率。

5. 水轮机的特性曲线及其绘制

水轮机的特性曲线是表示水轮机各参数之间关系的曲线。常分为：线形特性曲线和综合特性曲线两大类。线形特性曲线是在假定某些参数为常数的情况下，另两个参数之间的关系曲线，可分为：工作特性曲线、水头特性曲线及转速特性曲线等。综合特性曲线是多参数之间的关系曲线，用于较完整地描述水轮机在各种运行工况下的综合特性。可分为：模型综合特性曲线和运转综合特性曲线两种。上述各种特性曲线均有各自不同的功用，也有各自不同的绘制方法。

6. 水轮机的选型设计

水轮机选型设计的主要内容包括：① 选择水轮发电机组的台数及单机容量；② 选择水轮机的型号及装置方式；③ 确定水轮机的轴功率、转轮直径、同步转速、吸出高度、安装高程等主要参数；④ 其他有关内容。水轮机选型设计需具备的基本资料有：① 有关电站厂房、水力机械等的设计规范、标准及手册等；② 水轮机设备的厂家产品技术资料；③ 水电站有关水文、水能及水工方面的初步设计资料；④ 运输情况及安装技术条件等资料；⑤ 国内外正在设计、施工和已运行的同类型水轮机及其水电站的有关资料。

机组台数选择的方法：由于水电站总装机容量等于机组台数和单机容量的乘积，因此在总装机容量确定的情况下，可以拟订出不同的机组台数方案，经综合比较后确定最优装机台数。选择时应考虑：机组台数与设备制造的关系、机组台数与水电站投资的关系、机组台数与水电站运行效率的关系及机组台数与水电站运行维护工作的关系等因素。原则是：① 从所设计水电站的实际出发，全面考虑，综合比较；② 同一电站内尽可能选用相同型号的机组；③ 机组台数一般应取偶数。

水轮机型号选择的前提条件是已知机组单机容量及电站的各种特征水头。选择方法有：根据水轮机系列型谱选择及套用机组法。根据水轮机系列型谱选择就是直接从型谱参数表中选出电站水头范围（H_{max} 及 H_{min}）与之基本相符的水轮机型号；若满足此要求的型号超过两种，则应将这些型号均作为可用的型号比较方案。套用机组法就是根据国内正在设计、施工或已运行的水电站资料，在设计水头接近、技术经济指标相当的情况下，可优先套用已经生产过的机组。

水轮机的装置方式有立轴（竖轴）式和卧轴式两种。立轴（竖轴）式机组传动效率高，电站厂房面积小，设备布置方便。卧轴式机组可降低厂房高度，机组安装、运行维护及检修方便，但厂房长度尺寸增加较多。

反击式水轮机的主要参数包括：转轮直径 D_1、转速 n 及吸出高度 H_s 等。主要参数选择的原则是：① 所选择的 D_1、n 应满足在设计水头 H_r 下使水轮机能发出额定出力，并在加权平均水头 H_{av} 运行时效率最高；② 所选择的吸出高度应满足防止水轮机气蚀的要求和电站厂房开挖深度的经济合理性。主要参数选择、计算的方法有：① 用应用范围图选择水轮机的主要参数；② 用模型综合特性曲线选择水轮机的主要参数。方法① 的特点是简单易行，但较粗略，一般多用于中小型水电站的水轮机选型设计。方法② 是根据模型综合特性曲线或型谱参数表，首先利用相似公式，计算并初步选定原型水轮机的主要参数；然后再计算原型水轮机极限（最大、最小）单位参数，换算后在模型综合特性曲线图上检验所选主要参数的合理性。

二、复习思考题

1. 什么是水轮机系列（轮系）？什么是水轮机的相似工况？

2. 三个单位参数的表达式如何？分别说明了什么概念、具有什么用途？

3. 为什么在模型与原型水轮机之间要进行效率换算及单位参数的修正？

4. 水轮机比转速的概念、作用及其物理意义是什么？提高比转速的途径有哪些？

5. 高、中、低比转速的混流式水轮机，其转轮外形有何不同？

6. 水轮机模型能量实验的内容、实验参数的测量方法是什么？其实验成果如何整理？

7. 水轮机的特性曲线包括哪几类？线型特性曲线与综合特性曲线有何区别？水轮机工作特性曲线的含义及功用是什么？混流式与轴流式水轮机工作特性曲线有何不同？哪种水轮机高效区更为宽广？为什么？

8. 对混流式水轮机为什么要进行 5%出力限制？

9. 何谓模型综合特性曲线和运转特性曲线？二者有何不同？有何用途？一个轮系的水轮机能否有不同的模型综合特性曲线？

10. 机组台数选择应考虑哪些因素？机组台数选择的原则是什么？

11. 如何利用水轮机系列型谱选择水轮机型号？

12. 如何利用水轮机应用范围图选择水轮机的主要参数？如何利用水轮机模型综合特性曲线选择、确定水轮机的主要参数？

13. 在选择水轮机型号时，若有两种以上的水轮机型号都可选时应如何处理？应主要从哪几个方面进行综合比较、择优选用？

三、作业练习题

1. 利用水轮机应用范围图法选择水轮机

（1）基本资料

某水电站装机容量为 30 000kW，$H_{max}=40m$，$H_{min}=25m$，$H_{cp}=37m$，$H_p=34m$，电站所在地高程 300m。

（2）要求

1）选择机组台数并根据水轮机系列型谱选择水轮机型号。

2）利用水轮机应用范围图选择主参数 D_1、n 和 H_s。

2. 用模型综合特性曲线法选择水轮机

（1）基本资料

某电站 $H_p=49.6m$，$H_{max}=64.35m$，$H_{min}=37.70m$，电站所在地高程为 460m，装机容量为 40 000kW。模型综合特性曲线可参考水力机械设计手册。

（2）要求

1）确定机组台数和单机容量（发电机额定效率 $\eta_{gr}=0.97$）。

2）选择水轮机型号，并计算水轮机有关参数。

a. 计算 D_1、n 和效率修正（取工艺修正值 $\Delta\eta=1\%$）；

b. n_1' 和 Q_1' 的修正；

c. 校核 H_p 时的机组出力；

d. 工作范围检验；

e. 计算 H_s（按三个特征水头分别计算取最不利值）；

f. 计算安装高程 Z_s（设计尾水位按通过 1 台水轮机机额定流量时的下游水位选取，其值 $\nabla_w = 461.00m$）。

（3）讨论

1）机组台数选择时考虑了那些因素?台数过多或过少有何缺陷?

2）安装高程有何重要意义?下游设计尾水位如何选用?

第五章 水 轮 机 调 节

一、主要内容

本章包括：水轮机调节的任务、水轮机调节的基本概念、水轮机调速器的工作原理、水轮机调速器的类型、油压装置等有关水轮机调节机构工作原理方面的内容。

主要内容分述如下。

1. 水轮机调节的任务

水轮机调节的主要任务是：① 根据负荷图的安排，随着负荷的变化迅速改变机组的出力，以满足系统的要求；② 担负系统短周期的不可预见的负荷波动，调整系统频率。另外，水轮机调节还有机组启动、并网及停机等其他任务。

在工况参数 γ、Q、H 及 η 中，只有 Q 是易于改变的。因此，通常将 Q 作为水轮机的被调节参数，通过改变 Q 来改变水轮机的动力矩 M_t。水轮机调节系统的特点是：① 由于水轮机的工作流量较大，所以水轮机的调速器需要有放大元件（配压阀）和强大的执行元件（接力器）；② 水轮机调节过程中的流量变化将引起很大的压力变化（水锤），从而给水轮机调节带来很大困难；③ 对于轴流转桨式水轮机的导叶和转轮叶片、水斗式水轮机的喷嘴和折流板、带减压阀的混流式水轮机等，需增加一套协调机构，需对两个对象同时进行调节，使调节更为困难。

2. 水轮机调节的基本概念

自动调速器是测量元件、加法器、放大元件、执行元件及反馈元件的总称。调节对象指机组（包括导水机构）。水轮机调节系统指由自动调速器（包括：测量、加法、放大、执行和反馈元件）和调节对象（包含导水机构的机组）所构成的系统。

调节系统的动特性：调节系统对机组转速的调节需要一个过程，这个过程又称为调节系统的过渡过程；在过渡过程中，转速、开度等被调节参数随时间不断变化；各参数随时间的变化情况，及在经过一段时间以后是否能达到新的平衡状态（稳定工况），与调节系统的特性有关，这种特性称作调节系统的动特性。电力系统对水轮机调节系统过渡过程品质的要求是：① 调节时间要短。对于工程实际，当转速 n 与额定转速 n_0 的偏离值小于（0.2%～0.4%）n_0 时，即可认为进入新的平衡状态（稳定状态）；② 超调量要小，即振荡的相对幅值要小；③ 在一定的调节时间内振荡次数要少。

调节系统的静特性：指稳定工况（平衡状态）时各参数之间的关系，通常用转速 n 与出力 N 的关系表示。调节系统静特性的类型有：① 无差特性：机组转速与出力无关，在任何出力情况下，调节系统均能保持机组转速为额定转速 n_0。② 有差特性：机组出力小时保持较高的转速，机组出力大时则保持较低的转速，即调节前后两个稳定工况间的转速有一微小偏差。对于由多台机组组成的电力系统，除担负调频任务的机组外，一般机组不能采用无差特性。机组的无差或有差调节及调差率 δ 的大小，均可通过整定调速器得到。

3. 水轮机调速器的工作原理

调速器的主要组成部件包括：① 离心摆；② 主配压阀；③ 接力器；④ 反馈机构，包括硬反馈机构和软反馈机构。调速器的工作原理见教材此部分的详细说明。

4. 水轮机调速器的类型

按其组成元件的工作原理，调速器分为机械液压调速器和电气液压调速器两类。

机械液压调速器的特点是：自动控制部分为机械元件，操作部分为液压系统；机构复杂，制造困难，造价较高；精度和灵敏度不高。电气液压调速器的特点是：自动控制部分即调速器的测量、放大、反馈及控制等部分用电气回路，液压放大及执行机构则仍为机械液压装置；精度和灵敏度较高；便于实现计算机控制，可以提高调节品质和自动化水平，有利于经济运行；制造成本较低，便于安装、检修及参数调整。

我国目前常用的大中型反击式水轮机调速器产品系列参见教材或水力机械手册。

5. 油压装置

油压装置的功用是给调速器提供压力油。油压装置的主要组成部件为油泵、集油槽和压力油箱。

二、复习思考题

1. 水轮机调节的主要任务是什么？水轮机调节的途径是什么？

2. 何谓水轮机调节系统？其包括哪些元件？

3. 水轮机调速器由哪些部件组成？其工作原理是什么？

4. 调速器是如何分类的？各类调速器的型号是如何规定的？如何选择？

第六章　水电站的典型布置及组成建筑物

一、主要内容

本章包括：水电站的典型布置形式及水电站的组成建筑物等内容。

主要内容分述如下。

1. 水电站的典型布置形式

按水电站的组成建筑物及其特征，水电站的布置形式可分为三类：① 坝式；② 河床式；③ 引水式。

坝式水电站的布置特点是：坝体和电站厂房结合在一起作整体布置，电站水头的大部分或全部由坝所集中。按厂房与坝体的相对位置关系又可分为坝后式水电站、坝内式水电站及厂房顶溢流式水电站等3种形式。

河床式水电站的布置特点是：① 坝相对较低，主要利用大流量进行发电，因而一般是低水头大流量的水电站；② 厂房结构也起挡水作用，是挡水建筑物的一个组成部分；③ 一般均布置在河谷开阔的平原河段，以保证首部枢纽纵向布置的长度。河床式水电站要求避免泄洪及航运等坝段对厂房坝段上、下游水流的干扰。

引水式水电站的布置特点是：引水道较长（坝相应较低），水电站水头的全部（无坝引水）或大部分（有坝引水）由引水道集中。按引水道中水流流态，引水式水电站又可分为两类：① 有压引水式水电站：水流有压，引水道全部由有压引水建筑物组成，如有压隧洞及压力管道等。② 无压引水式水电站：水流为明流、无压。引水道主体采用无压引水建筑物（无压隧洞，明渠），一般到厂房前接压力前池及压力管道。

2. 水电站的组成建筑物

水电站一般由以下7类建筑物所组成：① 挡水建筑物：拦截河流，集中落差，形成水库一般为坝或闸；② 泄水建筑物：泄洪或放空水库，如溢洪道、泄洪洞、孔等；③ 水电站进水建筑物：引进发电用水，如有压或无压进水口；④ 水电站引水建筑物：输送发电用水，如有压或无压隧洞、引水明渠及压力管道等；⑤ 水电站平水建筑物：电站负荷变化时，用于平稳引水建筑物中的流量及压力的变化，如压力前池、各种调压室等；⑥ 发电、变电及配电建筑物（厂房枢纽建筑物）：安装各种发、配、变电设备，如主厂房、副厂房、变压器场及开关站等；⑦ 其他建筑物：如过船、过鱼、拦沙及冲沙建筑物等。

本课的学习重点是水电站输水系统建筑物及厂房枢纽建筑物。

二、复习思考题

1. 水电站的三大典型布置形式是按什么因素划分的？

2. 坝式水电站有哪些布置特点？坝后式、坝内式和厂房顶溢流式各自的布置特点及适用条件是什么？

3. 河床式水电站的布置特点是什么？其适用条件是什么？

4. 引水式水电站的布置特点是什么？有压引水式水电站与无压引水式水电站的区别是什么？

5. 水电站的组成建筑物有哪些？其中哪些是一般水电站特有的建筑物？

第七章 水电站进水口

一、主要内容

本章包括：进水口的功用和要求，有压进水口的主要类型及适用条件，有压进水口的位置、高程及轮廓尺寸，有压进水口的主要设备，无压进水口及沉沙池等有关水电站进水口类型和布置设计方面的内容。

主要内容分述如下。

1. 进水口的功用和要求

进水口功用是按负荷要求引进发电用水。

进水口的基本要求是：① 足够的进水能力；② 水质符合要求；③ 水头损失要小；④ 流量可控制；⑤ 满足水工建筑物的一般要求。

按照进水口的水力特征，水电站进水口可分为两类：① 有压进水口：进水口位于死水位以下，且有一定淹没水深，进水具有一定的压力水头，以引进深层水为主，后接有压引水隧洞、压力管道等有压引水建筑物。② 无压进水口：进水无压力水头，以引进表层水为主，后接明渠、无压引水隧洞等无压引水建筑物。

2. 有压进水口的主要类型及适用条件

有压进水口通常由进口段、闸门段和渐变段组成。

有压进水口按其在水利枢纽中的位置及其结构特点,可分为以下 4 类：① 洞式进水口：进水口全部在山体中开挖出来，进口段开挖成喇叭形，闸门段位于开挖出来的竖井中。适用于水库岸边地质条件较好、地形较陡的水电站。② 墙式进水口：进口段和闸门段均布置在山岩之外，形成一个紧靠在山岩上的墙式建筑物（压力墙），墙体承受水压及山岩压力，因此须有足够的强度和稳定性。适用于隧洞进口处地质条件较差，不宜开挖喇叭形平洞和竖井，或地形过陡，不宜采用洞式进水口的水电站。③ 塔式进水口：进水口的进口段及闸门段形成一个塔式结构，孤立于水库之中，进水塔与库边或坝体通过工作桥相连。适用于大坝采用当地材料坝，或水库岸边地质条件较差，或由于水含沙量大需分层取水的水电站。④ 坝式进水口：进水口依附在坝体上，进口段及闸门段常合二为一，渐变段衔接紧凑，引水线路最短，水力条件较好。适用于坝式水电站。

3. 有压进水口的位置、高程及轮廓尺寸

有压进水口的位置一般应满足下列条件：① 有利的进水条件：水流基本平顺、对称，避免发生回流和漩涡，泄洪时仍能正常运行；② 不出现淤积，不聚集杂物；③ 对库岸式进水口还应使进水口位于地形、地质条件相对较好的库岸处。

有压进水口的高程确定的原则是：① 有压进水口应低于运行中可能出现的最低水位，并应有一定的淹没深度；② 进水口闸门底坎应在水库设计淤积高程以上。确定淹没深度的原则：进水口前不出现漏斗状吸气漩涡。满足上述原则的临界淹没深度可用戈登

（Gordon）经验公式估算。

有压进水口的轮廓尺寸确定的原则是：最优的水流条件，减少水头损失，满足设备布置需要；结构简单，便于施工。

4. 有压进水口的主要设备

有压进水口应根据其运用条件设置拦污设备、闸门及启闭设备、通气孔及充水阀等。

拦污设备的作用是：拦截表层的飘浮物，深层的推移物，以不使这些有害的杂物堵塞进水口，影响进水能力。拦污设备的常用形式有：拦污栅、拦污浮排等，主要的拦污设备是拦污栅。拦污栅的立面布置形式有：① 倾斜布置：一般采用倾角 60°～70°。特点是过栅水流断面大，水头损失小，便于清污，但增加了进水口长度。② 直立布置：一般用在拦污栅的布置受限制的场合如洞式及压力墙式进水口。特点是便于用清污机进行机械清污，但过流断面较小，水头损失较大。

拦污栅的平面布置形式有：① 直线形：一般用于洞式及压力墙式进水口；② 多边形：一般用于塔式或坝式进水口，特点是过流断面大，水头损失小，清污设备布置较复杂。拦污栅的过流面积指扣除各种阻水结构后的净过流面积，须按电站引用流量及过栅流速反算确定。过栅流速以不超过 1.0m/s 为宜，以便于清污并减小水头损失。拦污栅的支承结构常用钢筋混凝土框架结构。拦污栅清污方法随清污设施及污物种类不同而异，常用清污方法有：① 机械清污法：用于大中型电站；② 人工清污法：用于小型电站；③ 其他清污法：如定期吊出清污、拦污栅轮流式清污、倒冲法清污等。拦污栅的防冻常用电加热法或加气水冲法等。

闸门及启闭设备主要包括事故闸门（工作闸门）、检修闸门和启闭机。事故闸门用于机组或引水道发生事故时，在进水口截断水流，紧急关闭；其位置位于检修闸门后；其运行方式为动水关闭，静水开启；门形一般多用平板钢闸门，每个进水口一扇，且每个闸门设一套固定卷扬式启闭机（库岸进口）或可动门式启闭机（坝式进口），以便随时操作闸门。检修闸门位于事故闸门之前，用于为事故闸门及其门槽的检修服务；其运行方式为静水启闭；一般采用平板门或钢的、钢筋混凝土的叠梁，可以几个进水口合用一套，一般可采用移动式的（共用的）或临时启用设备。启闭机常用的型式有：可动的门式启闭机、固定卷扬式启闭机及用于小型电站的螺杆式启闭机。

通气孔的作用为：事故闸门关闭、放空引水道时用于进气；引水道充水、事故闸门开启前用于排气。设置在事故闸门之后，顶端应高出上游最高水位，以防止水溢出；底端接引水道顶部，其断面积按引水道的具体情况分析选用。充水阀的作用为：事故闸门开启前向引水道充水，以便事故闸门在静水情况下开启。设置方式有旁通式及与事故闸门结合式等。

5. 无压进水口及沉沙池

无压进水口一般用于无压引水式水电站。

无压进水口的主要问题及处理措施：① 进水口前污物堆积较多，尤其在汛期。常用处理措施有：进水口应优先考虑布置在河道的凹岸，以避免产生回流，减少飘浮物的堆积；根据河流的具体特点，采取加设浮排，设置并加固拦污栅等拦污措施。② 泥沙淤积严重。防治原则是前拦后排或前拦后沉。常用防治措施有：枢纽设置拦沙坎、冲沙闸及冲沙底孔等；在引水道上设置沉沙池、冲沙廊道或底孔等。

二、复习思考题

1. 水电站进水口有哪些基本要求？

2. 有压进水口与无压进水口区别何在？

3. 有压进水口的水力特点是什么？有哪些类型？其适用条件分别是什么？

4. 有压进水口的位置、高程及轮廓尺寸需满足什么要求？如何确定？

5. 有压进水口主要有哪些设备？其作用及运行方式分别是什么？

6. 无压进水口的水力特点是什么？其主要问题及其处理措施有哪些？

第八章 水电站渠道及隧洞

一、学习重点

本章讲述的内容为水电站的引水建筑物。

（1）电站渠道的基本要求：有足够的输水能力；水质符合要求；运行安全可靠（防冲防淤、防渗、防长草、防冰凌）；结构经济合理；便于施工。

（2）类型：自动调节渠道和非自动调节渠道。

（3）渠道水力计算：恒定流计算和非恒定流计算。

（4）渠道及隧洞断面尺寸确定：粗略估算时可用水电站渠道或隧洞的经济流速确定，渠道经济流速为 1.5～2m/s，隧洞经济流速为 4m/s 左右，最终要通过动能经济、常用系统计算支出最小法。

（5）压力前池的作用：加宽和加深渠道以满足压力钢管进水口的布置要求；平稳水流分配水量；清除污物泥沙及浮冰；宣泄多余水量。

二、复习思考题

1. 渠道的作用、要求是什么？有几种基本类型？如何确定断面尺寸？
2. 自动调解渠道与非自动调节渠道有何差异？
3. 压力前池的作用是什么？其主要建筑物有哪些？
4. 日调节池适用于哪类水电站？设计时要注意哪些因素？
5. 隧洞的功能是什么？其水力计算包括哪些内容？如何计算其断面尺寸？

第九章 水电站压力管道

一、学习要点

压力钢管是指从水库、前池或调压室向水轮机输送水量的管道。

（1）压力钢管的布置原则：尽可能短而直；良好的地质条件；少起伏少弯道；避开山崩或滑坡地区；设事故闸门及事故排水。

（2）几种供水方式：单元供水、集中供水、分组供水。

（3）明钢管的镇墩和支墩：① 支墩作用：承受水重和管重在法向的分力，相当于梁的滚动支撑允许管道轴向位移。支墩类型：滑动式、滚动式和摆动式。② 镇墩作用：一般布置在管道的转弯处，承受因管道改变方向而产生的不平衡力，将管道固定在山坡上，不允许管道在镇墩处发生任何位移。镇墩设计：进行镇墩抗滑稳定、地基应力校核，确定镇墩尺寸。

（4）明钢管的管身应力分析、结构设计及外压稳定校核：跨中断面、支撑环附近断面、支撑环断面应力计算；钢管的强度校核及外压校核。

（5）钢岔管的受力特点，地下埋管和坝身管道的联合受力特点。

二、复习思考题

1. 压力钢管有哪些布置形式？比较它们的优点及适用条件。

2. 钢管的材料、容许应力和管身构造。

3. 明钢管如何敷设？路线如何选择？

4. 明钢管上有哪些管件（附件）？各起什么作用？

5. 镇墩、支墩各有哪些类型？其构造和作用如何？

6. 明钢管管身应力如何分析？应力状态如何？如何确定管身应力？

7. 明钢管如何检验稳定性？如不满足应采取哪些措施？

三、作业练习题

某水电站压力明钢管的纵剖面如图 3-9-1 所示。钢管内径 $D=3m$，管内最大流速 $v=5m/s$，管内壁沿程水头损失 $h_w=0.5m$，管道倾角 $\varphi=30°$，上镇墩以下 2m 处设有伸缩节，伸缩节填料长 $b=0.3m$，填料与管壁摩擦系数 $f_k=0.25$，镇墩间距 $L=80m$，支墩间距 $l=10m$，支墩为滚动式，摩擦系数 $f=0.1$。末跨跨中钢管中心处的最大静水头 $H_0=62m$，水锤压力升高 $\Delta H=0.3H_0$。钢管允许应力 $[\sigma]=1200kg/cm^2$，焊缝影响系数 $\Phi=0.90$。支承环等附件重量和伸缩节处的水锤压力升高均忽略不计。

要求：按满水、温升情况，分别对末跨跨中断面 1-1 的管顶内缘点 A、外缘点 B 和管底内缘点 C、外缘点 D 进行应力分析及强度校核。

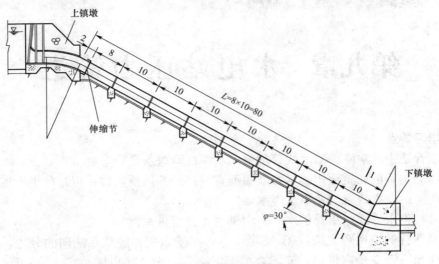

图 3 - 9 - 1　明钢管纵剖面图（单位：m）

提示：1）初估管壁的计算厚度及结构厚度；

2）计算荷载：法向力、1-1 断面处的轴向力及径向力；

3）计算 1-1 断面处由法向力所产生的内力（弯矩、剪力）；

4）对上述 4 个计算点，逐一进行其各向的应力分析和强度校核；

5）确定管壁可实际采用的结构厚度。

第十章 水电站的水锤

一、学习要点

当压力管道末端的流量发生变化时，管道内将出现非恒定流现象，其特点是随着流速的改变压强有较显著的变化这种现象称为水锤现象。

（1）水锤现象的发生、发展、反射及传播过程。

（2）水锤的解析计算方法：直接水锤的计算；间接水锤的计算；阀门开度依直线变化时的水锤计算；起始开度和关闭规律对水锤的影响；水锤压强沿水管长度的分布；开度变化终了后的水锤现象。

（3）水锤计算的特征线法：正向方程、反向方程；用特征线法求解任意断面水锤压强。

（4）水电站机组调节保证计算：协调水锤和机组转速变化的计算一般称为调节保证计算；机组转速变化计算的原理及方法。

（5）水锤计算条件的选择及减小水锤压强的措施。

二、复习思考题

1. 简述阀门突然关闭后的水锤现象及其发展过程。

2. 直接水锤和间接水锤的区别有哪些？

3. 阀门处水锤波的反射特性是什么？

4. 阀门开度直线变化条件下的水锤解析计算如何进行？

5. 分析不同起始开度对水锤压力的影响。

6. 分析阀门开度变化终了后的水锤现象。

7. 如何应用特征方程求解压力管道在阀门断面、中间断面和进口断面的水锤压力？

8. 如何进行复杂管路的水锤计算？

9. 对反击式水轮机的水锤计算，如何考虑其边界特点？

10. 水电站机组调节保证计算的任务和内容是什么？

11. 如何建立机组转速变化计算的公式？

12. 减小水锤压强的有效措施有哪些？

三、作业练习题

1. 由水锤的两个基本方程的积分形式，推求直接水锤的解析计算公式。

基本方程的积分形式为（X：以管道进口为原点，向下游为正）：

$$\Delta H = H - H_0 = F(t + x/c) + f(t - x/c) \qquad (3-10-1)$$

$$\Delta V = V - V_0 = -g/c[F(t + x/c) - f(t - x/c)] \qquad (3-10-2)$$

2. 试用特征线方程证明，阀门断面任意相邻两相间的水锤压力关系式为

$$\xi_{I-1}^A + \xi_I^A = 2\rho\left(v_{I-1}^A - v_I^A\right)$$

注：式中 I 为水锤相数。

第十一章　调　压　室

一、学习要点

调压室是有压引水电站引水系统上的平水建筑物。

（1）调压室的作用和基本要求。

（2）调压室的工作原理及基本方程：电站丢弃负荷和增加负荷时调压室水位的波动过程；调压室的连续方程、动力方程和等出力方程。

（3）调压室的水位波动计算：简单式和阻抗式调压室水位波动计算的解析法、图解法的原理、基本步骤及过程。

（4）"引水道——调压室"系统的工作稳定性：小波动稳定断面条件的建立；影响波动稳定的主要因素。

（5）调压室的水力计算条件的选择：在稳定计算、最高涌波水位计算和最低涌波水位计算时上游水位、引水道糙率、负荷变化等条件的正确选取。

二、复习思考题

1. 调压室的作用是什么？依据什么条件设置调压室？

2. 调压室是如何工作的？调压室的基本方程如何？

3. 简单圆筒式和阻抗式调压室的特点如何？水位波动图解计算原理及方法如何？

4. 双室式、溢流式、差动式调压室各有什么特点？什么叫理想差动式？

5. 什么是"引水道——调压室"水位波动稳定性？小波动稳定及大波动稳定有什么不同？稳定条件有哪些？

6. 如何选择调压室水力计算的条件？

三、作业练习题

1. 说明影响调压室波动稳定的主要因素。

2. 建立调压室的三个基本方程，即连续方程、动力方程及等出力方程。

3. 某压力引水式水电站具有一上游简单圆筒式调压井，引水道长 564m，引水道断面积 50m²，其中最大流速为 4m/s。上游设计洪水位为 242m，死水位为 215m。圆筒式调压井直径为 16m，其断面积为 200m²。若一个调压井供给一台机组，求调压井的 Z_m 和 Z_{min}。（用图解法和解析法求解）

第十二章 水电站厂房

一、学习要点

水电站厂房是将水能转换为机械能进而转换为电能的场所，是建筑物、机械、电气设备的综合体。

（1）水电站厂房的基本类型：坝后式厂房（挑越式厂房、溢流式厂房、）、坝内式厂房、河床式厂房、引水式厂房。

（2）水电站厂房的组成：厂房的机电设备（水力系统、电流系统、机械控制设备系统、电气控制设备系统、辅助设备系统）；厂房枢纽的建筑物组成（主厂房、副厂房、变压器场及高压开关站）。

（3）确定水电站厂房主要尺寸的方法；水电站厂房的布置设计；辅助设备及副厂房；水电站的厂区布置。

二、复习思考题

1. 水电站厂房的功用和主要任务是什么？
2. 水电站厂房有哪些基本类型？它们的特点是什么？
3. 水电站厂房枢纽建筑物及其主辅机电设备包括哪些内容？
4. 在设计水电站主厂房时，应首先从哪里着手？为什么？
5. 下部块体结构中一般布置哪些设备？其结构尺寸应如何决定？
6. 发电机机座（墩）有哪些类型？它们各有什么优缺点？
7. 确定发电机层高程应考虑哪些因素？
8. 对装配场的设计有哪些要求？
9. 当发电机层高程低于下游最高尾水位和低于对外交通道路时，应如何处理？
10. 厂区布置包括哪些内容？变压器场布置应考虑哪些因素？地面引水式电站副厂房位置一般可能有哪些方案？它们有什么优缺点？

三、作业练习题

在确定主厂房机组段长度时，一般应考虑的主要因素是什么？如何考虑？画图说明。

第十三章 其他类型厂房

一、学习要点

建于地面的水电站厂房称为地面厂房，地面厂房有 3 种基本型式：引水式、坝后式和河床式厂房。随着水电技术及发展和需要，从中又发展出溢流式、坝内式以及泄流式厂房等。建于地下的水电站厂房则称为地下厂房，目前地下厂房已广泛使用于水电建设中。另外，了解抽水蓄能电站和潮汐电站厂房。

1. 坝后式、溢流式、坝内式厂房

坝后式厂房通常是指布置在非溢流坝后，与坝体衔接的厂房，坝址河谷较宽，河谷中除布置溢流坝外还需布置非溢流坝时，通常采用这种厂房。位于混凝土重力坝后的厂房，厂坝连接处通常设纵向沉降缝将厂坝结构分开。采用这种连接方式时，厂坝各自独立承受荷载和保持稳定。连接处允许产生相对变位，因而结构受力比较明确。采用这种连接方式时，压力钢管穿过上述纵缝处应设置伸缩节。在平面布置上，由于钢管一般最好布置在每一坝段的中间，坝段与厂房机组段的横缝往往相互错开，坝段的长度与机组段的长度应相互协调。

厂房布置在溢流坝后，洪水通过厂房顶下泄，这类厂房称为溢流式厂房。坝址河谷狭窄、山体陡峻、洪水流量大时，河谷只够布置溢流坝，采用前述坝后式厂房会引起大量土石方开挖，这时可以采用溢流式厂房。

布置在坝体空腔内的厂房称为坝内式厂房。河谷狭窄不足以布置坝后式厂房，而坝高足够允许在坝内留出一定大小的空腔布置厂房时，可采用坝内式厂房。坝内式厂房布置在溢流坝内，泄洪以及洪水期的高尾水位不直接作用于厂房。但坝内空削弱了坝体，使坝体应力复杂化。

2. 地下式厂房

布置在地下洞室内的厂房称为地下式厂房，除主厂房在地下外，主变以及开关站也往往同时布置在地下。

3. 抽水蓄能电站厂房和潮汐电站厂房

抽水蓄能电站的作用是在电力系统低负荷时，利用电网中其他电站生产的多余电能，通过抽水蓄能电站的可逆式水泵水轮机或水泵，将下库的水抽蓄于上水库，等到系统高负荷电力不足时，再将这部分水通过蓄能电站的水轮机放到下水库并生产出电能满足需要。抽水蓄能电站的厂房形式因机组形式不同而有所不同。抽水蓄能机组有两种主要形式：两机式和三机式。两机式机组又称为可逆式机组。

潮汐电站利用潮差发电。水头小，流量大，为了在涨潮落潮时均能发电，还要求机组能双向运行，所以潮汐电站采用贯流式机组最为适宜，潮汐电站的厂房与装置贯流式机组的河床式厂房十分接近。

二、复习思考题

1. 坝内式厂房有何优缺点？

2. 地下式厂房有哪些布置类型？它们各适用于什么条件？

第四篇
课程实验

第一章 《水工建筑物》课程实验

水工模型实验（一）：水工整体模型实验

一、实验综述

当研究河道中水利枢纽工程的总体布置合理性时，按一定比例把所研究的河段和水利枢纽缩制成模型来进行研究，这种模型就叫做整体模型。整体模型所研究的对象的水力特性通常与空间三个坐标有关，如显著弯曲的河渠、溢洪道水流问题，拱坝泄流问题及水利枢纽上下游水流衔接、流态等问题，常需制作成整体水工模型来进行研究。

影响枢纽布置的主要因素有坝址地形、地质情况及河道水文特征等，影响下游消能防冲的主要因素是泄水建筑物的体型布置和下游河道的地质、地貌等。

二、整体模型一般研究内容

（1）泄水建筑物的泄流能力。

（2）泄水建筑物的压力、流速、空化特性等。

（3）下游河道岸边水面高程（水面线）。

（4）消能工的消能效果。

（5）泄水建筑物下游的折冲水流及水流扩散问题。

（6）下游河道流速分布。

（7）上下游水流流态、水流衔接。

（8）下游河床及岸坡的冲刷等。

三、实验目的

（1）初步了解整体模型实验的基本理论及研究范围和内容。

（2）初步掌握整体模型实验的基本方法及量测技术和技巧。

（3）初步掌握实验资料整理、分析、评价及解决实际工程问题的能力。

（4）结合具体实验、巩固和复习专业理论知识，增强动手和科研能力。

四、本实验要求和任务

（1）枢纽泄流能力。

（2）下游岸边流速分布。

（3）下游岸边水面线。

（4）上下游水流流态。

（5）要求整理分析实验成果，对工程布置作出评价，试提出改进措施。

（6）写出实验报告。

五、工程概况

洞河水库位于汉阴县以东 8km 的洞池镇境内，地处汉江北岸月河一级支流洞河下游，枢纽距洞河口 3km。是一座以灌溉、供水为主，兼有发电和防洪等综合利用效益的工程，枢纽工程由水库大坝、发电引水隧洞和电站厂房等建筑物组成。水库总库容 4579 万 m³，设计灌溉面积 3.5 万亩，水电站装机容量 3430kW，水库为Ⅲ等中型工程，混凝土大坝为 3 级建筑物，防洪标准按 50 年一遇洪水设计，500 年一遇洪水校核；相应下泄洪峰流量分别为 763m³/s 和 1207m³/s。

大坝为碾压混凝土双曲拱坝，最大坝高 65.5m。水库泄洪方式为坝顶自由溢流表孔和冲沙泄洪底孔联合泄流。溢流表孔采用浅孔布置形式，表孔为自由溢流式，不设闸门，堰顶高程 391.0m（正常蓄水位），泄流总宽度 39m，对称拱中心线布置在泄洪底孔两侧，溢流净宽 3×15m。坝身布置 1 孔冲沙泄洪，底孔底板高程 348.0m。最大下泄流量 489m³/s，进口设置平板检修闸门，孔口尺寸 3m×4.5m，出口设置弧形工作闸门，孔口尺寸 3×4m。

六、基本资料

（1）模型为正态模型，比尺为：1∶55。

（2）库水位及洪水资料（表 4−1−1）。

表 4−1−1 水库水位与洪水流量表

特征水位	水位高程（m）	下泄流量（m³/s）
正常蓄水位	391.00	—
设计洪水位	393.93	763.0
校核洪水位	396.38	1207.0

（3）下游河床覆盖层厚 5m，基岩抗冲流速为 5m/s。

七、模型布置与制作

模型上游库区纵长布置长度为 3.6m（相当原型 200m），模型下游河道纵长布置长度为 12.7m（相当原型 700m），模型总体布置长度为 18.2m（相当原型 1000m，包括进水与退水），上游库区水位量测点位置布置在大坝上游 100m 处，主要为兼顾表孔和底孔。下游河道水位量测控制点布置在坝轴线下游 300m 处，水位均采用水位测针量测。为便于控制和互相校核整体模型下泄流量，上下游各布置一矩形堰量测流量。

枢纽模型泄水建筑物全部用有机玻璃制作，有机玻璃糙率约为 0.007~0.008，换算到原型糙率约为 0.015 左右，刚好为混凝土糙率，模型和原型糙率相似性较好，满足阻力相似条件。

八、实验数据记录

流量计算公式

$$Q = mb\sqrt{2g}\,H^{3/2} \tag{4-1-1}$$

$$m = \left(0.405 + \frac{0.0027}{H}\right)\left[1 + 0.55\left(\frac{H}{H+P}\right)^2\right] \tag{4-1-2}$$

流速计算公式

$$V = \phi\sqrt{2g\Delta h} \quad (\phi = 0.98\sim1.0) \tag{4-1-3}$$

表 4－1－2   **流 量 测 量 记 录 表**

堰针读数（cm）	零点读数（cm）	堰上水头（m）	流量系数	模型流量（m³/s）	原型流量（m³/s）
计算过程记录：					

表 4－1－3   **溢流堰面压强记录表**

测点编号	测点高程（m）	测压管水柱高（m）	压强（m.水柱）
1			
2			
3			
4			
5			
6			
7			
8			
9			
10			

表 4－1－4   **表 孔 水 深 记 录 表**

测点编号	左孔		中孔		右孔	
	模型	原型	模型	原型	模型	原型
1						
2						
3						
4						
5						
6						
7						
8						
9						
10						

表 4-1-5 溢流堰面流速记录表

测点编号	模型（m/s）			原型（m/s）		
	底	中	表	底	中	表
1						
2						
3						
4						
5						
6						
7						
8						
9						
10						

表 4-1-6 下游河道流速记录表

测点编号		模型（m/s）			原型（m/s）		
		底	中	表	底	中	表
左岸	1						
	2						
	3						
	4						
	5						
	6						
	7						
	8						
	9						
	10						
	11						
	12						
	13						
	14						
	15						
右岸	1						
	2						
	3						
	4						
	5						
	6						
	7						
	8						
	9						
	10						
	11						
	12						

表 4-1-7　　　　　　　　　　冲刷地形测量记录表

测点编号	纵断面		横断面	
	模型	原型	模型	原型
1				
2				
3				
4				
5				
6				
7				
8				
9				
10				
11				
12				
13				
14				

水工模型实验（二）：水工断面模型实验

一、实验概述

水工断面模型主要研究水利枢纽泄水建筑物布置的合理性及其对下游消能防冲的影响问题。即在研究某些问题时，往往不需进行整体水工模型实验，而是沿泄水建筑物轴线截取一段来研究水流沿溢流面竖向和纵向的二元变化问题。一般建筑物过水区域宽度较大的情况下亦可采用此法进行实验研究，如确定溢流坝坝面的压力分布，流速分布等。

研究内容一般可分为以下几个方面。

（1）泄水建筑物的过流能力。

（2）建筑物的压力分布，流速分布，流态及水深等。

（3）上下游水流的衔接方式，消能工的消能率及下游消能防冲等。

二、实验目的及任务

（1）了解水工断面模型实验的基本理论知识及其研究的范围和内容。

（2）掌握基本实验方法及正确的测试技术。

（3）初步掌握组织和安排实验及通过实验资料分析，解决实际工程问题的能力。

（4）结合具体工程模型实验，了解闸坝闸室内水流流态及其后消能效果等。

（5）巩固和复习专业理论课知识，提高综合分析问题的能力，增强动手和科研能力。

三、实验要求和任务

（1）量测拦河闸及上、下游河道缩窄处的泄流能力，提供拦河闸泄流曲线及综合流量系数。

（2）观测拦河闸上、下游进出口段及上、下游河道缩窄处的流态、流速分布、水面线等。

（3）在提供的消能防冲设计基础上优化消能工的布置和尺寸，观测消力池的流态、流速及压力分布。

（4）将量测数据计算整理分析后，对该工程提出评价，试提出改进措施。

（5）写出实验报告。

四、工程概况

葛洲坝水利枢纽位于湖北省宜昌市境内的长江三峡末端河段上，距离长江三峡出口南津关下游 2.3km。它是长江上第一座大型水电站，也是世界上最大的低水头大流量、径流式水电站。枢纽建筑物自左岸至右岸依次为：左岸土石坝、3 号船闸、三江冲沙闸、混凝土非溢流坝、2 号船闸、混凝土挡水坝、二江电站、二江泄水闸、大江电站、1 号船闸、大江泄水冲沙闸、右岸混凝土拦水坝、右岸土石坝。

二江泄洪闸是葛洲坝工程的主要泄洪排沙建筑物，共有 27 孔，三孔一联，最大泄洪量 83 900m³/s，采用开敞式平底闸，闸室净宽 12m，高 24m，设上、下两扇闸门，尺寸均为 12m×12m，上扇为平板门，下扇为弧形门，闸下消能防冲设一级平底消力池，长 18m。

五、基本资料

（1）模型按重力相似准则设计，为正态模型，比例尺为 1：70。

（2）设计蓄水位 660m，闸室底板高程 37.0m。

六、模型布置与制作

模型模拟葛洲坝二江闸两孔泄洪闸，进口段长度为 92.9cm，闸室长度 83.1m，下游消力池长度 262.9cm，后接 114cm 海漫。消力池中设置了 T 形、楔形两种消力墩，进行消能对比。另沿闸室及消力池段设置压强监测点，左右岸实测流速，水跃起点监测水深。流速测量采用旋浆式流速仪，水位均采用水位测针量测。

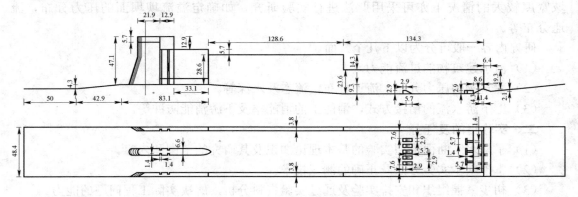

图 4-1-1 模型设计图（图中尺寸：cm）

枢纽模型泄水建筑物全部用有机玻璃制作，有机玻璃糙率为 0.007～0.008，换算到原型糙率约为 0.015，刚好为混凝土糙率，模型和原型糙率相似性较好，满足阻力相似条件。

表 4-1-8 过闸流量测量记录表

堰上水头（m）	流量系数	模型流量（m³/s）	原型流量（m³/s）
计算过程：			

表 4-1-9 压 强 记 录 表

	测点编号	测压管水柱高（m）	压强（m.水柱）
闸室	1		
	2		
	3		
	4		
	5		
	6		
	7		
	8		
	9		
	10		
消力池	1		
	2		
	3		
	4		
	5		
	6		
	7		
	8		
	9		
	10		

表 4 – 1 – 10 消 力 池 流 速 记 录 表

测点编号		模型（m/s）			原型（m/s）		
		底	中	表	底	中	表
左岸	1						
	2						
	3						
	4						
	5						
	6						
	7						
右岸	1						
	2						
	3						
	4						
	5						
	6						
	7						

水工建筑物实验（三）：拱坝结构模型实验

拱坝的应力和位移是考核拱坝安全度的两个重要指标，目前仅能采用近似的方法进行计算，结构模型实验由于能够尽可能多的模拟建筑物地基的实际性态，同时考虑各种因素的影响，并能给人以直观的概念等优点，因而成为解决拱坝应力、变位等问题的重要途径之一。

一、实验目的及要求

（1）通过拱坝结构模型实验，掌握结构模型实验的理论及方法。

（2）了解模型实验常用的加荷方法，并根据相似原理计算模型上应施加的荷载。

（3）量测拱坝各测点应变，根据相似原理计算出原型相应点的应力值。

（4）绘制拱坝应力分布图，并对大坝的应力状态进行分析，做出评价。

（5）学会安装使用位移计，量测拱坝位移，并计算相应于原型的位移。

（6）了解电阻应变仪原理，并能正确的使用。

二、实验原理

拱坝结构模型实验就是将原型拱坝上作用的各种力学现象，缩小到模型上，在拱坝模型上模拟出与原型相似的力学现象，并量测应变、位移，再通过相似关系推算出原型拱坝相应点的应力和位移。

根据相似三定理及相关性质，可以推导出拱坝模型实验必须遵守的相似准则，即

$$\frac{a_\rho a_1}{a_\sigma} = 1 \qquad\qquad (4-1-4)$$

$$\frac{a_\varepsilon a_E}{a_\sigma} = 1 \qquad (4-1-5)$$

$$a_r = a_\rho \qquad (4-1-6)$$

$$a_\mu = 1 \qquad (4-1-7)$$

当保持原型和模型完全相似时

$$a_\varepsilon = 1 \qquad (4-1-8)$$

将式（4-1-8）代入式（4-1-5）中有

$$a_E = 1 \qquad (4-1-9)$$

式中　$a_\rho = \dfrac{\rho_p}{\rho_m}$ ——原型与模型密度相似常数；

$a_1 = \dfrac{L_p}{L_m}$ ——原型与模型几何相似常数；

$a_E = \dfrac{E_p}{E_m}$ ——原型与模型弹性模量相似常数；

$a_\varepsilon = \dfrac{\varepsilon_p}{\varepsilon_m}$ ——原型与模型应变相似常数；

$a_2 = \dfrac{r_p}{r_m}$ ——原型与模型比重相似常数；

$a_\mu = \dfrac{\mu_p}{\mu_m}$ ——原型与模型的泊松比相似常数。

根据上面的相似准则进行模型设计和制作，则由模型上量测出的应变和位移，就可以计算出原型上的应力及位移。

由上面各式可知

$$a_\sigma = \frac{\sigma_p}{\sigma_m} \qquad (4-1-10)$$

$$\sigma_p = a_\sigma \cdot \sigma_m \qquad (4-1-11)$$

$$a_\sigma = a_E = a_p \cdot a_1 = a_r \cdot a_1 \qquad (4-1-12)$$

根据弹性力学的有关公式可以推导出：

$$\sigma_{mx} = \frac{E_m}{1-\mu_m^2}(\varepsilon_{mx} + \mu_m \varepsilon_{my}) \qquad (4-1-13)$$

$$\sigma_{my} = \frac{E_m}{1-\mu^2}(\varepsilon_{my} + \mu_m \varepsilon_{mx}) \qquad (4-1-14)$$

$$\tau_{mxy} = \frac{E_m}{2(1+\mu_m)}[2\varepsilon_{m45°} - (\varepsilon_{mx} + \varepsilon_{my})] \qquad (4-1-15)$$

式中 E_m，μ_m，ε_{mx}，$\varepsilon_{m45°}$，ε_{my}，σ_{mx}，σ_{my}，τ_{mxy} 分别为模型材料的弹性模量，泊松比，应变，正应力和剪应力。

由式（4-1-11）～式（4-1-13）可以求出原型拱坝对应点的正应力及剪应力

$$\begin{cases} \sigma_{px} = a_r a_1 \sigma_{mx} \\ \sigma_{py} = a_r a_1 \sigma_{my} \\ \tau_{pxy} = a_r a_1 \tau_{mxy} \end{cases} \quad (4-1-16)$$

计算出原型正应力及剪应力后，即可求出原型拱坝的主应力及最大剪应力

$$\begin{cases} \sigma_{p1.2} = \dfrac{\sigma_{px} + \sigma_{py}}{2} \pm \dfrac{1}{2}\sqrt{(\sigma_{px} - \sigma_{py})^2 + 4\tau_{mxy}^2} \\ \tan 2a = \dfrac{2\tau_{pxy}}{\sigma_{px} - \sigma_{py}} \\ \tau_{p\max} = \dfrac{\sigma_{p1} - a_{p2}}{2} \end{cases} \quad (4-1-17)$$

由模型上量测出位移后，同样可以推求出原型对应的位移

$$\delta_p = \delta_m a_1^2 a_r \frac{1}{a_E} \quad (4-1-18)$$

三、模型设计

模型设计包括坝基模拟范围的确定及各个相似常数的选择。

对于拱坝断面模型，根据一般经验，模型上游坝基长度应不小于 1.5 倍的坝底宽度或 1 倍的坝高，下游坝基长度应不小于 2 倍的坝底宽度或一倍的坝高，坝基深度不小于 2 倍的坝底宽度或 1 倍的坝高。

原型与模型相似常数的确定主要包括几何相似常数 a_1，应力相似常数 a_σ，弹性模量相似常数 a_E 及侧压力相似常数 a_r，由式（4-1-12）可以知道，$a_\sigma = a_E = a_1 \cdot a_r$，因此只要确定出 a_1，a_E 或 a_r 则其余相似常数随之确定。根据国内外结构模型实验的经验，a_1 一般为 80～250，可根据工程设计要求及经费情况，在此范围内选取。模型的侧压力如果用水银模拟则 $a_r = 1/13.6$，如果用气压或油压千斤顶模拟可依据千斤顶出力及气压加荷能力选取，a_1 及 a_r 确定后，a_E 则随之而定。

本实验模拟的对象为拉西瓦水电站的双曲拱坝。

图 4-1-2　拉西瓦水电站

拉西瓦水电站位于青海省贵德县与贵南县交界的黄河干流上，是黄河上游龙羊峡至青铜峡河段规划的大中型水电站的第二个梯级电站，也是黄河流域规模最大、电量最多、经济效益良好的水电站。

水库总库容 10.79 亿 m^3，正常蓄水位为 2452.0m，淤沙高程为 2260.0m，为日调节水库，调节库容 1.5 亿 m^3，电站装机容量 4200MW，保证出力 990MW，多年平均发电量 102.23 亿 kW·h。

枢纽工程由大坝、坝身泄洪表孔、深孔、坝后消力塘和右岸地下引水发电系统组成。

大坝为对数螺旋线型双曲拱坝，最大坝高 250m，建基面高程 2210.0m，坝顶高程 2460.0m，坝顶中心线弧长 459.63m；坝顶厚度 10m，拱冠底部最大厚度 49m，厚高比 0.196，拱端最大厚度 54.991m，两岸拱座采用半径向布置。

根据实验目的及实验室的设备状况，采用整体结构模型，取几何相似常数 $a_1 = 250$，侧压力相似常数 $a_r = 1/20$，用纯石膏材料制成模型，坝基模拟范围分别为：上游坝基长度、下游坝基长度、坝基深度均取 1.0 倍的坝高。模型材料的弹性模量 $E_m = 1.0 \times 10^4 \text{kg/cm}^2$，泊松比 $\mu = 0.2$。

四、测点的布置

拱坝实验的目的是通过在拱坝模型表面粘贴电阻应变片，量测在荷载作用下拱坝某点的应变，然后计算出相应原型的应力值，本实验分别在拱坝横断面布置有 25 个测点，每个测点布置三个方向的应变片，应变片采用 3×5mm 的胶基电阻应变花，为了消除室温产生的应变片温度变形，在放置于拱坝附近的石膏试块上粘贴温度补偿片，具体布置见图 4-1-3。

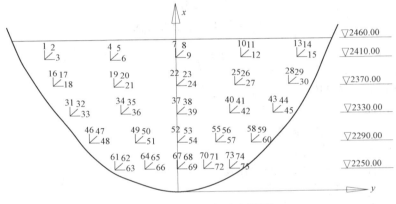

图 4-1-3　应变片布置图

五、荷载施加

拱坝模型实验中模拟静水压力的方法通常有三种，即水银加荷，千斤顶加荷和气压加荷，三种加荷方法各有优缺点，本实验采用油压千斤顶加荷，加荷装置如图 4-1-4 所示。油压通过千斤顶加压系统由下列各部分组成：商压油泵、分油器、油压千斤顶及传压设备等。油压通过分油器传至千斤顶，再由千斤顶的活塞，通过传压设备传至模型表面。由于千斤顶是一种集中力，因此为了模拟坝面水压力，这就需要在千斤顶的顶头与模型坝面间，用一定厚度的钢板黏结高强度石膏块，再垫一层薄橡皮与坝面接触，作为千斤顶顶头传力到坝面的扩散垫层，以达到由集中力变成分布力的目的。

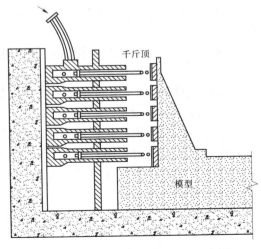

图 4-1-4　千斤顶加荷系统示意图

六、模型数据量测

应变量测采用 DH3816 静态应变测试系统，该系统由数据采集仪，电子计算机及支持软件组成，其工作原理如图 4-1-5 所示。

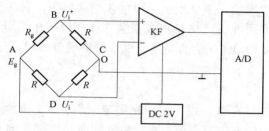

图 4-1-5　测量原理图

图中：R_g 为测量片电阻，R 为固定电阻，K_P 为低漂差动放大器增益。

因
$$V_i = 0.25 E_g K \varepsilon \qquad (4-1-19)$$

即
$$V_0 = K_F V_i = 0.25 E_F E_g K \varepsilon \qquad (4-1-20)$$

所以
$$\varepsilon = \frac{4V_0}{E_g K K_F} \qquad (4-1-21)$$

式中　　V_i——直流电桥的输出电压；

E_g——桥压（V）；

K——应变计灵敏度系数；

ε——输入应变量（$\mu\varepsilon$）；

V_0——低漂移仪表放大器的输出电压（μV）；

E_F——放大器的增益。

七、实验步骤

（1）将应变片接入 DH3816 测试系统，并打开机箱电源。

（2）启动计算机，双击"DH3816"图标，进入数据采集系统。

（3）点击工具栏"望远镜"图标或点击"采样"下拉菜单"查找机箱"一栏，查找机箱。

（4）点击"十字架"图标或点击"采样"上拉菜单中的"平衡操作"调平测试系统。

（5）打开加荷系统电源，施加荷载。

（6）重复第（4）步的操作，以获得荷载作用下拱坝各测点的应变值。

（7）打印测试成果。

所测量的应用值代入式（4-1-10），式（4-1-11）计算出原型相应点的应力，再将应力值代入式（4-1-16）中求出应力及最大剪应力，将所测位移代入式（4-1-18）中求出原型的位移，根据计算结果绘制正应力，主应力分布图。

八、评价及建议

对测试成果进行分析及评价并提出拱坝优化建议。

九、预习要求

认真阅读实验指导书，计算模型施加的水压力。

表 4-1-11　　　　　　　　　　　位 移 记 录 计 算 表

测点		1号	2号	3号	4号	5号	6号	7号	8号	9号	10号	11号	12号
模型位移	正常运用												
	设计洪水												
	校核洪水												
原型位移	正常运用												
	设计洪水												
	校核洪水												

表 4-1-12　　　　　　　　　　　应变、应力记录计算表

测点		一			二			三			四			五			六			七			八			九			十		
		1	2	3	4	5	6	7	8	9	10	11	12	13	14	15	16	17	18	19	20	21	22	23	24	25	26	27	28	29	30
		ε_{mx}	ε_{m45}	ε_{my}	ε_{mx}	ε_{m45}	ε_{my}	ε_{mx}	ε_{m45}	ε_{my}	ε_{mx}	ε_{m45}	ε_{my}	ε_{mx}	ε_{m45}	ε_{my}	ε_{mx}	ε_{m45}	ε_{my}	ε_{mx}	ε_{m45}	ε_{my}	ε_{mx}	ε_{m45}	ε_{my}	ε_{mx}	ε_{m45}	ε_{my}	ε_{mx}	ε_{m45}	ε_{my}
正常运用																															
设计洪水																															
校核洪水																															
		σ_{p1}	σ_{p2}		σ_{p1}	σ_{p2}		σ_{p1}	σ_{p2}		σ_{p1}	σ_{p2}		σ_{p1}	σ_{p2}		σ_{p1}	σ_{p2}		σ_{p1}	σ_{p2}		σ_{p1}	σ_{p2}		σ_{p1}	σ_{p2}		σ_{p1}	σ_{p2}	
主应力	正常																														
	设计																														
	校核																														
最大剪应力	正常																														
	设计																														
	校核																														

测点		十一			十二			十三			十四			十五			十六			十七			十八			十九			二十		
		1	2	3	4	5	6	7	8	9	10	11	12	13	14	15	16	17	18	19	20	21	22	23	24	25	26	27	28	29	30
		ε_{mx}	ε_{m45}	ε_{my}	ε_{mx}	ε_{m45}	ε_{my}	ε_{mx}	ε_{m45}	ε_{my}	ε_{mx}	ε_{m45}	ε_{my}	ε_{mx}	ε_{m45}	ε_{my}	ε_{mx}	ε_{m45}	ε_{my}	ε_{mx}	ε_{m45}	ε_{my}	ε_{mx}	ε_{m45}	ε_{my}	ε_{mx}	ε_{m45}	ε_{my}	ε_{mx}	ε_{m45}	ε_{my}
正常运用																															
设计洪水																															
校核洪水																															
		σ_{p1}	σ_{p2}		σ_{p1}	σ_{p2}		σ_{p1}	σ_{p2}		σ_{p1}	σ_{p2}		σ_{p1}	σ_{p2}		σ_{p1}	σ_{p2}		σ_{p1}	σ_{p2}		σ_{p1}	σ_{p2}		σ_{p1}	σ_{p2}		σ_{p1}	σ_{p2}	
主应力	正常																														
	设计																														
	校核																														
最大剪应力	正常																														
	设计																														
	校核																														

测点	二十一			二十二			二十三			二十四			二十五			二十六			二十七			二十八			二十九			三十		
	1	2	3	4	5	6	7	8	9	10	11	12	13	14	15	16	17	18	19	20	21	22	23	24	25	26	27	28	29	30
	ε_{mx}	ε_{m45}	ε_{my}	ε_{mx}	ε_{m45}	ε_{my}	ε_{mx}	ε_{m45}	ε_{my}	ε_{mx}	ε_{m45}	ε_{my}	ε_{mx}	ε_{m45}	ε_{my}	ε_{mx}	ε_{m45}	ε_{my}	ε_{mx}	ε_{m45}	ε_{my}	ε_{mx}	ε_{m45}	ε_{my}	ε_{mx}	ε_{m45}	ε_{my}	ε_{mx}	ε_{m45}	ε_{my}
正常运用																														
设计洪水																														
校核洪水																														

主应力		σ_{p1}	σ_{p2}		σ_{p1}	σ_{p2}		σ_{p1}	σ_{p2}		σ_{p1}	σ_{p2}		σ_{p1}	σ_{p2}		σ_{p1}	σ_{p2}		σ_{p1}	σ_{p2}		σ_{p1}	σ_{p2}		σ_{p1}	σ_{p2}		σ_{p1}	σ_{p2}
	正常																													
	设计																													
	校核																													
最大剪应力	正常																													
	设计																													
	校核																													

水工建筑物实验（四）：土坝渗流模型实验

土石坝的安全和正常工作与渗流控制的效果密切相关，许多土石坝的失事均与渗流有关。由于土石坝渗流边界和坝基性态的复杂性，目前仅能采用近似的方法进行土石坝的渗流计算。模型实验由于能够尽可能多的模拟建筑物地基的实际性态、同时考虑各种因素的影响，并能给人以直观的概念，因而成为解决土坝渗流问题的重要手段之一。

一、实验目的及要求

（1）了解模型实验的相似理论及方法。

（2）掌握渗流模型实验的基本原理、实验方法和量测技术。

（3）通过不同坝型的渗流模型实验，加深对各种渗流控制措施的理解。

（4）观察土石坝的渗流现象、量测有关数据、评价防渗措施的防渗效果。

（5）验证土石坝渗流计算简化公式的正确性。

二、实验原理

渗流模型实验是根据相似原理将原型渗流场缩小制成模型进行的研究实验。根据模型材料和模拟方法的不同可分为砂槽模型、电网络模型、导电液模型、黏滞流模型、水力网模型和水力积分仪等。砂槽模型以其物理概念明确、实验现象直观和实验方法简单而被广泛采用。

砂槽模型实验是用砂或砂性土制作模型，然后将其放置于模型槽内，当模型的上下游保持与实际建筑物上下游相应的水位时，由于上下游水头差的作用，模型内即产生渗流，形成自由水面，此时可通过量测设备测出模型内自由水面的高度，从而获得浸润线数据。

模型槽一般用钢木和玻璃制作，一侧通常采用钢板或胶木板制成，其上安装测压管量测模型内部的孔隙水压力；模型槽的另一侧安装玻璃板，以便实验人员直接进行观察。为便于观察，实验时用的液体可以是有颜色的水。

在进行砂槽模型实验时，应是模型与原型之间保持基本相似，即保持几何相似和水流运动相似。前者是保持模型与原型之间一定的长度比尺关系，后者是保持模型的渗流场符合达西定律。

设原型与模型的长度比尺为α_l，流速比尺为α_v，水头比尺为α_h，渗透系数比尺为α_k，单宽渗流量比尺为α_q，渗流量比尺为α_Q，则

$$\left.\begin{array}{ccc} \alpha_l = \dfrac{L_p}{L_m} & \alpha_v = \dfrac{v_p}{v_m} & \alpha_h = \dfrac{h_p}{h_m} \\[3mm] \alpha_k = \dfrac{k_p}{k_m} & \alpha_q = \dfrac{q_p}{q_m} & \alpha_Q = \dfrac{Q_p}{Q_m} \end{array}\right\} \tag{4-1-22}$$

式中　　L_p、L_m——分别为原型和模型的长度；

$\qquad v_p$、v_m——分别为原型和模型的流速；

$\qquad h_p$、h_m——分别为原型和模型的水头；

$\qquad k_p$、k_m——分别为原型和模型的渗透系数；

$\qquad q_p$、q_m——分别为原型和模型的单宽渗流量；

$\qquad Q_p$、Q_m——分别为原型和模型的渗流量。

根据达西定律和水流连续方程可得模型比尺关系如下。

（1）流速与渗透系数的比尺关系为

$$\alpha_v = \alpha_k \tag{4-1-23}$$

（2）单宽流量与流速和渗透系数的比尺关系为

$$\alpha_q = \alpha_l \alpha_k \tag{4-1-24}$$

（3）渗流量与单宽流量和渗透系数的比尺关系为

$$\alpha_Q = \alpha_l \alpha_q = \alpha_l^2 \alpha_k \tag{4-1-25}$$

对于非稳定渗流（库水位降落引起的坝内渗流），除应满足上述相似准则外，还应使模型与原型的瞬时流网相似，也就是要使模型与原型孔隙中水质点的实际流速相似。

孔隙中的实际流速为

$$v' = \frac{V}{\mu} = \frac{ki}{\mu} \tag{4-1-26}$$

式中　　v'——孔隙中水质点的流速；

$\qquad V$——断面平均流速；

$\qquad \mu$——土的有效孔隙率或土的排水率；

$\qquad k$——土的渗透系数；

$\qquad i$——渗流水力坡降。

根据式（4-1-26）可得模型与原型时间和孔隙中水质点流速相似比尺分别为

$$\alpha_{v'} = \frac{\alpha_k}{\alpha_\mu} \tag{4-1-27}$$

$$\alpha_t = \frac{\alpha_l \alpha_\mu}{\alpha_k} \tag{4-1-28}$$

当仅按重力水渗流场比尺推算渗流量，而不考虑毛细管水升高的相似性时，常常会使计算结果偏大，所以在砂槽实验中，特别是当模型土颗粒较小时应考虑模型与原型毛细管水层相似的问题。

由于毛细管水与土的粒径成反比，即 h_{cp} 正比于 $1/d$，而原型毛细管水的升高 h_{cp} 和模型毛细管水的升高 h_{cm} 的比值为 α_h，所以可得模型土粒直径 d_m 与原型土粒直径 d_p 的比值为 $d_m/d_p = \alpha_h$，即

$$d_m = d_p \alpha_h \tag{4-1-29}$$

模型与原型只有完全满足上述相似准则，才能保证两者之间所产生的渗流场相似。

三、模型设计

模型设计包括坝基模拟范围的确定、模型边界的简化和各个相似比尺的选择。

对于土坝渗流模型，除需对坝体和防渗体的几何尺寸和材料进行严格模拟外，一定范围内的坝基也需模拟，特别是对具有透水层坝基应严格模拟。

模型比尺应根据所研究问题的任务、目的和实验室场地大小以及实验的费用综合考虑加以选择。

本实验考虑到尽量让学生能够观察到不同坝型的渗流现象和渗流机理，因此精选了三种坝型，即均质土坝、心墙土石坝和斜墙土石坝。其中均质土坝分别模拟了有相对透水地基和无相对透水地基两种情况。

模型几何比尺均取 100，渗透系数比尺为 50，坝体剖面见图 4-1-6～图 4-1-9。

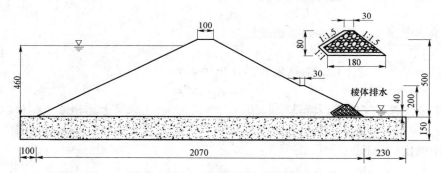

图 4-1-6　均质土坝 I（无截水槽）剖面图（单位：mm）

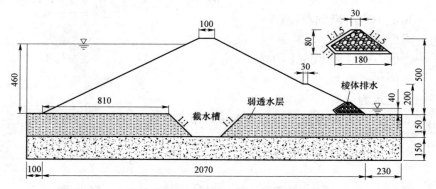

图 4-1-7　均质土坝 II（有截水槽）剖面图（单位：mm）

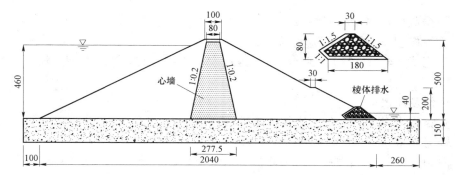

图 4-1-8　心墙土石坝剖面图（单位：mm）

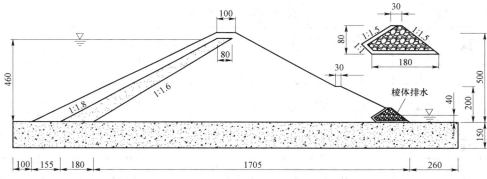

图 4-1-9　斜墙土石坝剖面图（单位：mm）

四、实验装置

土坝渗流模型装置由土坝模型、玻璃水槽、水泵等设备构成，如图 4-1-10 所示。

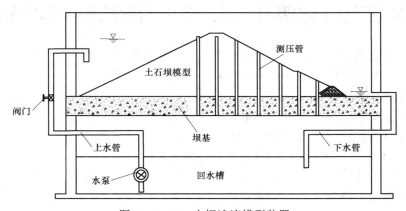

图 4-1-10　土坝渗流模型装置

五、实验步骤

（1）开启水泵，调节阀门使上游水位为正常蓄水位。

（2）观察土石坝渗流现象和机理。

（3）待达到稳定渗流状态后，量测测压管水头。

（4）测量模型渗流量。

（5）根据测量数据绘制浸润线。

（6）计算模型渗流量和渗透坡降。

（7）根据式（4－1－23）、式（4－1－24）、式（4－1－25）计算原型渗流量，绘制原型浸润线。

六、评价及建议

根据实验结果对土石坝防渗排水效果进行评价并提出优化修改建议。

七、预习要求

（1）复习《水工建筑物》土石坝渗流分析一节内容。

（2）认真阅读实验指导书。

表 4－1－13　　　　　　　　实 验 数 据 记 录 表

	测点号	测压管水头（m）							渗流量（L^3/s）
		1 号	2 号	3 号	4 号	5 号	6 号	7 号	
模型值	均质土坝Ⅰ								
	均质土坝Ⅱ								
	心墙土石坝								
	斜墙土石坝								
原型值	均质土坝Ⅰ								
	均质土坝Ⅱ								
	心墙土石坝								
	斜墙土石坝								

水工建筑物实验（五）：地下洞室结构模型实验

地下洞室实验的主要任务是研究洞室围岩及支护衬砌的应力应变状态及其在外荷作用下洞室的破坏机理和过程，为洞室的支护和衬砌设计提供依据。

一、实验的目的和要求

（1）了解地质力学模型实验的理论和方法。

（2）加深对围岩应力分布规律的认识。

（3）学习洞室模型实验技术和相关仪器的操作。

（4）测量洞室周围的应变，计算相应的应力并绘制应力分布图。

（5）学习使用千分表，并测量洞室周边的位移。

二、实验原理

洞室结构模型实验是沿洞轴线方向切取单位长度的洞室，然后模拟出洞室周壁上作用的全部荷载，通过粘贴在模型上的电阻应变片量测在荷载作用下洞室周围的应力分布。

根据弹性力学的有关公式，如果沿 x 轴，y 轴和与 x 轴 45° 方向粘贴电阻应变片后，其应力可按下列公式计算。

$$\sigma_x = \frac{E}{1-\mu^2}(\varepsilon_x + \mu\varepsilon_y) \tag{4－1－30}$$

$$\sigma_y = \frac{E}{1-\mu^2}(\varepsilon_y + \mu\varepsilon_x) \qquad (4-1-31)$$

$$\sigma_{xy} = \frac{E}{2(1+\mu^2)}[2\varepsilon_{45°} - (\varepsilon_x + \varepsilon_y)] \qquad (4-1-32)$$

因此，只要在模型洞室周围，沿三个方向粘贴电阻应变片，就能测出在荷载作用下洞室周围的应变，计算出相应的应力。

三、模型设计与制作

大量实验表明，围岩中开挖洞室后在三倍洞径范围内应力会重新分布，因此模型模拟范围应不小于 3 倍洞径。模型范围确定后，根据选定的模型材料进行模型制作。

地下洞室结构模型通常采用石膏或石膏砂材料模拟岩体，以石膏为主的模型材料，一般采用浇筑法成型，其具体作法是：

（1）先确定模型每层的捣实厚度，计算出每层的体积，再按试件的容重算出每层的总重量。

（2）按选定的配比拌匀干料，称出重量，将柠檬酸用温水化开，倒入干料内迅速拌匀，碾成小团，均匀平铺在模型框架内，捣实至预定的厚度。

（3）如此自上而下的将模型捣实成型。

（4）脱去模具，送入烘房内烘干。

对于浇筑式模型块，为了测定岩体内部的应力，采用在内部贴电阻应变片，模型由两块模型块拼成，然后用石膏或环氧树脂将两块模型块粘结为一个整体。

四、测点布置

测点布置的位置取决于所研究的问题和实验目的，一般而言，应沿洞室径向布置测点，且距洞壁越近测点应越多。测点上应粘贴电阻应变片，以感应该点应变，获得测点应力值。

电阻应变片是用来测量测点应变的重要传感器，因此，不仅要求粘贴位置准确，而且要求粘贴牢固。在粘贴应变片前对模型表面要进行处理，对于石膏等脆性材料，用特细号砂纸轻轻的磨平，除去黏尘，用稀释过的胶水涂一薄层，等到干燥后，划线定位，粘上电阻应变片，用细铜线焊接应变片的出线端从模型内引出。本实验测点布置见图 4-1-11。

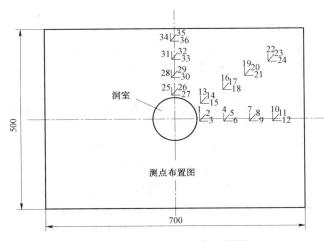

图 4-1-11 实验测点布置图

五、实验仪器

实验仪器包括地质力学加荷台架、应变测试系统及地下洞室模型。地质力学加荷台架由八九〇〇二部队研制，该台架由刚性框架和 8 个千斤顶组成，其中 4 个 50 吨千斤顶用来控制洞轴方向的变形，另外 4 个 100 吨的千斤顶分别安装在模型的四个侧面。通过传力板同步施加垂直荷载 P_V 及水平荷载 P_H，模型平放在加荷台架的基座上，在模型的 6 个受力面与传力板之间用两层聚四氟乙烯和橡皮包住模型，以减小因摩擦而引起的荷载衰减现象。轴向变形的控制方法是在试件内部埋四个平行于洞轴的应变片，其位置与四个千斤顶安装位置一致。在增加水平荷载和垂直荷载的过程中，试件某一部位产生沿轴向的变形时立即提高该部位千斤顶的压力，使该处的应变数为零，以保证轴向无变形，符合平面应变条件。

应变测量采用 DH3816 应变测试系统，该仪器具有测量精度高，可实现与计算机联网，以及能自动调零等优点，是目前比较先进的应变测试仪器。

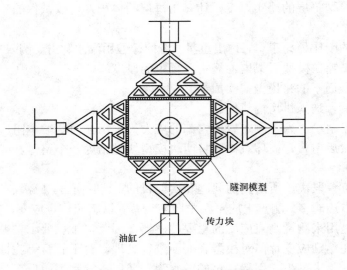

隧洞模型

传力块

油缸

图 4-1-12　洞室实验装置图

六、实验步骤

（1）将应变片接入 DH3816 测试系统，并打开机箱电源。

（2）启动计算机，双击"DH3816"图标，进入数据采集系统。

（3）点击工具栏"望远镜"图标或点击"采样"下拉菜单"查找机箱"一栏，查找机箱。

（4）点击"十字架"图标或点击"采样"上拉菜单中的"平衡操作"调平测试系统。

（5）给模型施加 P_H 及 P_V 向的设计荷载。

P_V 向加载：打开油泵卸荷阀⑧及油泵体上连杆卸载阀、P_V 低压表开关①、开始加荷载时调整⑧及连杆卸载阀使油泵压力指示在大于予加载一定值上，之后慢慢打开垂直控制阀②，观察垂直低压表，待之预定值关闭②保持所需压力。

P_H 向加荷：打开阀⑥，关闭阀⑤，待 P_H 向泵压指示压力表达到大于预定加荷压力时慢慢开启侧向控制网④施加预定压力，荷载指示可用低压表。施加 P_V 及 P_H 要做到成比例同步。

（6）量测应变及位移并记入相应表格。

（7）增大荷载，重复 1～6 过程，量测相应应变及位移。

七、数据整理

本实验采用的模型几何比尺 $\alpha_1 = 100$，荷载比尺 $\alpha_r = 1/10$，$\alpha_\mu = 1$，模型材料的弹性模量 $E_m = 2 \times 10^4 \text{kg/cm}^2$，泊桑比 $\mu_m = 0.2$。

将上述数据及所测的应变代入公式中计算洞室周围的正应力、剪应力、主应力并绘制正应力分布图和主应力分布图。

八、评价与建议

根据实验成果，对洞室周围应力情况进行分析评价。

九、预习要求

（1）复习《水工建筑物》有关洞室应力计算内容。

（2）认真阅读实验指导书，洞室模型实验理论和方法。

表 4-1-14　　　　　　　　位 移 记 录 计 算 表

测点		1 号	2 号	3 号	4 号	5 号	6 号	7 号	8 号
模型位移	3MK$_p$								
	5MK$_p$								
	8MK$_p$								
原型位移	3MK$_p$								
	5MK$_p$								
	8MK$_p$								

表 4-1-15　　　　　　　　应 变 记 录 表

测点		一			二			三			四			五			六			七			八			九			十			十一			十二		
		1	2	3	4	5	6	7	8	9	10	11	12	13	14	15	16	17	18	19	20	21	22	23	24	25	26	27	28	29	30	31	32	33	34	35	36
荷载		ε_x	ε_{45°	ε_y	ε_x	ε_{45°	ε_y	ε_x	ε_{45°	ε_y	ε_x	ε_{45°	ε_y	ε_x	ε_{45°	ε_y	ε_x	ε_{45°	ε_y	ε_x	ε_{45°	ε_y	ε_x	ε_{45°	ε_y	ε_x	ε_{45°	ε_y	ε_x	ε_{45°	ε_y	ε_x	ε_{45°	ε_y	ε_x	ε_{45°	ε_y
3MK$_p$																																					
5MK$_p$																																					
8MK$_p$																																					
应力		σ_x	τ_{xy}	σ_y	σ_x	τ_{xy}	σ_y	σ_x	τ_{xy}	σ_y	σ_x	τ_{xy}	σ_y	σ_x	τ_{xy}	σ_y	σ_x	τ_{xy}	σ_y	σ_x	τ_{xy}	σ_y	σ_x	τ_{xy}	σ_y	σ_x	τ_{xy}	σ_y	σ_x	τ_{xy}	σ_y	σ_x	τ_{xy}	σ_y	σ_x	τ_{xy}	σ_y
3MK$_p$	模型																																				
	原型																																				
5MK$_p$	模型																																				
	原型																																				
8MK$_p$	模型																																				
	原型																																				

第二章 《水电站》课程实验

水电站实验（一）：压力管道水锤实验

一、实验目的和要求

（1）了解压力管道水锤实验的原理和方法。

（2）观察管道水锤现象的发生、传播与消失的过程，增强对水锤现象的认识。

（3）熟悉水流脉动参数的量测技术，掌握实验数据的处理方法。

（4）测量水锤过程中脉动压强，评价压力管道运行中的安全性。

二、实验原理

当压力管道中的流速因某种外界原因发生急剧变化时，将引起液体内部压强迅速交替升降现象，交替升降的压强作用在管壁、闸门或其他管路上好像锤击一样，这种现象称为水锤。

水锤可能导致管道系统的强烈振动、噪声和空化，甚至使管道严重变形或爆裂。

在水电站实际运行中常常会遇到负荷在较大范围内的突然变化，此时调速器自动关闭或开启导叶，从而在水电站的高压管道、蜗壳和尾水管中引起水锤。导叶关闭时，在高压管道和蜗壳中引起压力上升，尾水管中引起压力下降；导叶开启时则相反，在高压管道和蜗壳中引起压力下降，尾水管中引起压力上升。与此同时机组转速也发生急剧变化。机组甩负荷时，若导叶关闭较慢，则水轮机剩余能量较大，机组速率上升值就较大，水锤压力较小；若导叶关闭较快，则速率上升值小，水锤压力大。

为了确保水电站压力管道的运行安全，工程设计时必须知道发生水锤时管道中的最大内水压力，由于水锤现象属于非恒定流问题，很难从理论上精确求解，因此常常辅以模型实验予以验证。

水锤发生时，会在管道中产生高速传播的水锤波，水锤波的传播一般分为 4 个阶段，如图 4-2-1 所示。

第一阶段：当闸门在 $t=0$ 时刻突然关闭，A 断面的增压以波速 c 向断面 B 传播，当 $t=L/c$ 时到达 B 断面，这时全管道流动停止，压强普遍增高，密度增大，管壁膨胀。这时液体和管壁的特征如图 4-2-1（b）所示。

第二阶段：B 断面边界条件为恒定水位（体积很大的水库），其上作用的压强 p_0 不会改变，而 B 断面右边管道内受压缩液体的压强这时却为 $p_0+\Delta p$，于是在这种不均衡压强的作用下，将使 B 断面处管道中的水体发生动量变化，水体产生反向流速，并以速度 c 向 A 传播，以反向流速 $-v_0$ 向水库流动。当 $t=2L/c$ 时，全管压强恢复正常，全管液体的密度及膨胀的管壁也恢复原状，如图 4-2-1（c）所示。

第三阶段：当减压水锤波传到阀门断面 A 时，因为水流具有一反向流速 $-v_0$，$-v_0$ 的存在是与阀门全部关闭而要求 $v_0 = 0$ 的条件不相容的，这使液体有脱离阀门的趋势，故在 A 端产生减压 $-\Delta p$，以速度 c 向上游传播，于 $t = 3L/c$ 时到达 B 端，如图 4-2-1（d）所示。

第四阶段：B 端压强水头比水库水位低了 Δh，水流又向下游流动使压强恢复正常，管中仍有一个向下游的流速 v_0，到 $t = 4L/c$ 时，增压顺坡传到阀门断面 A，整个管道中压强恢复到 p_0，流速也恢复到 $t = 0$ 时的情况，如图 4-2-1（e）所示。

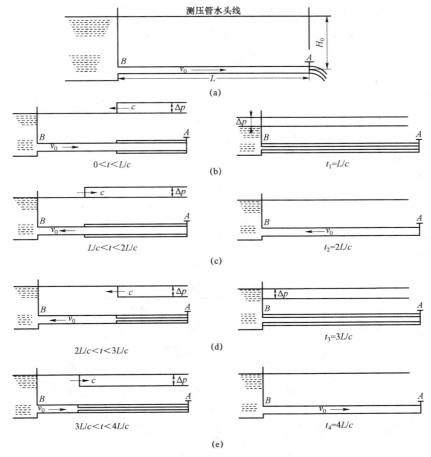

图 4-2-1　水锤传播过程示意图
（a）（b）第 1 阶段；（c）第 2 阶段；（d）第 3 阶段；（e）第 4 阶段

现将四个阶段的水锤过程的运动特征列入表 4-2-1 中。

表 4-2-1　　　　　　　　　　　　水锤过程的运行特征

阶段	时距	速度变化	流动方向	压强变化	弹性波的传播方向	运动特征	液体状态
1	$0 < t < L/c$	$v_0 \to 0$	$B \to A$	增高 Δp	$A \to B$	减速增压	压缩
2	$L/c < t < 2L/c$	$0 \to -v_0$	$A \to B$	恢复原状	$B \to A$	增速减压	恢复原状
3	$2L/c < t < 3L/c$	$-v_0 \to 0$	$A \to B$	降低 Δp	$A \to B$	减速减压	膨胀
4	$3L/c < t < 4L/c$	$0 \to v_0$	$B \to A$	恢复原状	$B \to A$	增速增压	恢复原状

1889 年儒柯夫斯基根据弹性波理论得出了阀门突然关闭时的水锤公式为

$$\Delta\rho = \rho c(v_0 - v) \qquad\qquad (4-2-1)$$

$$\Delta h = \frac{c}{g}(v_0 - v) \qquad\qquad (4-2-2)$$

式中　　ρ——水流的密度；

v_0——阀门关闭前的管道流速；

v——阀门关闭水锤波通过后的流速；

c——水锤波在管道中的传播速度，可用下式计算。

$$c = \frac{1435}{\sqrt{1 + \frac{D}{\delta}\frac{K}{E}}} \qquad\qquad (4-2-3)$$

式中　　D——管径；

δ——管壁厚度；

K——液体的体积弹性模量；

E——管壁材料的弹性模量。

三、实验仪器和设备

实验装置和仪器如图 4-2-2 所示。由图中可以看出，实验装置为供水箱水泵、上水管道、稳水箱、压力管道、快速关闭阀、调节控制阀、接水盒、回水管。实验仪器为 DJ800 型多功能监测系统、压力传感器、计算机和打印机。

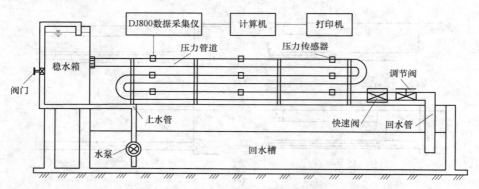

图 4-2-2　实验装置示意图

四、数据量测和处理

压力管道水锤实验除观察管道水锤现象的发生、传播与消失的过程外，重点应对水锤波传播过程中管道中的脉动压强进行量测，以获得管道中压强的变化值。

脉动压强的测量方法目前多采用非电量的电测法，即将水流的脉动压强通过压强传感器转换为电流的变化，再通过滤波、放大和 A/D 转换，即得脉动压强数据。然后通过计算机对所测数据进行处理和分析，得出频谱、振幅和脉动压强强度。

脉动压强的分析有两种方法，即统计分析法和频谱分析法。

1. 脉动压强的统计分析法

（1）根据采集的波形图，对波形图进行整理。在波形图上取波段，也叫选样本。波段一般应取 100 个波以上，历时约 15～20s，统计时不是所有的波都要考虑，有些波太小可以舍去，一般以 $2A_{max}$ 的 $1/n$ 作为取舍的标准，$n=3\sim5$，即取双倍振幅小于 $2A_{max}/n$ 的波可以舍去。

（2）求出时均压强。通过每个波的摆幅 B 的计算来求出平均波高，画出时均压强线。即按波高的等级分别统计数量，得总波数 N，总波高除以 N 即得平均波高。

（3）读出每个波的周期 T，求出每个波的频率 $f=1/T$，并求出最小频率 f_{min} 和最大频率 f_{max}。

（4）从 f_{min} 到 f_{max} 之间，将各个波的频率按大小次序列。

（5）划分频率区间，统计各区间频率出现的交数 N_i。划分频率区间一般每秒 2～3 次为一个区间，有 m 个，并统计各区间频率出现的次数 N_i，求出各区间频率所出现的百分数，即 $(N_i/\sum_{i=1}^{m} N_i)\times 100\%$。

（6）以频率 f 为横坐标，以各区间频率出现的次数的百分数为纵坐标，绘制频率的概率分布图，如图 4-2-3 所示。

（7）求主频率 f_0。从图上找出出现次数最多的频率，即主频率，如图 4-2-3 所示。主频率表示脉动压强以这个频率作用于建筑物的次数最多，所以主频率 f_0 是研究建筑物振动的主要参数之一。

（8）求主振幅 A_0，相应与主频率 f_0 的振幅称为主振幅。波形图上每个波都可以找出两个振幅，即波峰到时均线的振幅和波谷到时均线的振幅。在分析时应取较大的一个作为该波的振幅。每个频率区间

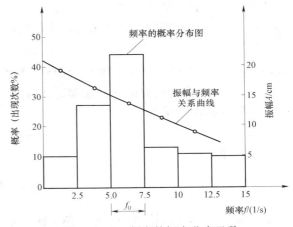

图 4-2-3　频率的概率分布函数

各个波有各自的振幅，取其数字平均值作为该区间的振幅。也可以做出振幅 A 与频率 f 的关系曲线，如图 4-2-3 所示。

一般研究振动问题时，要用主振幅 A_0；在确定瞬时荷载时，要用最大振幅 A_{max}。

（9）由于取用单个的最大振幅，往往有较多的偶然性，在工程中多采用 5% 的最大振幅来表示脉动压强的特征值，5% 的最大振幅就是在整个样本中，选出相当总数的 5% 个最大的振幅的算术平均值。在计算动水荷载或判断是否产生振动时，采用

$$\rho = \overline{p} + 0.5(2A_{max})_{5\%} \tag{4-2-4}$$

在判断是否产生空蚀时，采用

$$\rho = \overline{p} - 0.5(2A_{max})_{5\%} \tag{4-2-5}$$

（10）为了分析方便，也可采用摆幅。因为每个波的振幅是取波峰或波谷至时均线的距离较大的一个，所以 $2A_{maz} > B_{max}$，即 $A_{maz} > 0.5B_{max}$，或写作

$$A_{max} = kB_{max} \tag{4-2-6}$$

式中　k——大于 0.5 的系数，根据工程实践，一般取 $k=0.65\sim0.70$ 之间，即

$$A_{max} = (0.65 \sim 0.70)B_{max} \tag{4-2-7}$$

同理得

$$A = (0.65 \sim 0.70)B \qquad (4-2-8)$$

$$A_0 = (0.65 \sim 0.70)B_0 \qquad (4-2-9)$$

2. 脉动压强的频谱分析法

频谱分析法认为，在组成脉动的过程中，各个频率不同的压强波中，相应于能量最大的频率，即频谱密度最大的频率，就是对于建筑物的振动起主导作用的频率，称为最优频率。当这个频率与建筑物在水中的固有频率相近时，出现共振，使建筑物产生强烈的振动，有时甚至导致建筑物的破坏。通过频谱分析，就能找出这个能量最大的最优频率。

随着计算机技术的普遍应用，对脉动压强的数据处理已普遍采用随机函数理论为依据的随机数据处理法。如果一个物理过程是以时间 t 为参数的随机过程，通常可以用均值、方差、相关函数、功率谱密度及概率密度函数等特征值来描述脉动压强的紊动特性。

脉动压强的频谱分析法的步骤为：

（1）确定采样间隔和样本容量。采样间隔 Δt 可采用不失真的奈奎斯特定律来决定，即

$$\Delta t = 1/2 f_e \qquad (4-2-10)$$

式中 f_e——研究的脉动压强的最大频率。根据经验，一般要求脉动压强波形图所取历时 T 应为所研究的脉动压强可能最大周期的 $8 \sim 108$ 倍。

采样的样本容量为

$$n = T/\Delta t \qquad (4-2-11)$$

（2）求均值。

$$\overline{p} = \frac{1}{n} \sum_{i=1}^{n} p_i \qquad (4-2-12)$$

式中 p_i——脉动压强波形（$p \sim t$）图中横坐标分成 n 个微小时段 Δt 时每个时段末的压强值。

（3）求脉动值。

$$\left. \begin{array}{l} p_1' = p_1 - \overline{p} \\ p_2' = p_2 - \overline{p} \\ \vdots \\ p_i' = p_i - \overline{p} \end{array} \right\} \qquad (4-2-13)$$

（4）计算方差。

$$D_p = \frac{\sum_{i=1}^{n}(p_i - \overline{p})^2}{n} = \frac{1}{n}\sum_{i=1}^{n} p_i'^2 \qquad (4-2-14)$$

（5）计算各阶自相关函数。

$$\left. \begin{array}{l} r(1) = \dfrac{p_1'p_2' + p_2'p_3' + \cdots + p_{n-1}'p_n'}{(n-1)D_p} \\[2mm] r(2) = \dfrac{p_1'p_3' + p_2'p_4' + \cdots + p_{n-2}'p_n'}{(n-2)D_p} \\[2mm] \cdots \end{array} \right\} \qquad (4-2-15)$$

（6）计算功率谱密度。

$$S(f) = 1 + 2.0 \times \sum_{\tau=1}^{m} r(\tau) \cos \frac{2\pi}{f} \tau \qquad (4-2-16)$$

式中　f——水流的频率。

由上式计算出的粗略谱，在实际计算中，为了减小采样误差，一般采用平滑谱，用三点滑动平均的平滑谱计算公式为

$$\left. \begin{array}{l} S_0 = [S(0) + S(1)] / 2 \\ S_k = [S(K-1) + 2S(K) + S(K+1)] / 4 \\ S_m = [S(m-1) + S(m)] / 2 \end{array} \right\} \qquad (4-2-17)$$

（7）绘出功率谱密度函数的分布曲线，即 $S(f)-f$ 和 $S(T)-T$ 关系，如图 4-2-4 所示。由图中可求得谱密度最大的频率 f_k 为峰值频率。峰值频率就是所研究的脉动压强的代表频率。亦可绘出频谱密度 $S(T)-T$ 的关系曲线，由该图可求得谱密度最大时所相应的周期 T，从而起主导作用的最优频率为

$$f = 1 / T \qquad (4-2-18)$$

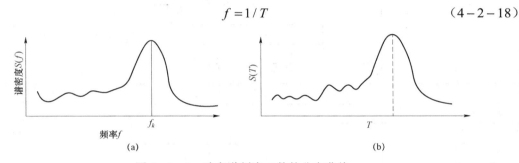

图 4-2-4　功率谱刻度函数的分布曲线

（8）计算均方差

$$\sigma = \sqrt{D_p} \qquad (4-2-19)$$

均方差表示随机变量在数学期望附近分散和偏离程度的一个特征值，可作为脉动压强振幅的统计特征值，又可作为脉动压强的强度。我国长江水利水电科学研究院建议：平均脉动压强振幅为 $\overline{A} = \sigma$，计算动水荷载时的最大振幅为 $A_{max} = 1.96\sigma$，计算空化水流时最大振幅为 $A_{max} = 2.58\sigma$。

五、实验步骤

（1）记录有关参数，如引水管道直径、管道长度、脉动压强测点位置等。

（2）将传感器接到需要量测的测点上，并与 DJ800 数据采集仪、压力传感器、计算机和打印机连接。

（3）打开 DJ800 数据采集仪、计算机和打印机的电源，将仪器预热 5min。

（4）进入参数选择系统，确定采样时间和样本容量，对传感器进行零点标定。

（5）打开水泵，使水流充满稳水箱，并保持溢流状态，同时打开引水管道上的调节控制阀，待水流稳定后，记录上游库水位，计算水头损失。

（6）分别在 3s、6s、9s 关闭快速阀门，用计算机采集各测点的压强变化过程。

（7）实验完后将仪器恢复原状。

六、分析和评价

对实验成果进行分析及评价并提出合理化建议。

七、预习要求

认真阅读实验指导书并复习《水电站》水锤和调节保证一节内容。

表 4-2-2　　　　　　　　　　水锤发生时引水管道中脉动压强记录表

通道号	关阀时间	最大值	最小值	平均值	均方根	波形图
	$t=3\text{s}$					
	$t=6\text{s}$					
	$t=9\text{s}$					

水电站实验（二）：调压室水位波动实验

一、实验目的和要求

（1）通过调压室水位波动实验加深对调压室工作原理的理解。

（2）观察调压室水位波动的发生、振荡和消失的过程，增强对调压室水位波动的认识。

（3）测量调压室的水位波动。

二、实验原理

当电站丢弃或增加负荷时在压力引水管道中会产生水锤，水锤可能导致管道系统的强烈振动、空化，甚至使管道严重变形或爆裂，给电站的安全运行带来不利影响。减小水锤压力的有效办法是在压力引水道中设置调压室。调压室的作用是反射水锤波，即利用调压室扩大的断面面积和自由水面，水锤波就会从调压室反射到下游去。这样就相当于把引水系统分为两段，调压室以前这段引水道，基本上可以避免水锤压力的影响；调压室以后这段压力管道，由于缩短了水锤波传播的路程，从而减少了压力管道的水锤值。

调压室的种类很多，有简单式、阻抗式、差动式、溢流式、气垫式等。这里仅以阻抗式调压室为例，说明调压室水位波动的过程。

调压室水位波动如图 4-2-5 所示。由图中可以看出，在恒定流情况下，由于调压室上游引水管道的水头损失，调压室水位低于库水位 h_{w0}。当阀门突然全部关闭时，调压室下游压力管道中的水流很快停止下来，而上游引水管道中的水流则在惯性作用下继续向下游流动，遇到停止的水体后，被迫流入调压室，使调压室的水位上升，上游库上水位与调压室水位差越来越小，上游引水道中的流速也随之减小。当调压室水位升至库水位时，水流仍在惯性作用下继续流入调压室，直到室中水位高于库水位某一数值才停止。接着由于调压室中的水位高于库水位，水体做反向流动即由调压室流入水库，调压室水位开始下降，反向流速也逐渐减小，一直到调压室中水位降低到某一最低水位时，反向流速才降为零。此后，水流又加速流入调压室，室内水位又重新回升。就这样，伴随着上游引水道内水体的往返运动，调压室水面在某一静水位线上下振荡。只是由于摩阻损失的存在，运动水体的动能不断消耗，振荡幅度逐渐减小，最后静止下来，达到新的恒定状态。

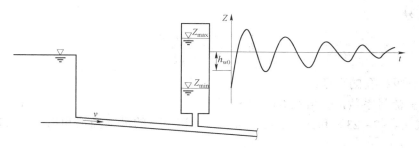

图 4-2-5 调压室水位波动过程

调压室水位波动的连续方程为

$$Q_{\mathrm{T}} = Q + Q_{\mathrm{F}} \qquad (4-2-20)$$

式中　Q_{T}——调压室上游管道的流量；

　　　Q——调压室下游管道进口的流量；

　　　Q_{F}——流入调压室的流量。

当闸门全部关闭时，$Q=0$，$Q_F=F\mathrm{d}Z/\mathrm{d}t$，$Q_{\mathrm{T}}=fv$，代入式（4-2-20）得

$$fv = F\frac{\mathrm{d}Z}{\mathrm{d}t} \qquad (4-2-21)$$

式中　f——引水道的过水断面面积；

　　　F——调压室的面积。

设位移 Z 向上为正，则调压室考虑水头损失和阻抗孔损失影响的动力方程为

$$\frac{L}{g}\frac{\mathrm{d}v}{\mathrm{d}t} = -Z - h_{\mathrm{w}} - h_{\mathrm{c}} \qquad (4-2-22)$$

式中　L——引水道的长度；

　　　h_{w}——引水道内沿程和局部水头损失；

　　　h_{c}——引水道末端至调压室水面的水头损失。

由式（4-2-20）和式（4-2-21）可以计算闸门全部关闭时调压室的最高水位和最低水位（第二振幅），即

$$\ln[1+(1+\eta)X_{\mathrm{m}}] - (1+\eta)X_{\mathrm{m}} = \ln[1-(1-\eta)X_0] - (1+\eta)X_0 \qquad (4-2-23)$$

$$\ln[1+(1+\eta)X_2] - (1+\eta)X_2 = \ln[1-(1-\eta)X_{\mathrm{m}}] - (1+\eta)X_{\mathrm{m}} \qquad (4-2-24)$$

式中　X_{x}——$X_{\mathrm{x}}=Z_{\max}/S$；

　　　X_0——$X_0=h_{\mathrm{wo}}/S$；

　　　X_2——$X_2=Z_2/S$；

　　　S——$S=Lfv_0^2/(2gFh_{\mathrm{w0}})$；

　$Z_{\max}$ 和 Z_2——闸门全部突然关闭时调压室的最高涌浪和第二振幅；

　h_{w0} 和 h_{c0}——流量 Q 流经引水道和进入调压室所引起的水头损失；

　X_{m}、X_0、S——计算参数；

　　　η——阻抗孔阻抗系数，定义为 $\eta=h_{\mathrm{c0}}/h_{\mathrm{w0}}$。

h_{c0} 是全部引用流量 Q_0 通过阻抗孔时所产生的水头损失，它反映了阻抗的相对大小，可用下式计算

$$h_{c0} = \frac{1}{2g}\left(\frac{4Q_0}{\varphi\pi d_{\mathrm{s}}^2}\right)^2 \qquad (4-2-25)$$

式中　d_{s}——阻抗孔的直径；

　　　φ——流量系数，其值在 0.6～0.85 之间。

在用式（4-2-23）和式（4-2-24）计算调压室的最高涌浪和第二振幅时，需要试算，即

$$Z_{\max} = \frac{1}{K_a}(a-1+\sqrt{1-a^2}) \qquad (4-2-26)$$

$$Z_2 = \frac{1}{KA}(1 - A - \sqrt{1 - A^2}) \qquad (4-2-27)$$

式中　K——$K = 2gF(1+\eta)a/(Lf)$；

　　　a——$a = (1 - \eta K \alpha v_0^2)e^{-K\alpha v_0^2}$；

　　　A——$A = (1 + KZ_{\max})e^{-KZ_{\max}}$；

　　　α——$\alpha = h_{w0}/v_0^2$。

三、实验的仪器和设备

实验装置和仪器示意如图 4-2-6 所示。由图中可以看出，实验装置为稳水箱、压力管道、调压室、快速关闭阀、调节控制阀、回水管等。实验仪器为量桶、钢直尺、秒表等。

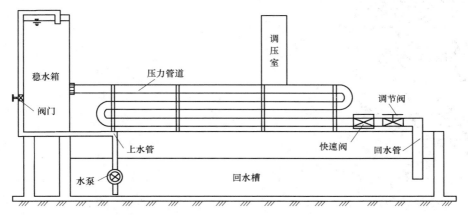

图 4-2-6　调压室水位波动实验装置

四、实验的方法和步骤

（1）记录有关参数，如调压室直径，引水管道直径，管道长度等。

（2）打开水泵，使水流充满稳水箱，并保持溢流状态，同时打开引水管道上的调节控制阀，待水流稳定后，记录上游库水位和调压室水位，计算水头损失。

（3）关闭快速阀门，观察调压室水位波动现象并记录水位随时间的变化过程。

（4）采用不同的阀门关闭时间，观测调压室水位波动随阀门关闭时间变化的规律。

（5）实验完后将仪器恢复原状。

五、数据处理和结果分析

（1）根据测量数据，绘制调压室水位随时间变化的过程线。

（2）计算调压室水位波动的频率、振幅、最高涌浪并与实验值进行比较。

（3）对实验成果进行分析评价。

六、预习要求

认真阅读实验指导书并复习《水电站》调压室一章内容。

表 4-2-3 调压室水位波动记录表

关阀时间 $t=$　s

时间									
水位									

绘制水位波动图：

波动频率：

第五篇

课程设计

课程设计是水利水电工程专业的一项重要的实践性教学环节，要求每个学生在教师指导下，独立、系统、全面、深入地完成规定的设计任务，提交高质量的设计成果。课程设计的主要目的和意义如下。

（1）通过课程设计，使学生初步掌握枢纽布置和主要建筑物设计的一般思路、原则、方法和步骤，加深和巩固基础课和水工课的基础理论知识，培养学生利用所学的基本知识，独立工作和分析、解决实际工程问题的能力。

（2）通过课程设计，培养学生的正确设计思想、严谨的工作作风、踏实肯干和求实奋进的精神。

（3）通过课程设计，使学生在设计、计算、查阅参考文献及资料、绘图和编写说明书等方面提高能力，掌握技巧。

本篇内容包括水工建筑物课程设计和水电站课程设计。水工建筑物课程设计以土石坝水利枢纽设计为例，给出了设计所需的原始资料与数据，使学生在分析和了解了设计的基本思路之后，充分利用所给出的原始资料，根据设计要求，给出满足要求的设计成果。

第一章　水工建筑物课程设计

一、设计的原始资料与数据

（1）坝址河道地形图及地质剖面图如图 5-1-1、图 5-1-2 所示。

（2）坝基岩土的主要技术特性及物理力学指标：（与图 5-1-2 对照使用）

表 5-1-1　　　　　　　　　　　岩 石 的 单 位 吸 水 率

项目 \ 编号	I	II	III
单位吸水率［L/（min·m）］		0.07	＜0.01
其他			

表 5-1-2　　　　　　　　　　　　土 壤 指 标

编号 \ 项目	干容重（kN/m³）	天然含水量（%）	孔隙率（%）	内摩擦角（°）	黏聚力（kPa）	渗透系数（cm/s）
I	16.8	10	38	30	0	2×10^{-2}
II						
III						

（3）坝址处水位流量关系曲线，水库高程与库容曲线，如图 5-1-3、图 5-1-4 所示。

（4）降雨情况：少雨（或多雨）；

（5）温度情况：该地区较温暖，冬季最大冰冻厚度不超过 30cm；

（6）正常挡水位 560（不设闸门）；568（设闸门）；

（7）水库最低工作水位（或死水位）528m；

（8）设计洪水位时宣泄的洪水流量 1500m³/s，相应的下游水位由坝址水位流量关系曲线查得；

（9）校核洪水位时宣泄的洪水流量 2510m³/s，相应的下游水位由坝址水位流量关系曲线查得；

（10）地震设计烈度为 6 度；

（11）洪水期多年平均最大风速 12m/s；设计洪水位及校核洪水位时最大吹程分别为 3.1km 及 3.2km；

（12）当库水位为 528.0m 时要求的排沙流量为 20m³/s；

（13）枢纽等级根据库容予以确定；

（14）水利枢纽的任务及组成：该水利枢纽以发电为主，兼顾灌溉，养殖防洪等综合利用的枢纽工程。发电后的尾水放入河道，灌溉用水从下游引取；枢纽的主要组成有：大坝、溢洪道、引水隧洞、冲沙洞等；

（15）水库用于灌溉的设计流量不少于 35m³/s；

（16）水库用于发电的设计流量为 90m³/s；

（17）当正常发电时坝下游最低水位可由坝址处水位流量关系曲线查得；

（18）筑坝取土场土料情况：

表 5-1-3　　　　　　　　　　土料的分布及储量

编号	名称	分布情况	储量
1	黏土	两岸台地稻田	充足
2	砂卵石	两岸台地稻田	充足
3	壤土	两岸台地	充足
4	块石	两岸山坡开采	

表 5-1-4　　　　　　　　　　土料的颗粒组成　　　　　　　　　　（mm）

编号	各部分的含量，以重量计（小于某粒径）的%									
	粘粒	粉粒		砂粒			砾粒		碎石及卵石	
	0.005	0.010	0.050	0.100	0.500	2.00	5	20	60	200
1	31.5	51	85	90						
2			5	15	36	49	55	72	95	
3	15	28	50	79	96					
4										

表 5-1-5　　　　　　　　　　扰动土壤的物理力学技术特性

编号	干容重（kN/m³）	最优含水量 a（%）	孔隙率 n（%）	内摩擦角（°）	黏聚力 C（kPa）	渗透系数（cm/s）
1	16.5	19	38	21	28	2.4×10^{-7}
2	17.4	10	32	33	0	3.1×10^{-2}
3	16.5	18	37	24	18	1.2×10^{-4}
4						

二、设计要求

（1）研究设计任务中给出的各种资料，初步拟定大坝，泄水（溢水）、排沙及放水建筑物的形式及其轮廓尺寸。

（2）研究比较各建筑物的可能布置，做出枢纽布置方案，进行技术论证及经济分析，从而说明所选布置及建筑物形式的合理性。

（3）对选定的坝型，拟定剖面尺寸，坝体构造（坝体土料分布，排水及防渗设备的形式与尺寸，护坡的类型等）以及坝与地基，坝与河岸的连接方式。并进行必要的渗透与稳定计算。

（4）对所选的泄（放）水或溢水建筑物进行必要的水力计算以及确定其基本尺寸，并拟订各主要部分的构造。

（5）拟订导流建筑物的位置及尺寸，并考虑和输水、泄洪建筑物的关系。

（6）其他。

三、设计成果

1. 绘制设计图

（1）水利枢纽平面布置图；

（2）两处以上具有代表性的土坝横剖面图；

（3）坝的纵剖面图或者下游立视图（在地质剖面上表示出来）；

（4）细部构造图（比例尺 1/100～1/30）；

（5）溢洪道或隧洞的纵、横剖面图（按教师的指示）等内容，共完成 1 号设计图 1～2 张。

2. 编写设计说明书

包括必要的原始资料与数据、枢纽建筑物的组成、形式选择与布置的依据、细部构造描述、主要的水力计算、渗透计算及稳定验算等部分内容。

四、水工建筑物课程设计进度表

1. 课程设计进度安排

按照教学计划，课程设计为 2 周，共 10 天时间。设计内容为土石坝水利枢纽布置及设计。上机时间为 40 小时。课程设计控制性进度计划如下：

第 1 天：课程设计布置，借阅资料和熟悉设计任务书；

第 2 天：进行枢纽布置，决定水工建筑物的位置、数量和类型；

第 3 天～第 4 天：拟定主要建筑物的体形和基本尺寸，并进行必要的水力计算；

第 5 天～第 6 天：进行大坝的渗流计算和稳定计算；

第 7 天～第 8 天：绘制枢纽平面布置图和细部构造图；

第 9 天～第 10 天：编写设计说明书，第 10 天下午 17∶30 提交设计成果。

2. 设计中应注意的问题

（1）课程设计必须独立完成。在课程设计中，学生应在充分钻研的基础上，提出自己的设计方案、看法和意见。教师在辅导课程设计时，应把重点放在提出启发性意见及解决问题的途径和工作方法上。同时可介绍有关参考文献等。

（2）由于课程设计时间紧，任务重，为保证按时完成设计任务，要求每个学生严格按照课程设计进度表执行。学生应了解各阶段的设计内容和比重，依据课程设计进度表，结合自己的实际情况，做出合理的计划。

（3）设计一律在设计室或计算机房进行，指导教师每天到教师解答问题，并进行考勤，无故不参加设计或抄袭他人成果者，均以零分计。

（4）为了使学生在毕业后尽快地适应工作环境，满足现代化设计的要求，并提高计算机操作能力和 CAD 绘图的能力和技巧，要求每位学生至少绘制 CAD 图纸两张以上。

（5）设计说明书中必须列出参考文献和参考书目。

五、水工建筑物课程设计指导书

1. 原始资料

学生领得设计任务后，应细致地研究枢纽的组成，任务及原始资料，研究坝址地形图等，应注意下列要求。

（1）地形条件。

1）河流流向、两岸情况，是否适宜作为坝址，特别注意是否适合所给出的建筑物组成的要求。

2）滩地附近的地形情况，是否便于布置施工场地、房屋、加工工厂等设施。

3）根据溢洪道，隧洞或输水道的特殊要求，研究地形地质等条件确定布置在何处最为有利。

（2）地质条件。

1）研究地质剖面图，弄清地质条件与建筑物布置的要求。

2）研究地质条件。

（3）水文气象条件。

1）研究水文、气象条件对坝型的选择及泄水建筑物和放水建筑物的影响。

2）研究各种组合情况上、下游水位，水面线位置及对泄水建筑物和输水建筑物的影响。

3）研究泄水时的水流条件及其对下游冲刷的影响。

（4）取土场土料条件。

1）研究取土场的土料种类及特性，选择土坝的类型。

2）研究扰动土料的物理特性，力学指标，以便确定土坝的布置构造，进行论证验算。

2. 选择枢纽主要建筑物的形式，进行水库枢纽布置，确定坝顶高程，拟订主要建筑物的轮廓尺寸

在选择坝型时，应考虑到筑坝土料及其分布，地基地质条件，水文气象及施工条件等因素对坝体的影响。土坝剖面尺寸应考虑到土料的物理力学特性，地质条件，施工因素等，根据一般的要求及经验数据拟定剖面，然后再经过必要的计算予以论证。拟定的最大坝高断面的剖面尺寸，包括坝顶高程与宽度，坝体上下游变坡高程，马道宽度与高度，防渗体高程、顶宽、坡度及其与地基连接，排水设施的形式与尺寸。

（1）选择溢洪道的形式，初步拟定轮廓尺寸。溢洪道的形式及尺寸的确定，是根据地质、地形、水文等条件来选择溢洪道的形式，溢流前缘长度、孔数、溢流堰的剖面等，并根据地形，地质条件选定溢洪道各组成部分的形式，并进行必要的水力计算。

（2）泄水隧洞选择。泄水隧洞的形式应根据分析原始资料后确定，其位置及洞径除满足任务要求外，在实际中还应考虑到施工的要求，课程设计中可以不做详细的工作。

（3）整体布置及计算。考虑地形、地质、水流及运用条件以及建筑物的相互位置，力求和建筑物布置协调。并将进行过的比较方案及所选择的结果绘在图纸上一同交送指导老师进行审查，说明最后采用结果的理由。经指导教师同意后，学生再拟定土坝剖面及完成其他建筑物主要构造，并对剖面进行渗透计算及坝坡稳定计算，校核其尺寸。对其他建筑物结构可只进行水力计算。

（4）细部构造设计。最后完成各建筑物的细部构造设计。

3. 具体设计内容

（1）构造。

1）坝。大坝的构造是设计中最重要的内容之一，因为在实际的运用中结构的施工是根据这些设计而建造起来的。大坝的设计包括：① 将已确定的坝型，根据水头、筑坝材料及地基地质特性，防渗设备的情况等确定上、下游坝坡；② 根据构造及交通要求确定坝顶宽度，坝顶的形式等；③ 决定各层马道高程及宽度；④ 拟定防渗体如斜墙、斜心墙、心墙、铺盖等设施的构造与尺寸；⑤ 拟定排水设备的构造与尺寸，包括坝体排水，坝坡排水；⑥ 拟订坝顶构造及上、下游护坡的构造；⑦ 拟定坝与河岸及坝与地基的连接措施。

2）其他建筑物。溢洪道的进水渠、溢流堰、陡坡或跌水及消能设备的一般尺寸。泄水隧洞的进口建筑物、出口建筑物及洞身的一般尺寸。

（2）计算。

1）水力计算。溢洪道的进口尺寸、过流能力、泄水道（陡坡或跌水）及出口消能工的水力计算。对输水隧洞进行有关水力计算，包括过流能力、洞内流速等。

2）坝顶高程的计算。根据多年平均最大风速吹程等资料，分别按设计校核两种情况计算坝顶高程，最后取控制高程为土坝坝顶设计高程。

3）渗透计算。计算坝身剖面中的浸润线位置，为计算坝坡稳定做好准备。计算单宽坝身和坝基的渗透流量及全坝长的渗透流量。

4）稳定计算。根据坝身土料及地基的不同情况，选择相应的计算公式对上游、下游坝坡进行某种情况的稳定计算。对斜墙进行稳定计算。（选定斜墙坝方案的土坝设计进行该项计算）

（3）设计图及设计说明书。设计成果包括设计图及设计说明书两大部分。

1）设计图。按设计任务书的要求绘 1 号图 1～2 张，图的内容应包括：① 用所给地形资料的比例绘出包括所有建筑物在内的平面布置图。② 绘出沿坝轴线的纵剖面图或下游历时图（纵比例尺 1∶500～1∶1000）。③ 两处以上具有代表性的土坝横剖面图，本图应表示出坝身土料分布、排水、护坡、马道、坝与地基的连接等情况。④ 溢洪道的纵剖面图，应表示出进水渠、溢流堰、泄水道及消能设备等构造及分缝、开挖线等（此部分根据情况由教师指示）。⑤ 泄水隧洞的纵剖面图（根据情况由教师指示）。⑥ 坝的细部构造：排水、马道、护坡、边沟、截水墙、坝顶路面等。根据图纸情况选择绘制。

图纸的布置及建筑物的比例尺，应得到教师的同意，设计图要求表达正确，尺寸齐全，比例恰当，布局合理，线条清晰，图面整洁，图例和注释清楚。

2）设计说明书可参考下述内容及章节独立进行编写。

第一章　原始资料及数据

第一节　地形条件

第二节　地质条件

第三节　水文气象条件

应对以上资料做分析研究。

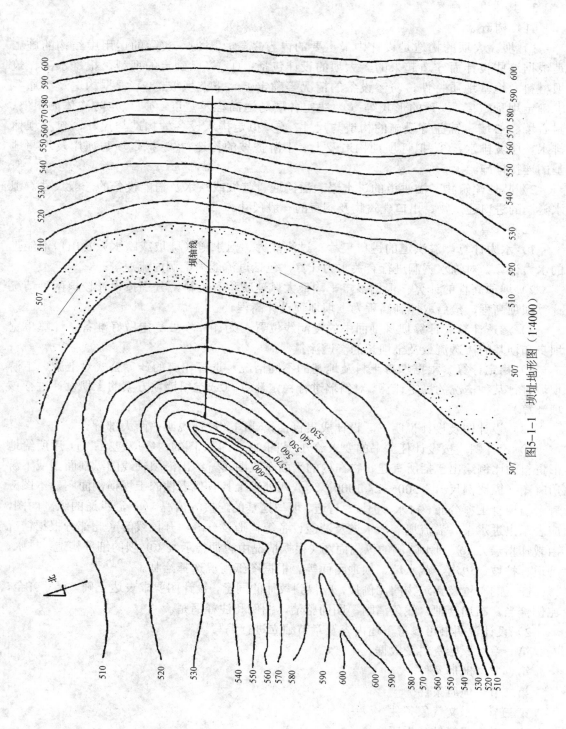

图5-1-1 坝址地形图（1:4000）

第二章 枢纽布置

第一节 枢纽建筑物的组成

第二节 建筑物的形式

第三节 枢纽建筑物的布置

说明采用的布置方案及其理由，其他被研究过的布置方案情况。

第三章 建筑物设计

第一节 土坝：分析说明所选各部分的构造及尺寸，适当说明理由。

第二节 溢洪道：说明所选各部分的形式、构造、尺寸及理由。

第三节 泄水隧洞：说明各部分的构造、尺寸。

第四章 计算结果

第一节 水力计算

第二节 渗透计算

第三节 稳定计算

第五章 参考文献

说明书只写所选定方案的最后计算，每段开始要写出所用的原始数据，然后写出公式，计算结果应尽可能列表、不写计算过程。要求立论正确，数据可靠，分析合理，论证充分，结论明确。计算部分要求公式正确；计算精确，判定和判别成果无误。

说明书必须独立完成，用钢笔书写，要求内容充实，章节分明，清楚整齐，文字通顺，简单明了，说明问题，还应有必需的插图、计算简图、表格等。

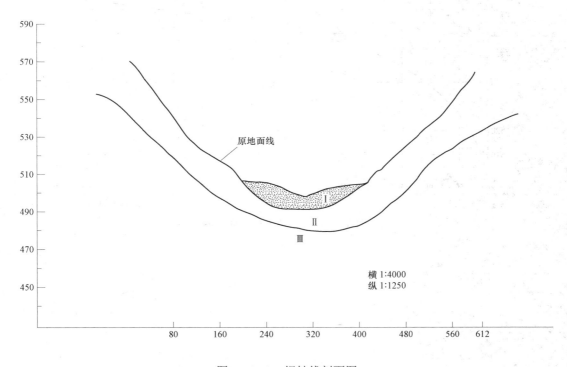

图 5-1-2 坝轴线剖面图

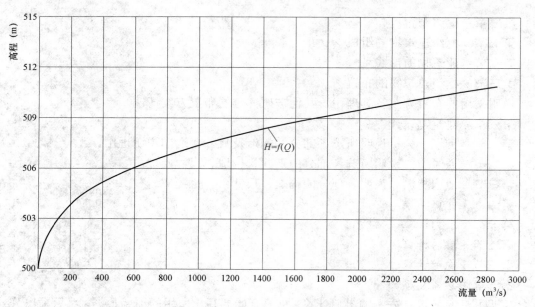

图 5-1-3 水位—流量关系曲线图

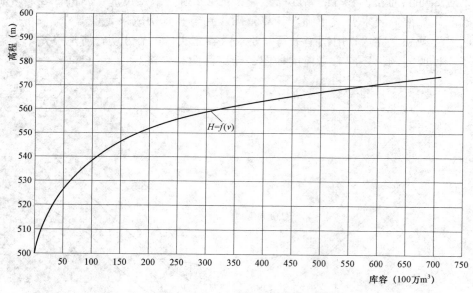

图 5-1-4 水位—库容曲线图

第二章 水电站课程设计

一、课程设计任务书

1. 基本资料

水电站课程设计设置 4 个备选题目，各题目的基本资料如下：

（1）原始资料见表 5 – 2 – 1；

（2）各题目水轮发电机的外形尺寸示意图见图 5 – 2 – 1；

（3）题目 A、B 的厂区地形图见图 5 – 2 – 2（缩印），题目 C、D 的厂区地形图见图 5 – 2 – 3（缩印）；

（4）水轮机型谱参数、转轮外形尺寸、水轮机综合特性曲线、蜗壳形式及其尺寸、尾水管型式及其尺寸、主变压器型号及其外形尺寸、桥式吊车系列及其尺寸、主阀型号及其尺寸等有关设备资料详见《水力机械设计手册》或参见《水电站》教材。

2. 设计要求

（1）根据选定的课程设计题目，研究并熟悉与所选题目有关的各种资料。

（2）研究、拟订厂区建筑物布置方案，初步确定厂区建筑物平面布置形式。

（3）进行水轮机选型设计。根据给定的电站装机容量及机组台数，拟定水轮机装置方式，选择可用的水轮机型号方案，计算、确定所选各型号方案的水轮机主要参数（转轮标称直径 D_1、额定转速 n_r 等），进行各型号方案水轮机工作范围检验，计算各型号方案的水轮机吸出高度 H_s 及安装高程 Z_s，进行各型号方案的综合比较、分析，择优选定水轮机型号。然后，将所选定水轮机型号及其主要参数与表 5 – 2 – 1 中的相应资料进行对照、分析。

（4）进行厂房布置设计。根据所选定的水轮机型号，确定水轮机（含蜗壳、座环、导叶、转轮及尾水管等）的外形尺寸；确定与所选定水轮机配套的水轮发电机、主变压器、调速器、油压装置、机旁盘及桥式吊车等设备的型号及外形尺寸；研究确定主厂房内各主要设备的布置形式；计算确定主厂房的长度、宽度及各层高程等尺寸。

（5）完成厂区建筑物布置设计。根据主厂房布置设计成果，研究确定副厂房、主变压器场及高压开关站等建筑物的型式及其平面尺寸；修改并最终完成厂区建筑物平面布置设计。

3. 设计成果

（1）绘制设计图纸。

1）厂区建筑物平面布置图；

2）厂房横剖面图（比例 1∶100）；

3）厂房发电机层平面图（比例 1∶200）；

4）厂房水轮机层平面图（比例 1∶200）。

（2）编写设计说明书。

主要内容包括：设计依据及标准、水轮机选型设计、厂房布置设计、厂区建筑物布置设计、收获与体会等。写作格式及要点见 P246，要求手写完成，篇幅在 15 页（16K）以上。

表 5-2-1　　　　　　　　　　水电站厂房课程设计基本资料表

项目	水电站厂房类型（设计题目）			
	A	B	C	D
厂区地形图	见图 5-2-2	见图 5-2-2	见图 5-2-3	见图 5-2-3
水电站厂房形式	河床式	坝后式	压力引水式	坝后式
下泄洪水流量（m³/s）	20 200	12 000	4000	4000
上、下游洪水位（m）	107.0/100.2	158.0/97.0	477.0/403.0	482.0/401.0
上、下游正常水位（m）	106.0/93.0	154.0/94.0	475.0/400.0	480.0/405.0
上、下游最低水位（m）	100.0/88.1	145.0/88.0	467.0/398.0	470.0/403.0
装机容量（kW）	24 000	88 000	120 000	120 000
机组台数	4	4	4	4
水电站设计水头（m）	12.15	58.5	72.0	71.0
水电站设计流量（m³/s）	264.9	188.0	208.3	211.3
水轮机型号	ZZ560（A20）	HL220（702）	HL220（702）	HL220（702）
转轮直径 D_1（cm）	300	225	225	225
水轮机安装高程（m）	88.73	89.48	397.24	402.28
机组转速 n（转/分）	187.5	250	300	300
供水方式	单元供水	单元供水	联合供水（压力隧洞）	单元供水
引入交通	公路	公路	公路	公路
厂房基础	岩基或软基	岩基	岩基	岩基
发电机电压（kV）	10.5	10.5	10.5	10.5
送出电压（kV）	110.0	110.0	110.0	110.0
高压出线回路数	2	2	2	2
发电机型号	TS425/60-30	TS425/200-24	TS425/220-20	同左
转子带轴重（t）	45	150	165	
转子直径 D_i（cm）	380	370	365	
定子机座外径 D_c（cm）	460	450	440	
励磁机外径 D_b	152	148	146	
大轴直径（mm）	400	500	550	
励磁机高度 h_1（cm）	100	160	176	
h_2（cm）	57	55	54	
h_3（cm）	95	93	93	
h_4（cm）	120	231	251	
h_5（cm）	66	66	66	
h_6（cm）	130	130	130	
桥式吊车	低速单钩 50/10	双小车 2×75/20	双小车 2×100/20	
桥吊跨度 LK（m）	10.5，13.5	10.5，11.5	12.5，14	
需要的主变容量（kVA）	15 000	55 000	75 000	
主变台数	2	2	2	

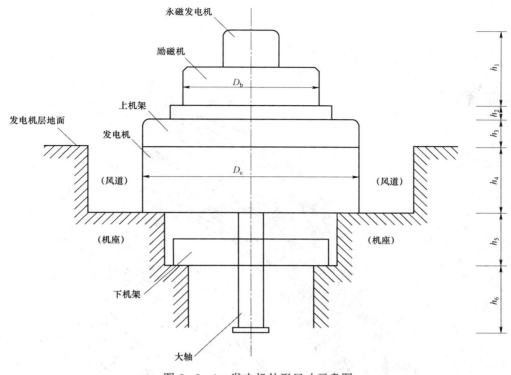

图 5－2－1　发电机外形尺寸示意图

二、课程设计进度

1. 课程设计进度安排

按照教学计划，水电站课程设计时间为 2 周，有效工作时间为 10 天，其中上机时数为 40 机时。课程设计控制性进度计划如下：

第 1 天：布置课程设计任务，借阅资料，准备设计用具，熟悉资料及设计任务书；

第 2 天：拟订厂区建筑物布置方案，初步确定厂区建筑物平面布置形式；

第 3 天：水轮机选型设计。进行机型方案比较，择优选定水轮机型号；

第 4～5 天：厂房布置设计。确定水轮机、发电机、主变压器、调速器、油压装置、机旁盘及桥式吊车等设备的型号及外形尺寸；

第 6 天：厂房布置设计。研究确定主厂房内各主要设备的安装位置，计算确定主厂房的长度、宽度及各层高程等尺寸；

第 7～8 天：绘制厂房横剖面图、发电机层平面图；

第 9 天：绘制水轮机层平面图；完成厂区建筑物布置设计，绘制厂区建筑物平面布置图；

第 10 天：撰写设计说明书，提交课程设计说明书和图纸。

2. 注意事项

（1）在课程设计中，学生应务必做到设计工作的有计划性。由于课程设计时间紧、任务重，在课程设计一开始，教师应将课程设计的基本资料、设计任务及设计要求讲解清楚，然后，学生应根据设计任务及自身具体情况，参照上述控制性进度安排，制订出自己的课程设计进度计划，以便设计工作有序开展。

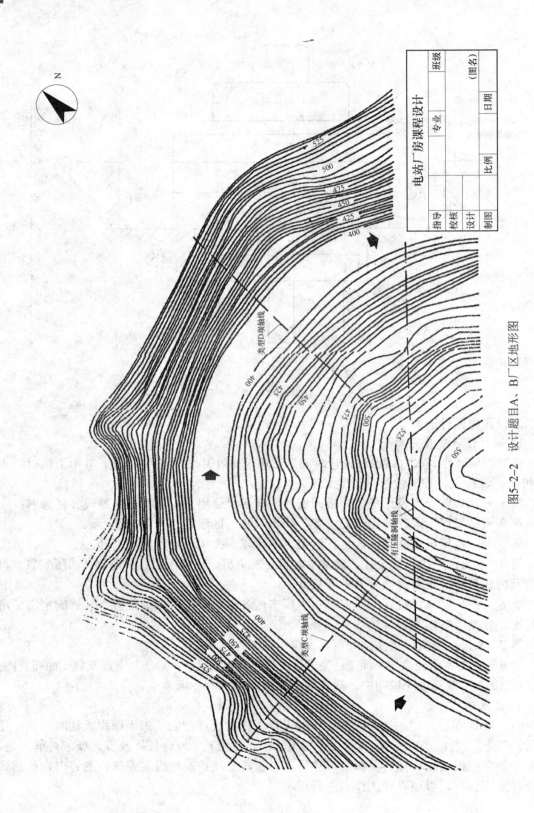

图5-2-2 设计题目A、B厂区地形图

电站厂房课程设计

				(图名)
	专业		班级	
指导		校核		设计	制图
	比例		日期	

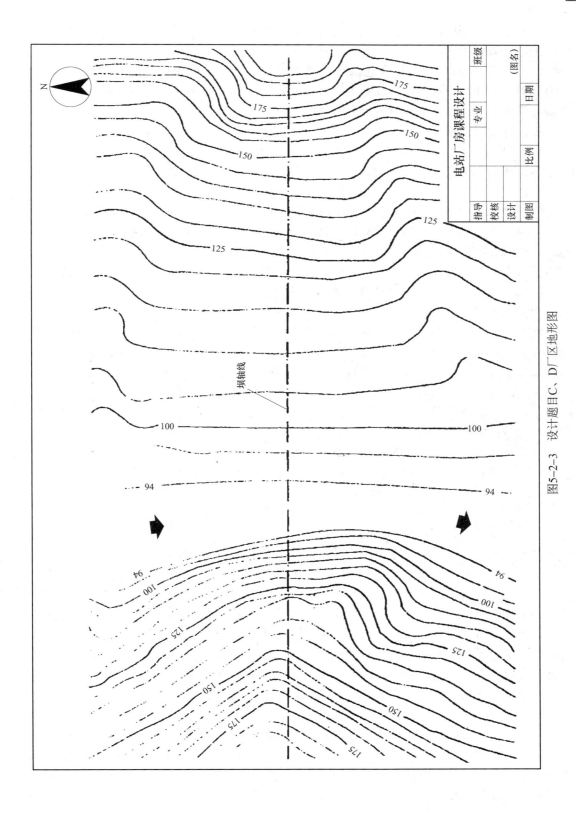

坝轴线

图5-2-3　设计题目C、D厂区地形图

电站厂房课程设计

班级		(图名)
专业		日期
	比例	
指导		
校核		
设计		
制图		

（2）设计过程中，学生应按照进度计划，根据各阶段设计工作的内容和比重，合理安排时间，有效利用时间，以提高设计工作效率。

（3）为保证设计工作按时、按质、按量完成，平时教师应加强指导，同时要求学生认真遵守教学纪律，应按照统一安排的设计时间和地点进行设计工作，切忌自由散漫，以确保所有学生的设计任务能按预定计划完成。

三、课程设计指导

1. 熟悉基本资料

学生在确定课程设计题目后，首先应做好基本资料的熟悉工作。具体而言，应注意以下几点：

（1）地形及地质资料。每个设计题目都给定了电站的布置形式及相应的地形图，表5-2-1还给出了厂房基础的地质条件。据此学生应认真研究厂区建筑物布置的地形和地质条件，如主厂房、副厂房、主变压器场及高压开关站分别适宜布置在何处，可考虑几种布置方案，每种方案的水力条件、施工条件、交通条件、电力送出条件及投资情况等如何，诸如此类的问题都可以通过研究地形图获得基本的结论。

（2）水文及水能资料。表5-2-1给出了各设计题目的电站上下游特征水位、电站的总装机容量、机组台数、电站设计水头和设计流量等水文及水能参数，这些参数与水轮机选型设计、厂区建筑物布置设计及厂房布置设计等均有直接关系。结合这些资料，学生应分析研究所设计电站的规模、相应的电站设计标准（等级）、厂房枢纽建筑物的级别，进一步研究厂区建筑物布置方案，分析、确定主、副厂房布置的位置等问题。

（3）机电设备资料。表5-2-1给出了各设计题目有关于水轮机型号及其主要参数、发电机型号及其主要参数和尺寸、附属设备的型号及其轮廓尺寸等方面的资料。给出这些资料并不是让学生照抄、照搬，而是给出一种参考答案。之所以这样给出资料，其目的在于既让学生进行一次初步而系统的水轮机选型设计练习，又不至于由于时间紧、缺乏设计经验而导致设计工作难于完成或盲目进行的弊端。在水轮机选型设计阶段，学生可将自己所选定的水轮机型号及其主要参数与表5-2-1中所给出的水轮机型号及相应参数进行对照、分析，以便分析两者不一致的原因或自己设计结果的合理性。在厂房设计阶段，学生可根据表5-2-1中所给的发电机型号及其主要参数和尺寸、附属设备的型号及其轮廓尺寸等资料，参考、确定自己设计题目的上述设备型号、主要参数和外形（轮廓）尺寸。

《水力机械设计手册》或《水电站》教材给出了常用水轮机型号的型谱参数、转轮外形尺寸、水轮机综合特性曲线、蜗壳形式及其尺寸、尾水管形式及其尺寸、主变压器型号及其外形尺寸、桥式吊车系列及其尺寸、主阀型号及其尺寸等有关设备资料，这些资料不论对水轮机选型设计还是厂房布置设计均有直接的参考作用。学生应根据自己设计题目的其它基本资料，在其中对应地进行选用。但应注意其中各种表格、图形的适用条件，尤其要注意模型参数（尺寸）与原型参数（尺寸）的换算。

2. 设计的基本内容和步骤

（1）研究、拟订厂区建筑物布置方案，初步确定厂区建筑物平面布置形式。在此阶段，学生应主要根据自己设计题目的地形、水文及水能等资料，综合考虑各种厂区布置的基本条件（水力条件、施工条件、交通条件、电力送出条件、投资情况、水文及水能条件等）来展开厂区建筑物布置方案的拟定、比较和研究工作，在此基础上初步确定厂区建筑物的平面布置形式。

（2）水轮机选型设计。在厂区建筑物布置设计的基础上，学生应根据相关的基本资料，按照《水电站》课程所介绍的步骤和方法，依次进行水轮机装置方式选择、可用的水轮机型号方案选择、水轮机主要参数（转轮标称直径 D_1、额定转速 n_r 等）的计算和确定、各型号方案水轮机工作范围的检验、各型号方案的水轮机吸出高度 H_s 及安装高程 Z_s 的计算、进行各型号方案的综合比较、分析并择优选定水轮机型号等工作。最后，再进行与表 5-2-1 中相应资料的对照、分析工作。

根据本电站规模、单机容量等条件，学生可分析选择适宜的水轮机装置方式。型号选择的方法有根据水轮机系列型谱选择和套用机组法两种方法，建议采用根据水轮机系列型谱选择的方法。一般而言，根据各设计题目的特征水头选出的水轮机型号都不是唯一的，因此应将这些型号均作为可用的水轮机型号方案以备比较。水轮机主要参数计算和确定的方法也有两种：用应用范围图选择水轮机的主要参数及用模型综合特性曲线选择水轮机的主要参数，考虑到前一种方法较为粗略，因此建议主要采用后一种方法。具体进行计算时，应特别注意相应计算公式中各变量的概念、对应的工况及其单位等问题，还要注意效率、单位参数的换算问题。在进行各型号方案水轮机工作范围的检验时，应严格采用各型号的模型综合特性曲线，注意观察各型号的工作范围在其模型综合特性曲线上所包含的高效区的相对大小，以此说明所选择的各型号方案水轮机主要参数的合理性。在进行各型号方案的水轮机吸出高度 H_s 及安装高程 Z_s 的计算时，仍应特别注意相应计算公式中各变量的概念、对应的工况及其单位等问题，以免用错。在进行各水轮机型号方案的综合比较、分析时，应同步进行模型和原型水轮机的比较，重点放在各型号方案原型水轮机的效率特性、气蚀特性、安装高程、机组尺寸及厂房开挖等技术经济的综合比较上，比较可采用定量结合定性的方法进行。最后，根据综合比较结果，择优选定水轮机型号。

（3）厂房布置设计。厂房布置设计的主要任务是研究确定主厂房内各主要设备的布置形式并计算确定主厂房的长度、宽度及各层高程等尺寸。为此，应首先分析确定厂内各种机电设备的型式及其外形尺寸。

1）在选定水轮机型号的基础上，查阅《水力机械设计手册》或《水电站》教材有关内容，根据模型转轮的外形尺寸通过换算确定原型转轮的相应外形尺寸。

2）根据水轮机的形式选择确定蜗壳的形式，选择确定蜗壳的主要参数（如包角 φ_0、进口断面平均流速 V_c 等），再根据《水电站》课程介绍的计算方法，计算并确定蜗壳的平面及断面单线图，由此确定蜗壳的外形尺寸。

3）各个设计题目的尾水管型式均可考虑采用弯肘形尾水管，其主要外形尺寸可根据《水力机械设计手册》或《水电站》教材上所推荐的标准尾水管尺寸系列通过换算予以确定。

4）水轮发电机、主变压器、调速器、油压装置及主阀等设备的型号选择，应根据所选定的水轮机型号查阅《水力机械设计手册》或参考表 5-2-1 等资料，选择与水轮机配用的相应型号。然后根据上述资料，可分别查阅并确定这些设备的主要参数（如工作参数、物理参数等）和外形尺寸。

5）桥式吊车可分析选用双小车或单小车形式，应按其起吊、搬运最重件时的起重量选择桥式吊车的型号。最重件及其重量可从发电机转子、水轮机转轮等常见起重部件中比较确定，桥式吊车的额定起重量一般应略大于最重件的重量。

然后，可按照厂房布置设计原理并参考类似电站主厂房布置设计资料，分析、确定主厂房内各主要设备的布置形式。

在做了上述准备工作以后，就可按照厂房布置设计的原理和方法，着手进行主厂房长度、宽度及各层高程等尺寸的计算与确定工作。厂房布置设计的原理和方法是《水电站》课程的重点内容之一，在进行此阶段设计时，学生可根据自身情况，对厂房布置设计部分的有关内容进行一次必要地复习。

（4）完成厂区建筑物布置设计。根据主厂房布置设计成果，可按照副厂房、主变压器场及高压开关站等建筑物布置设计的原理和方法，研究确定副厂房、主变压器场及高压开关站等建筑物的形式及其平面尺寸，修改并最终完成厂区建筑物平面布置设计。在此过程中，可参考类似工程的有关布置形式，但应注意这些厂区建筑物的布置应与所设计电站的规模、运行条件等因素相协调和统一，而且应考虑它们两两之间在电力设施、交通等方面的联系，既要考虑到运行方便，也要考虑到是否经济。

3. 设计成果整理

水电站课程设计的成果包括设计图纸和设计说明书两部分内容。

（1）设计图纸。设计图纸包括：厂区建筑物平面布置图、厂房横剖面图、厂房发电机层平面图及厂房水轮机层平面图等。厂区建筑物平面布置图可将所给的地形图图 5-2-2 或图 5-2-3 裁剪下来，在此图上示意性绘制厂区建筑物的平面布置设计成果。厂房横剖面图、厂房发电机层平面图及厂房水轮机层平面图可按所要求的绘图比例，布置在一张 A1 图或 75cm×50cm 的坐标纸上。建议厂区建筑物平面布置图手绘完成，厂房横剖面图、厂房发电机层平面图及厂房水轮机层平面图采用 CAD 上机完成。绘图时，除厂区建筑物平面布置图外，其他图纸均应严格按比例绘制，图线绘制应规范，尺寸及文字标注应全面、清楚，建筑材料符号表达应准确，图面应力求整洁、美观。

（2）设计说明书。设计说明书是关于课程设计内容的书面文字总结，应按一般工程技术报告的形式编写。要求手写完成，篇幅在 15 页（16K）以上。说明书应做到内容全面、陈述清楚、表达准确、书写规范。水电站课程设计说明书的一般格式及写作要点如下：

1　设计依据及标准

1.1　设计依据

1.1.1　地形及地质条件

1.1.2　水文及水能条件

（应对上述基本资料进行必要的分析和研究）

1.1.3　引用的设计规范

1.2　设计标准

1.2.1　电站等级

1.2.2　厂房枢纽建筑物级别

（应阐明确定等级和级别的依据、规范）

2　水轮机选型设计

2.1　水轮机装置方式选择

2.2　水轮机型号方案选择

2.3　水轮机主要参数的计算和确定

2.4　水轮机工作范围的检验

2.5　水轮机吸出高度 H_s 及安装高程 Z_s 的计算

2.6　水轮机型号方案比较与选定

（应较详细地陈述选择或计算的方法、参数引用、结果及其分析等内容）

3　厂房布置设计

3.1　厂内主要设备的型号、参数及尺寸

3.1.1　转轮的外形尺寸

3.1.2　蜗壳的形式及其尺寸

3.1.3　尾水管的形式及其尺寸

3.1.4　水轮发电机的型号及其参数、外形尺寸

3.1.5　机组附属设备的型号及其参数、外形尺寸

（附属设备包括：主变压器、调速器、油压装置、主阀及桥式吊车等。此部分应阐述设备选型的依据、各设备的主要参数、主要外形尺寸，可根据情况绘制相应的示意性插图来表达设备的外形尺寸）

3.2　主厂房内各主要设备的布置形式

3.2.1　机组布置形式

3.2.2　附属设备布置形式

（应阐述清楚布置形式确定的依据及优缺点等）

3.3　主厂房轮廓尺寸计算

3.3.1　主厂房长度计算

3.3.2　主厂房宽度计算

3.3.3　主厂房各层高程计算

（应阐述清楚计算的依据、结果及其分析等）

4　厂区建筑物布置设计

4.1　副厂房布置设计

4.1.1　副厂房位置选择

4.1.2　副厂房布置形式选择

4.1.3　副厂房功能房间及其面积确定

4.2　主变压器场布置设计

4.2.1　主变压器场位置选择

4.2.2　主变压器场平面尺寸确定

4.3　高压开关站布置设计

4.3.1　高压开关站位置选择

4.3.2　高压开关站平面尺寸确定

4.4　厂区建筑物的总体布置

4.4.1　总体布置方案研究

4.4.2　总体布置成果

（此部分应阐述清楚布置设计的依据、布置方案的分析和比较、采用所选方案的合理性或意义等）

5　收获与体会

（此部分主要是对课程设计工作成果做以概要性总结，对自己通过课程设计在专业知识及技能方面的收获与体会做以全面叙述）

6　参考文献

（在设计过程中直接用到且正式出版的文献资料）

第六篇

实习指导

第一章 认 识 实 习

一、认识实习的目的

认识实习是水利水电工程专业的非常重要的教学环节，也是学生在校期间第一次实践性的教学环节。通过认识实习可以让学生从客观上了解水利枢纽工程及各种水工建筑物的分类、形式、布置位置以及水利工程在国民经济中所起到的作用，从而了解自己将要学习的专业和毕业以后将要从事的工作。

认识实习也是学生从基础教育到专业教育的转折点。让学生通过实际工程的参观、听取介绍等多种形式初步学习一些专业知识，增强学习的兴趣和动力，从而达到专业再教育的目的。除此之外，给学生增加一些专业概念，为以后的专业基础课学习和专业课的学习奠定实践基础。

二、认识实习的时间安排

认识实习教学环节一般安排 2 周时间，按照教学计划在一年级末进行。

三、认识实习的教学环节安排

认识实习是在一年级末安排的，由于学生仅仅学了一年的课程，除画法几何以外，还没有接触到专业课的学习。因此，认识实习是在学生基本没有任何专业知识的情况下组织的。鉴于这种情况，实习中具体的教学环节安排有：

（1）专业知识讲授：重点讲述在水利枢纽的布置及水工建筑物的组成，各种水工建筑物的名称，形式，在枢纽中所起的作用，以及它们的工作原理。

（2）实地参观：这一环节是认识实习的关键环节，由教师带队到实际水利工程现场进行参观。重点在于了解不同的挡水建筑物，例如重力坝、拱坝、土石坝各自的外形是什么样式、名称叫什么、用什么材料筑成的，它们的工作原理以及它们之间的区别。另一个重点是了解泄洪建筑物布置问题，例如河岸溢洪道的形式、布置位置、组成部分，以及各部分的特点和工作原理。区分正槽溢洪道和侧槽溢洪道的不同之处，相同之处。与此同时，还应当了解输水建筑物及其他专门性建筑物的相关问题，例如：泄洪隧洞和放水隧洞；明流洞和压力洞；圆形隧洞和城门洞形隧洞；以及电站厂房，电站尾水等不同建筑物的区别、形式、布置位置，在枢纽中所起的作用及工作原理。

（3）电化教学：利用电化教学的手段通过光盘，录像带等形式教学，利用电化教学手段的特殊性，使学生在看到实物的基础上由表及里，由静到动，尽量让学生了解到各类建筑物的内在联系，受力状态。例如观看《水工概论》《中国水力发电》《新中国水利 50 年》等教学片。

（4）参观实验室：充分利用科学研究的条件为教学服务，根据安排实习时的具体情况，利用实验室内已有的水工模型，选择具有代表性的整体模型组织观看，从而使学生对水利工程科学研究的方法有所了解，对相似理论有一点认识。

（5）观看教学模型：为了扩大实习的视野，组织学生参观校内的教学模型，了解全国其他地方的、具有代表意义的、各种形式的水力发电枢纽工程模型和单体工程模型。

（6）组织座谈讨论，巩固消化所学知识：以班为单位，在指导教师的主持下进行讨论，将所见、所看以及所听到的有关水利水电方面的疑问讨论清楚，力求把所参观过的工程不仅从表面上，而且从道理上理解，消化，吸收；从而真正达到认识实习的目的。

四、编写实习报告及成绩评定

实习结束以后，要求每一位同学针对实习内容编写一份认识实习报告。指导教师可以根据同学编写的实习报告给出成绩；也可以专门举行一次考试，以考试结果定成绩；或者将实习报告和考试结果综合起来定出每一位同学的实习成绩。

认识实习成绩单列，和其他课程的成绩相同；实习成绩按"优秀""良好""中等""及格""不及格"五级制成绩记分。

认识实习报告的编写可以参考以下的提纲编写。

（1）认识实习环节的基本概况，诸如实习的时间，实习的地点，实习的内容等基本情况。

（2）就参观过的枢纽工程进行描述，诸如枢纽所在的地点，枢纽的规模，枢纽的任务，枢纽的主要特征指标等。

（3）典型水工建筑物的描述，诸如挡水建筑物（重力坝，土石坝，拱坝以及其他形式的坝形）的形状，特点，筑坝材料以及它们各自可能的破坏形式，另外，在描述泄洪建筑物时，应当描述清楚泄洪建筑物的名称，形式，行洪流量，布置位置，长度和宽度尺寸，出口消能工形式等。为了表述方便，可以附以平剖面图加以说明，图示可以采用手画草图。

（4）收获体会及存在的疑问：通过实习最大的感受有哪些，例如：在对专业的认识上有哪些体会；在对专业知识的学习上有哪些收获；还有哪些问题没有搞清楚，对认识实习的组织形式和学习方式有哪些意见或者建议等。

第二章 生 产 实 习

一、实习目的

（1）巩固和加深已学过的专业基础理论知识，初步尝试将专业理论与工程实践相结合，用理论知识解释实际工程。

（2）学习，理解所实习工程中的有关专业技术知识及其应用特点，了解实习工程项目所采用的新技术、新工艺、新材料及新的管理方法，扩大专业知识面。

（3）学习，体会工程设计、监理、施工及管理方面的实践经验，为下一步专业课的学习、课程设计以及毕业设计等教学环节打下一个良好的实践基础。

（4）学习、领会水利水电工程规划、设计、施工及管理的基本过程和基本规律，了解国家水利水电工程建设的方针政策及行业法律法规。

（5）学习工程技术人员和其他工程建设者艰苦奋斗、忠于职守、无私奉献的优良品质，进一步培养和坚定热爱专业、立志献身祖国水利水电事业的志向。

二、实习内容

1. 在校举办专题知识讲座

在校举办关于水工建筑物、水电站建筑物、工程导截流、主体工程施工技术及工程地质等方面的专题知识讲座，使学生对有关的专业基础知识有一个初步的了解，以便于看懂或者理解实习地点的水工建筑物。

2. 水利枢纽工程现场实习

（1）请专家作专题报告。请有关专家比较系统地介绍实习地点的水利枢纽工程，从规划选址、研究论证到设计、施工的全过程；实习地点水利枢纽工程的主要技术问题及其解决的途径和措施；实习地点水利枢纽工程的设计方案及总体布置；实习地点水利枢纽工程的施工组织设计及主要施工措施，以及该水利枢纽工程的主要工程地质问题及其处理措施等。

（2）实习地地点水利枢纽工程的施工现场参观。通过现场的实地查看，熟悉实习地点水利枢纽工程的总体布局、各种建筑物的布置特点、施工布局及施工方案等。

（3）现场跟班实习。联系实习地点水利枢纽工程施工现场的设计、监理及施工单位，根据各单位的工作性质，将学生有目的的分组安排到有关单位进行跟班实习，以便深入地学习了解水利枢纽工程设计、施工、管理的具体操作过程、方法和要领，进一步加深对水利枢纽工程的认识。

3. 参观其他水利枢纽工程

根据实习地点的具体情况，适当扩大参观学习的范围，组织学生就实习地周围的水利工程进行参观，了解更多的与实习地点不同的水利枢纽的总体布置情况及其运行状况。

4. 实习总结

要求每一个学生认真地回顾并整理总结整个实习过程中的所闻所见，在此基础上写出一篇内容全面、体会深刻的实习总结报告。

三、实习要求

（1）所有学生必须服从实习队的统一安排和管理，有事须向带队教师请假，不得无故缺席实习活动或擅自离开实习队。

（2）在实习过程中必须严格遵守实习队的有关纪律，严格遵守所实习工程的规章制度，注意人身及财物安全。

（3）每个学生均应切实注意自己的一言一行，在工地现场及所有公共场合应严格要求自己，对他人言行礼貌，遇事冷静忍让，搞好各方面关系，树立良好形象。

（4）认真听好讲座、专家同行及现场的讲解，遇到问题应虚心向有关老师、专家请教。

（5）在实习过程中，每个学生均应认真参加每一项活动，做好实习日记，及时记录、整理有关技术资料和实习心得，为撰写实习报告积累素材。

（6）实习结束后，按要求及时、认真地完成实习总结，在规定的时间内编写提交实习报告。

四、生产实习的考核办法

1. 检查各实习阶段的笔记

指导实习的教师定期或者不定期的检查或抽查学生的实习笔记，将实习笔记的好坏作为评定学生实习成绩的依据之一。

2. 编写实习报告

实习结束以后，每一位学生要独立编写实习报告；实习报告是评定实习成绩的主要依据。如果需要，实习队也可以组织考试，但是，组织考试不排除实习报告的编写，实习成绩可以依据实习报告和考试成绩综合确定。

3. 实习中各个阶段的表现，重点是纪律表现

在学校的实习阶段，如听讲座、看录像、看模型等；在工地的实习阶段，如听报告、工地的现场参观学习、其他相关的水利枢纽工程参观以及往返路途中等的纪律表现均可以作为实习成绩评定的依据，所占比重的大小由实习队确定。

参 考 文 献

［1］韩玙，叶林. 水利水电工程学习指导（上、下册）［M］. 西安：陕西人民出版社，2006.

［2］林继镛. 水工建筑物（第5版）［M］. 北京：中国水利水电出版社，2009.

［3］陈德亮. 水工建筑物（供农业水利工程专业用）（第5版）［M］. 北京：中国水利水电出版社，2008.

［4］徐国宾，张丽，李凯. 水电站［M］. 北京：水利水电出版社，2012.

［5］刘启钊. 水电站（第三版）［M］. 北京：中国水利水电出版社，1998.

［6］焦爱萍. 水利水电工程专业毕业设计指南［M］. 郑州：黄河水利出版社，2003.

［7］胡明，沈长松. 水利水电工程专业毕业设计指南（第二版）［M］. 北京：中国水利水电出版社，2010.

［8］周之豪. 水利水能规划（第二版）［M］. 北京：中国水利水电出版社，1997.

［9］詹道江，叶守泽. 工程水文学［M］. 北京：中国水利水电出版社，2000.

［10］宋孝玉，马细霞. 工程水文学［M］. 郑州：黄河水利出版社，2009.

［11］朱伯芳，高季章，陈祖煜，等. 拱坝设计与研究［M］. 北京：中国水利水电出版社，2002.

［12］郦能惠. 高混凝土面板堆石坝新技术［M］. 北京：中国水利水电出版社，2007.

［13］熊启钧. 隧洞［M］. 北京：中国水利水电出版社，2002.

［14］王世夏. 水工设计的理论和方法［M］. 北京：中国水利水电出版社，2000.

［15］李炜. 水力计算手册（第二版）［M］. 北京：中国水利水电出版社，2006.

［16］马如龙. 水力工程设计计算手册［M］. 北京：水利水电出版社，2006.

［17］水利部水利水电规划设计总院. 水工设计手册（第2版）第5卷　混凝土坝［M］. 北京：水利水电出版社，2011.

［18］水利部水利水电规划设计总院. 水工设计手册（第2版）第6卷　土石坝［M］. 北京：水利水电出版社，2011.

［19］水利部水利水电规划设计总院. 水工设计手册（第2版）第7卷　泄水与过坝建筑物［M］. 北京：水利水电出版社，2011.

［20］水利部水利水电规划设计总院. 水工设计手册（第2版）第8卷　水电站建筑物［M］. 北京：水利水电出版社，2011.